全国高等职业教育规划教材

Access 2003 数据库应用技术

主　编　刘　宏　马晓荣

副主编　赵艳妮　杜利峰　刘　飞

参　编　牟力科

机械工业出版社

本书以Microsoft公司的Access 2003数据库系统为平台，采用任务驱动下的分级训练模式编写。将三个贯穿始终的项目，分别应用于学习、练习和应用训练教学过程中。内容涵盖数据库使用、管理和维护各个层面的知识与技能。主要包括设计数据库、创建数据库、创建与管理数据表、查询数据、设计窗体、制作报表、使用数据访问页、创建与使用宏、管理和维护数据库等。

本书按照职业能力要求和行业实用技术需求编写。坚持理论与实践一体化的原则，采用任务驱动型的教学方法，结构合理，步骤清晰，具有较强的可操作性。

本书可作为高职和中职院校计算机相关专业教材，也可作为各种数据库技术培训教材及数据库开发人员的参考书。

本书配套授课电子课件，需要的教师可登录 www.cmpedu.com 免费注册、审核通过后下载，或联系编辑索取（QQ：1239258369，电话：010-88379739）。

图书在版编目（CIP）数据

Access 2003 数据库应用技术 / 刘宏，马晓荣主编．—北京：机械工业出版社，2012.7
全国高等职业教育规划教材
ISBN 978-7-111-39267-5

Ⅰ．①A…　Ⅱ．①刘…　②马…　Ⅲ．①关系数据库－数据库管理系统－高等职业教育－教材　Ⅳ．①TP311.138

中国版本图书馆 CIP 数据核字（2012）第 171660 号

机械工业出版社（北京市百万庄大街 22 号　邮政编码 100037）
责任编辑：鹿　征
责任印制：乔　宇
北京铭成印刷有限公司印刷

2012 年 9 月・第 1 版第 1 次印刷
184mm×260mm・14.25 印张・351 千字
0001－3000 册
标准书号：ISBN 978-7-111-39267-5
定价：29.80 元

凡购本书，如有缺页、倒页、脱页，由本社发行部调换

电话服务
社服务中心：（010）88361066
销售一部：（010）68326294
销售二部：（010）88379649
读者购书热线：（010）88379203

网络服务
教材网：http://www.cmpedu.com
机工官网：http://www.cmpbook.com
机工官博：http://weibo.com/cmp1952
封面无防伪标均为盗版

全国高等职业教育规划教材计算机专业编委会成员名单

出 版 说 明

根据《教育部关于以就业为导向深化高等职业教育改革的若干意见》中提出的高等职业院校必须把培养学生动手能力、实践能力和可持续发展能力放在突出的地位，促进学生技能的培养，以及教材内容要紧密结合生产实际，并注意及时跟踪先进技术的发展等指导精神，机械工业出版社组织全国近60所高等职业院校的骨干教师对在2001年出版的“面向21世纪高职高专系列教材”进行了全面的修订和增补，并更名为“全国高等职业教育规划教材”。

本系列教材是由高职高专计算机专业、电子技术专业和机电专业教材编委会分别会同各高职高专院校的一线骨干教师，针对相关专业的课程设置，融合教学中的实践经验，同时吸收高等职业教育改革的成果而编写完成的，具有“定位准确、注重能力、内容创新、结构合理和叙述通俗”的编写特色。在几年的教学实践中，本系列教材获得了较高的评价，并有多个品种被评为普通高等教育“十一五”国家级规划教材。在修订和增补过程中，除了保持原有特色外，针对课程的不同性质采取了不同的优化措施。其中，核心基础课的教材在保持扎实的理论基础的同时，增加实训和习题；实践性较强的课程强调理论与实训紧密结合；涉及实用技术的课程则在教材中引入了最新的知识、技术、工艺和方法。同时，根据实际教学的需要对部分课程进行了整合。

归纳起来，本系列教材具有以下特点：

1）围绕培养学生的职业技能这条主线来设计教材的结构、内容和形式。

2）合理安排基础知识和实践知识的比例。基础知识以“必需、够用”为度，强调专业技术应用能力的训练，适当增加实训环节。

3）符合高职学生的学习特点和认知规律。对基本理论和方法的论述要容易理解、清晰简洁，多用图表来表达信息；增加相关技术在生产中的应用实例，引导学生主动学习。

4）教材内容紧随技术和经济的发展而更新，及时将新知识、新技术、新工艺和新案例等引入教材。同时注重吸收最新的教学理念，并积极支持新专业的教材建设。

5）注重立体化教材建设。通过主教材、电子教案、配套素材光盘、实训指导和习题及解答等教学资源的有机结合，提高教学服务水平，为高素质技能型人才的培养创造良好的条件。

由于我国高等职业教育改革和发展的速度很快，加之我们的水平和经验有限，因此在教材的编写和出版过程中难免出现问题和错误。我们恳请使用这套教材的师生及时向我们反馈质量信息，以利于我们今后不断提高教材的出版质量，为广大师生提供更多、更适用的教材。

机械工业出版社

前　言

Access 2003 是由 Microsoft 公司推出的一款优秀的关系型数据库管理系统，它以易用性、可伸缩性和可靠性等方面的优异性能，已成为业界领先的数据库管理系统，在数据库开发和应用领域得到了广泛的使用。

本书结合课程特点，以适应职业需求为目标，以培养职业技能为主线，精心组织教学内容，设计教学过程，任务驱动，学做合一，符合学生的认知过程，具有较强的实用性和可操作性。

本书以 3 个易于学生理解的数据库项目为例，较为系统地阐述了数据库设计，以及数据库管理系统的安装、使用、管理和维护等方面的知识与技能。

1）课程管理数据库　用于在每个任务中阐述各种数据库的概念和基本技能技巧。

2）图书借阅数据库　用于任务实现中，要求学生跟随教材中的步骤，实现任务目标，以强化对本任务所涉及的概念和技能的理解。

3）资产管理数据库　用于技能提高训练，希望学生仔细了解问题，解决问题，教材中不再提供步步紧扣的提示与指导，以此提高学生灵活运用知识的能力。

全书共分 9 章，在教学中可按章分任务进行教学，建议学时分配见下表。

学时分配表

模　块	学　时
第 1 章 设计数据库	8
第 2 章 创建数据库	4
第 3 章 创建与管理数据表	8
第 4 章 查询数据	12
第 5 章 设计窗体	8
第 6 章 制作报表	8
第 7 章 使用数据访问页	4
第 8 章 创建与使用宏	8
第 9 章 管理和维护数据库	12
合计	72

本书配有教学参考资料包（包括多媒体电子课件、程序源代码、素材、样例数据库和技能训练辅助软件等），可到机械工业出版社网站 www.cmpedu.com 下载。

本书由刘宏、马晓荣任主编，赵艳妮、杜利峰和刘飞任副主编。第 1 章、第 2 章由赵艳妮编写，第 3 章由刘宏编写，第 4 章由牟力科编写，第 5、6 章由马晓荣编写，第 7、8 章由杜利峰编写，第 9 章由刘飞编写。刘宏进行了最后的统改定稿工作。

鉴于编者水平有限，书中纰漏和错误在所难免，敬请读者和专家批评指正。

编　者

目 录

第1章　设计数据库

数据库设计是指对于一个给定的应用环境，构造最优的数据库模式，建立数据库及其应用系统，使之能够有效地存储数据。数据库概念设计和逻辑设计是数据库设计的关键。

【学习目标】

✧ 掌握数据库概念设计的基本方法；
✧ 掌握数据库逻辑设计的基本方法；
✧ 具备设计简单数据库系统的能力。

任务 1.1　数据库概念设计

1.1.1　任务目标

- 理解数据库设计的基本概念；
- 掌握数据库概念设计的基本方法；
- 具备简单的数据库概念设计的基本能力。

1.1.2　相关知识与技能

1．数据

数据（Data）是数据库存储的基本对象，是可以被鉴别的、描述客观事物的符号记录。数据的表现形式有数字、文字、声音、图形和图像等，例如学生的学号、姓名、年龄、照片以及档案记录等。

2．数据处理

数据处理是将收集到的各种形式的数据进行存储、整理、分类、检索、转换和传送等一系列加工，从而获得所需要的、有价值的信息的过程。例如，通过一个人的出生日期可以推算出其年龄。

3．数据库

数据库（DataBase，DB）是指长期存储在计算机内的、有组织的、可共享的数据集合。它不仅包括数据本身还包括数据之间的联系。数据库中的数据按照特定的数据模型进行组织和存储。

4．数据库管理系统

数据库管理系统（DataBase Management System，DBMS）是位于用户和操作系统之间的管理数据库的软件。它在操作系统的支持下，帮助用户创建、组织、使用、管理和维护数据库。Access 2003 就是一款优秀的数据库管理系统。

数据库管理系统的基本功能包括：数据定义功能、数据操纵功能、数据库运行控制功能、数据库建立和维护功能以及数据通信功能等。

5．数据库系统

数据库系统（DataBase System，DBS）是具有数据库管理功能的计算机系统。其主要由硬件、软件、数据库和用户（数据库管理员、应用程序员和终端用户）四部分构成。

6．数据模型

数据模型（Data Model，DM）是对客观事物及其联系的数据描述，现实世界中的客观事物在数据库中要用数据模型来抽象、表示和处理。

数据模型按不同应用层次分为概念数据模型、逻辑数据模型和物理数据模型。

（1）概念数据模型

概念数据模型简称概念模型或信息模型，是对现实世界有效和自然地模拟，其与计算机和数据库管理系统无关。它是现实世界的第一层抽象，如图 1-1 所示。其典型代表就是实体-联系模型（Entity-Relationship Model，E-R 模型）。

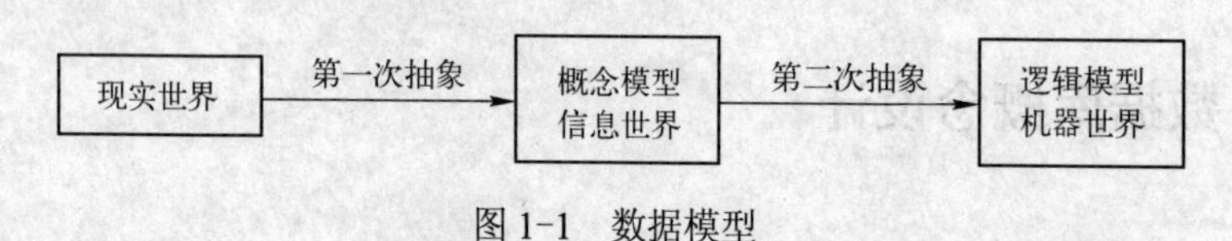

图 1-1　数据模型

概念数据模型的优点在于可以使数据库设计人员在设计数据库初期集中注意力分析数据及其联系，而不必分散精力去考虑计算机系统和 DBMS 的相关技术问题。它只表示数据库存储哪些数据，至于这些数据在数据库中如何实现存储等问题可以暂不考虑。

概念数据模型接近现实世界，简单、清晰、容易理解，易于向逻辑数据模型转换，而且只有转换成逻辑数据模型才能在 DBMS 中实现。

（2）逻辑数据模型

逻辑数据模型简称逻辑模型，是计算机和 DBMS 实际支持的数据模型。逻辑模型可以清楚地表示出数据库中的数据及其结构，它是对现实世界的第二层抽象，如图 1-1 所示。逻辑模型主要有层次模型、网状模型和关系模型三种。

1）层次模型。数据库系统中最早出现的数据模型就是层次模型，其用树形层次结构来表示实体以及实体之间的联系，如图 1-2 所示。

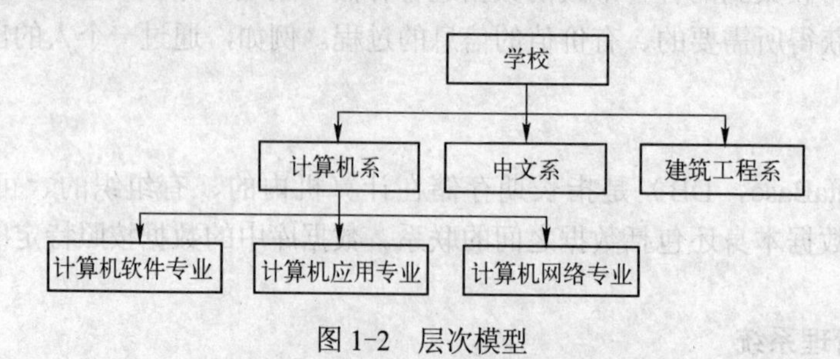

图 1-2　层次模型

层次模型反映实体间一对多的联系。优点是层次分明，结构清晰；缺点是不能直接反映事物间多对多的联系。

2）网状模型。网状模型是层次模型的拓展，网状模型的节点间可任意发生联系，因而可以表达各种复杂的联系，如图 1-3 所示。

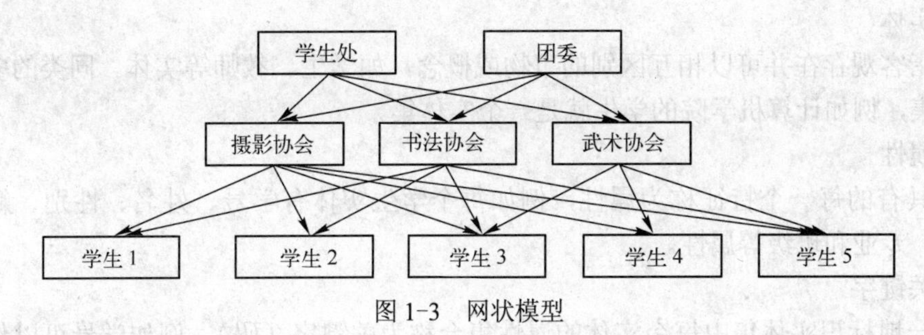

图 1-3　网状模型

网状模型的优点是表达能力强，能反映现实世界事物之间多对多的联系；缺点是在概念上、结构上和使用上都比较复杂，数据独立性差。

3）关系模型。关系模型是目前应用最广泛的一种数据模型，Access 采用的就是关系数据模型。关系模型将存放在数据库中的数据和它们之间的联系看做是一张张二维表格。关系模型将在后续章节详细介绍，在此不再赘述。

（3）物理数据模型

物理数据模型简称物理模型，是面向计算机物理表示的模型。它描述了数据是如何在计算机中存储的，如何表达记录结构、记录顺序和访问路径等信息。

7．数据库设计的步骤

数据库设计是指对于一个给定的应用环境，构造最优的数据库模式，建立数据库及其应用系统，使之能够有效地存储数据。

（1）需求分析阶段

需求分析的任务是明确用户的各种需求，调查、收集、分析用户在数据管理中的信息要求、处理要求、安全性与完整性要求。

（2）概念设计阶段

概念设计是把用户的信息需求综合、归纳和抽象，形成一个独立于任何具体 DBMS 和硬件的概念模型。

（3）逻辑设计阶段

逻辑设计是将概念模型转换成具体的数据库产品支持的逻辑数据模型，再对基本表进行优化，使其在功能、性能、完整性、一致性约束以及数据库扩充性等方面更好地满足用户的各种要求。

（4）物理设计阶段

根据 DBMS 的特点和处理要求选择最合适的物理存储结构、存取方法和存取路径，为逻辑模型建立一个完整的、能实现的数据库结构。

（5）数据库实施阶段

数据库实施阶段，设计人员依据逻辑设计和物理设计的结果建立数据库，编制和调试应用程序，组织数据入库并试运行。

（6）数据库运行和维护阶段

数据库应用系统经过试运行后便可正式投入运行。在数据库系统运行过程中必须不断地收集和记录实际系统运行的数据，以便评价数据库系统的性能，进一步调整和修改数据库。

8. E-R 模型的相关概念

（1）实体

实体指客观存在并可以相互区别的事物或概念，如学生、教师等实体。同类的多个实体构成实体集，例如计算机学院的学生就是一个实体集。

（2）属性

实体具有的每一个特征称为属性，例如每个学生实体有学号、姓名、性别、籍贯、年龄、系别、专业和班级等属性。

（3）关键字

能唯一地标识实体集中每个实体的属性集合称为关键字（码）。例如学号可以作为学生实体集的关键字，它能唯一地标识学生集中每个学生实体。

（4）域

属性的取值范围称做域，如性别的域为集合{男，女}。

（5）联系

联系是指 E-R 模型中反映的客观事物（实体）之间的关系。两个实体集之间的联系可以分为三类：

1）一对一联系（1:1）。对于实体集 A 中的每一个实体，实体集 B 中至多有一个（也可以没有）实体与之联系，反之亦然，则称实体集 A 与实体集 B 具有一对一联系，记为 1:1。例如，“厂长”与“工厂”两实体间是一对一联系，一个工厂只有一个厂长，反之，一个厂长只能在一个工厂中任职，如图 1-4a 所示。

2）一对多联系（1: n）。对于实体集 A 中的每一个实体，实体集 B 中有多个实体与之联系，反之，对于实体集 B 中的每一个实体，实体集 A 中至多有一个实体与之联系，则称实体集 A 与实体集 B 具有一对多联系，记为 1: n。例如，“班级”与“学生”两实体间是一对多联系，一个班级由许多学生组成，反之，一个学生只能属于一个班级，如图 1-4b 所示。

3）多对多联系（m: n）。对于实体集 A 中的每一个实体，实体集 B 中有多个实体与之联系，反之，对于实体集 B 中的每一个实体，实体集 A 中也有多个实体与之联系，则称实体集 A 与实体集 B 具有多对多联系，记为 m: n。例如，“教师”与“课程”两实体间是多对多联系，一个教师可讲授多门课程，反之，一门课程也可被多名教师讲授，如图 1-4c 所示。

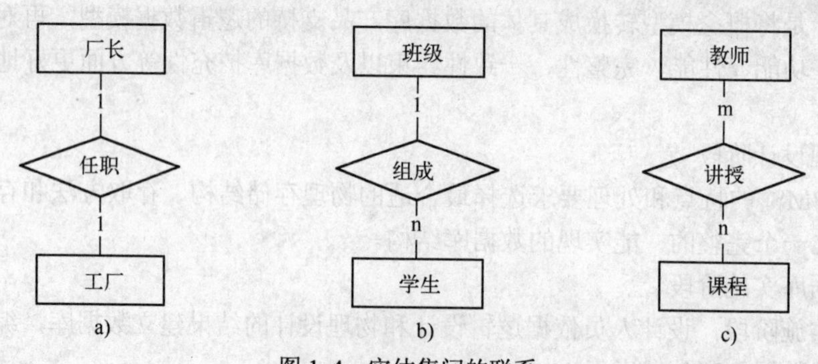

图 1-4　实体集间的联系

a) 一对一联系　b) 一对多联系　c) 多对多联系

9. E-R 图符号约定

由 E-R 模型概念可知，E-R 图主要由实体、属性和联系三个要素构成。符号约定如

表 1-1 所示。

表 1-1 E-R 模型的符号约定

要 素	说 明	E-R 图形符号	示 例
实体	用矩形表示，矩形内写明实体名	实体	教师
属性	用椭圆形表示，并用无向边将其与对应的实体连接	属性	姓名
联系	用菱形表示，菱形框内写明联系名，并用无向边与有关实体连接，同时在无向边旁标上联系的类型（1:1，1:n 或 m:n），如果一个联系具有属性，这些属性也要用无向边与该联系连接	联系	讲授

10. 概念设计的步骤

概念设计的基本步骤如下。

（1）设计局部 E-R 图

局部 E-R 图设计是指确定系统的实体、实体的属性、实体的码、联系、联系的属性以及联系的类型，进而设计相应的 E-R 模型。

1）确定实体。例如课程管理系统主要有学生、教师和课程三个实体。

2）确定实体的属性及码（码用下画线标出）。一定要区分实体以及实体的属性，设计过程中可参照以下原则：

- 属性不再具有需要描述的性质；
- 属性必须是不可分的数据项；
- 属性不能与其他实体具有联系。

依据以上原则，课程管理系统相关实体的属性、码及 E-R 图如下。

① 学生（学号，姓名，性别，出生日期，专业，联系方式），E-R 图如图 1-5 所示。

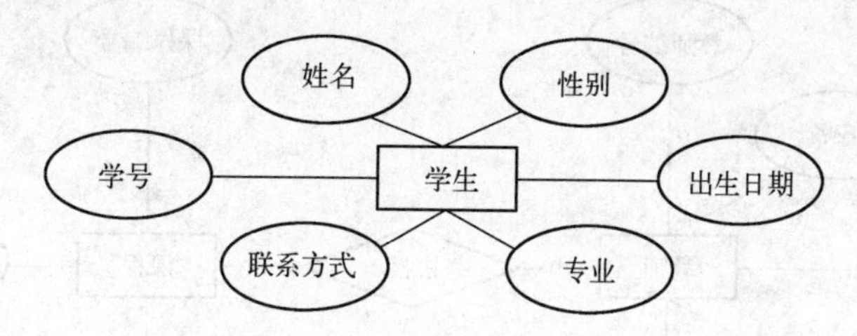

图 1-5 实体“学生”E-R 图

② 课程（课程编号，课程名称，学分），E-R 图如图 1-6 所示。

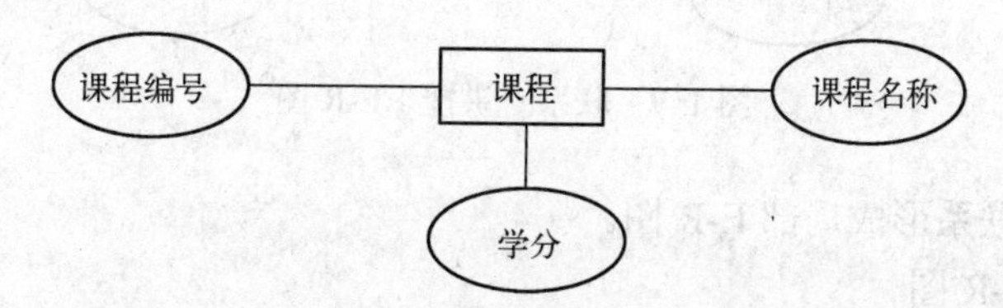

图 1-6 实体“课程”E-R 图

③ 教师（教师编号，姓名，性别，职称，所在部门），E-R 图如图 1-7 所示。

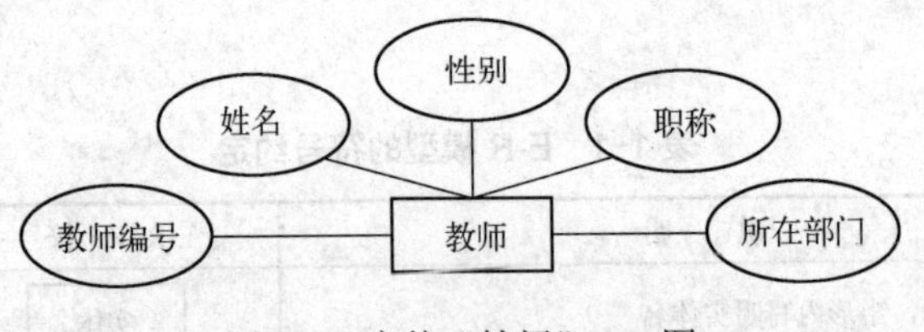

图 1-7　实体“教师”E-R 图

3）确定实体间联系、联系的类型及联系的属性。依据需求分析，考查任意两个实体间是否有联系，若有则进一步确定联系类型。例如，课程管理系统中有学生、课程和教师三个实体，其中存在如下两种联系。

① 学生与课程之间是 m:n 的选修联系，E-R 图如图 1-8 所示。

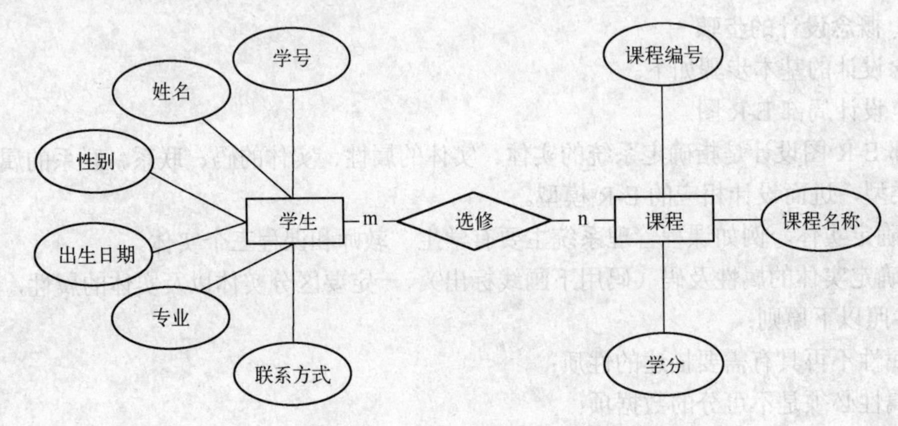

图 1-8　联系“选修”E-R 图

② 教师与课程之间是 m:n 的讲授关系，E-R 图如图 1-9 所示。

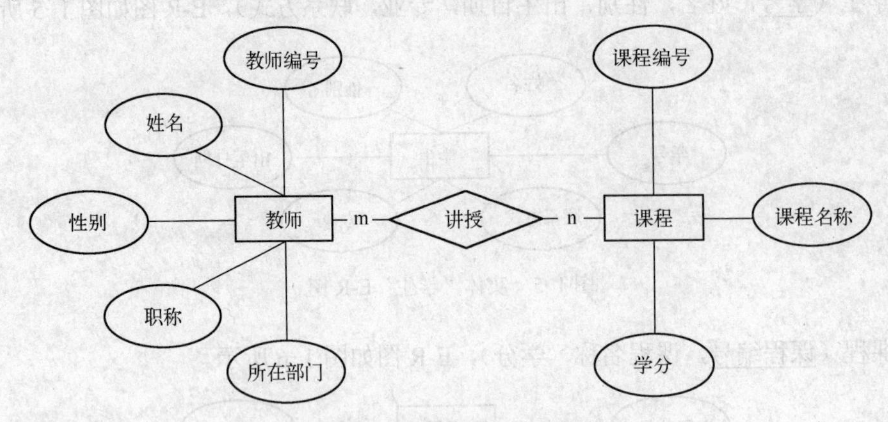

图 1-9　联系“讲授”E-R 图

4）合并实体和联系形成局部 E-R 图。

（2）设计全局 E-R 图

各局部（分）E-R 图设计好后，应该将所有的分 E-R 图进行综合合并，集成系统完整的 E-R 图。例如，课程管理系统合并后的全局 E-R 图如图 1-10 所示。

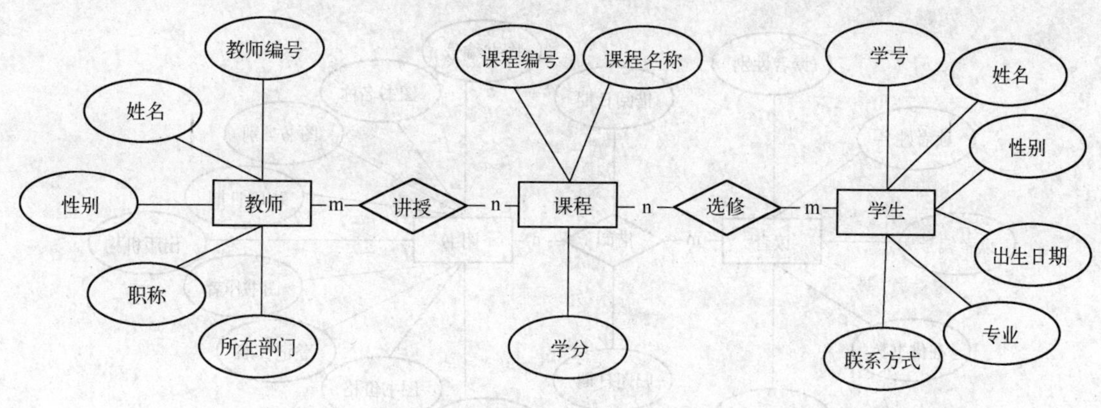

图 1-10　课程管理系统全局 E-R 图

概念结构设计是整个数据库设计的关键所在，而 E-R 模型是描述概念模型的有力工具。

1.1.3　任务实现

图书借阅系统的主要功能是实现读者对图书的借阅和归还操作。

1．设计局部 E-R 图

1）分析图书借阅系统中存在的实体。

2）参考图 1-11～图 1-12，确定实体属性及码，完成表 1-2。

表 1-2　实体属性及码

实　体	属　性	码
读者		
图书		

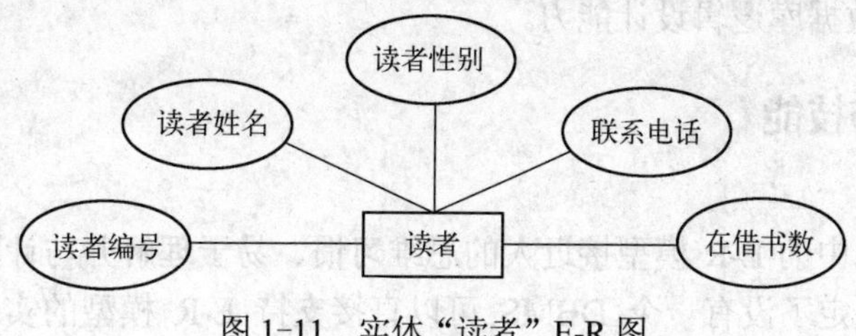

图 1-11　实体“读者”E-R 图

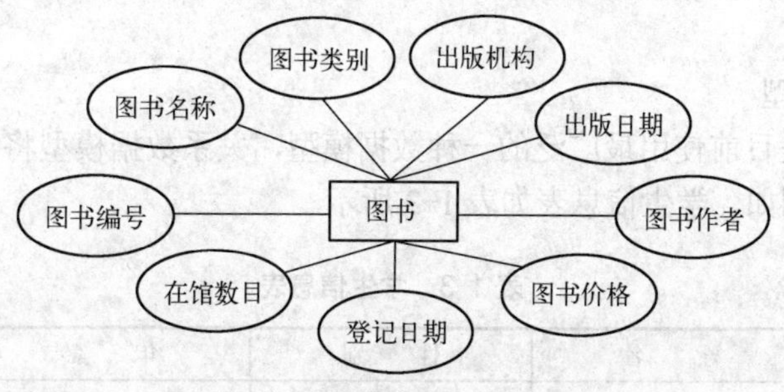

图 1-12　实体“图书”E-R 图

3）确定实体间联系及联系的属性，参考图 1-13，绘制 E-R 图。

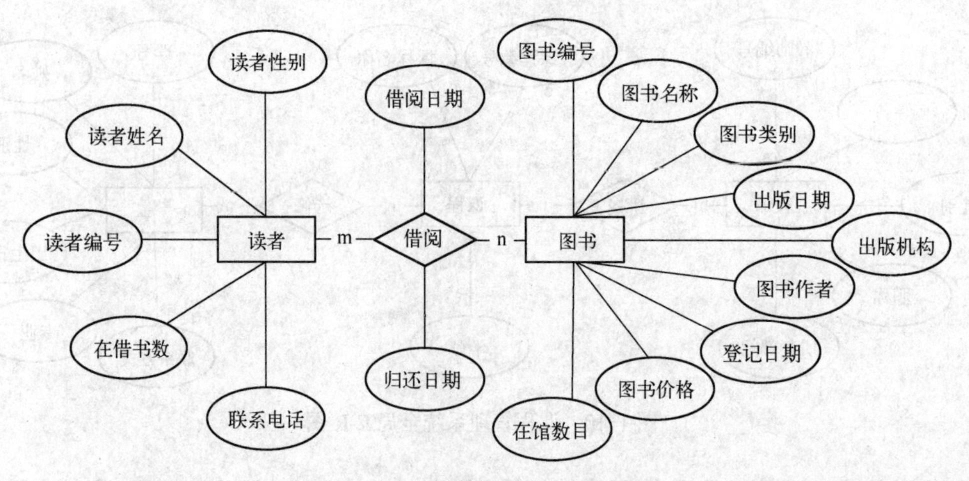

图 1-13　图书借阅系统全局 E-R 图

2．保存文档

以“图书借阅系统数据库概念设计”为文件名，保存文档，以备后用。

任务 1.2　数据库逻辑设计

1.2.1　任务目标

- 理解数据库逻辑设计的基本概念；
- 掌握 E-R 模型向关系模型的转换方法；
- 对关系模型数据库能进行简单的优化；
- 具备简单的数据库逻辑设计能力。

1.2.2　相关知识与技能

1．逻辑设计

数据库概念设计中的 E-R 模型接近人的思维习惯、易于理解并与计算机具体实现无关。但计算机无关性也决定了没有一个 DBMS 可以直接支持 E-R 模型的实现，所以必须将其转换成计算机能够实现的数据模型（层次、网状或关系数据模型），这个过程称为数据库逻辑设计。

2．关系数据模型

关系数据模型是目前使用最广泛的一种数据模型，关系数据模型将实体与实体间联系用二维表形式表示。例如，学生信息表如表 1-3 所示。

表 1-3　学生信息表

学　号	姓　名	性　别	年　龄	平均成绩
200300	张玲	女	18	75
200301	马克	男	16	69

（续）

学　号	姓　名	性　别	年　龄	平均成绩
200302	赵菲菲	女	19	81
200303	刘甜甜	女	18	56

3．相关术语

（1）关系

一个关系就是一张行列交叉的二维表，每个关系有一个关系名，它与E-R模型中的实体集对应。表1-3所示的学生信息表就是一个关系。

（2）元组

二维表中除表头外的非空行称为一个元组。如表1-3中有4行数据，也就有4个元组，它与E-R模型中的实体对应。

（3）属性

二维表中的列称为属性，每一列是一个属性，每列的名称即为属性名。如表1-3中有5列，对应5个属性（学号，姓名，性别，年龄，平均成绩）。它与E-R模型中实体的属性相同。

（4）域

域是属性的取值范围，即不同元组对同一属性的取值所限定的范围，例如性别的域为集合{男，女}。

（5）关键字（以下简称键或码）

在一个关系中可能有多个候选键，从中选择一个作为主键。例如课程管理系统中，“学号”可作为学生信息表的主键，如果用学生的“姓名”作为主键则同名学生无法区分。

4．关系运算

关系数据库系统至少应当支持3种关系运算，即选择、投影和连接。

（1）选择

选择是单目运算符，即对一个表进行的操作。从二维表中选出符合给定条件的元组组成一个新表，它是从行的角度对关系进行运算，是关系的横向抽取。

例如，在学生信息表（见表1-3）中找出性别为“女”且平均成绩在60分以上的元组，形成一个新表，如表1-4所示，则属于选择操作。

表1-4　学生信息表选择运算结果

学　号	姓　名	性　别	年　龄	平均成绩
200300	张玲	女	18	75
200302	赵菲菲	女	19	81

（2）投影

投影也是单目运算符，从二维表中选出若干属性组成新的表，它是从列的角度对关系进行运算，是关系的垂直分解。

例如，对学生信息表（见表1-3）中的“学号”、“姓名”和“平均成绩”进行投影操作，得到结果如表1-5所示。

表 1-5　学生信息表投影运算结果

学　号	姓　名	平均成绩
200300	张玲	75
200301	马克	69
200302	赵菲菲	81
200303	刘甜甜	56

（3）连接

表的选择和投影运算是分别从行和列两个方向上对一张表进行的操作，而连接运算是对两张表的操作。

例如，存在成绩信息表（见表 1-6）和课程信息表（见表 1-7）。

表 1-6　成绩信息表

学　号	课程编号	成　绩
200300	1501	80
200300	1502	78
200302	1501	65
200303	1503	58

表 1-7　课程信息表

课程编号	课程名称
1501	大学英语
1502	Access 数据库设计
1503	计算机文化基础

对这两张表依据“课程编号”进行连接操作，得出的新表如表 1-8 所示。

表 1-8　成绩信息表与课程信息表连接结果

学　号	课程编号	课程名称	成　绩
200300	1501	大学英语	80
200300	1502	Access 数据库设计	78
200302	1501	大学英语	65
200303	1503	计算机文化基础	58

5. E-R 模型转换为关系数据模型

E-R 模型可以向现有的各种数据库模型转换，不同的数据库模型有不同的转换规则。向关系模型转换的规则如下。

1）一个实体类型转换成一个关系模式，实体的属性就是关系的属性，实体的码就是关系的码。

课程管理系统 E-R 图（见图 1-10）中有“学生”、“课程”和“教师”三个实体，根据上述原则可以转换为三个关系模型。

学生（<u>学号</u>，姓名，性别，出生日期，专业，联系方式）

课程（<u>课程编号</u>，课程名称，学分）

教师（<u>教师编号</u>，姓名，性别，职称，所在部门）

提示

下画线表示该属性为关系的码。

2）一个 1:1 联系可以转换为一个独立的关系模式，也可以与联系的任意一端实体所对应的关系模式合并。如果转换为一个独立的关系模式，则与该联系相连的各实体的码以及联系本身的属性均转换为关系的属性，每个实体的码均是该关系的码。如果与联系的任意一端实体所对应的关系模式合并，则需要在该关系模式的属性中加入另一个实体的码和联系本身的属性。

例如，厂长与工厂是 1:1 联系，其 E-R 图如图 1-14 所示。

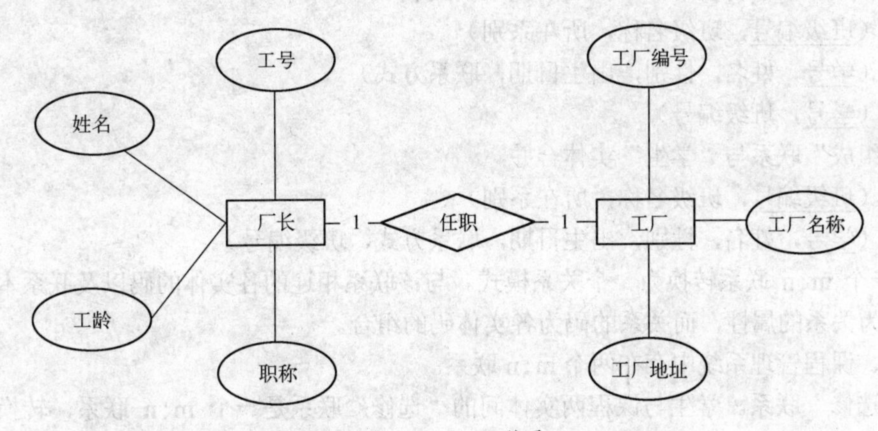

图 1-14　1:1 联系

该“任职”关系有以下两种转换方案。

①“任职”联系转换成一个独立的关系模式

厂长（<u>工号</u>，姓名，工龄，职称）

工厂（<u>工厂编号</u>，工厂名称，工厂地址）

任职（<u>工号</u>，<u>工厂编号</u>）

②“任职”联系与“工厂”实体合并

厂长（<u>工号</u>，姓名，工龄，职称）

工厂（<u>工厂编号</u>，工厂名称，工厂地址，工号）

3）一个 1:n 联系可以转换为一个独立的关系模式，也可以与联系的 n 端实体所对应的关系模式合并。如果转换为一个独立的关系模式，则与该联系相连的各实体的码以及联系本身的属性均转换为关系的属性，而联系的码为 n 端实体的码。如果与联系的 n 端实体所对应的关系模式合并，则需要在该关系模式的属性中加入一端实体的码和联系本身的属性。

例如，班级与学生是 1:n 联系，其 E-R 图如图 1-15 所示。

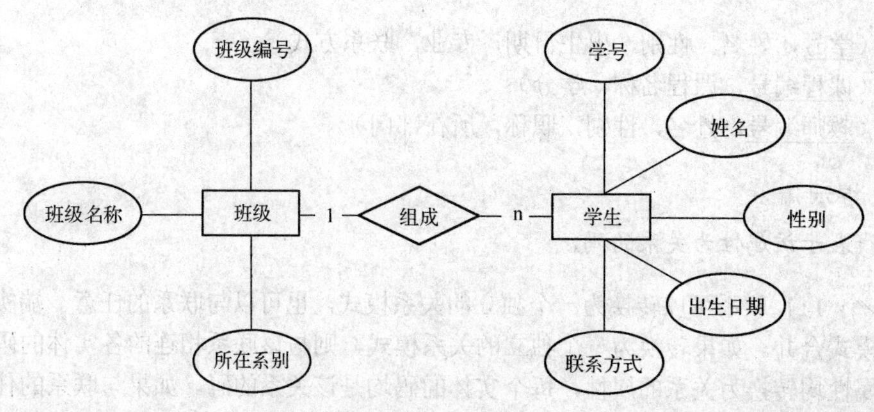

图 1-15　1:n 联系

该“组成”关系有以下两种转换方案。

①“组成”联系转换为一个独立的关系模式

班级（<u>班级编号</u>，班级名称，所在系别）

学生（<u>学号</u>，姓名，性别，出生日期，联系方式）

组成（<u>学号</u>，班级编号）

②“组成”联系与“学生”实体合并

班级（<u>班级编号</u>，班级名称，所在系别）

学生（<u>学号</u>，姓名，性别，出生日期，联系方式，班级编号）

4）一个 m:n 联系转换为一个关系模式。与该联系相连的各实体的码以及联系本身的属性均转换为关系的属性，而关系的码为各实体码的组合。

例如，课程管理系统中存在两个 m:n 联系。

①“选修”联系。学生与课程两实体间的“选修”联系是一个 m:n 联系，转换为如下关系模式，其中学号与课程编号为关系的组合码。

学生（<u>学号</u>，姓名，性别，出生日期，专业，联系方式）

课程（<u>课程编号</u>，课程名称，学分）

选修（<u>学号</u>，<u>课程编号</u>，成绩）

②“讲授”联系。教师与课程两实体间的“讲授”联系也是一个 m:n 联系，转换为如下关系模式，其中教师编号与课程编号为关系的组合码。

课程（<u>课程编号</u>，课程名称，学分）

教师（<u>教师编号</u>，姓名，性别，职称，所在部门）

讲授（<u>教师编号</u>，<u>课程编号</u>）

综上所述，课程管理系统 E-R 图中的实体和联系进行相应的关系数据模型转换，最终形成如下的关系模型。

学生（<u>学号</u>，姓名，性别，出生日期，专业，联系方式）

课程（<u>课程编号</u>，课程名称，学分）

教师（<u>教师编号</u>，姓名，性别，职称，所在部门）

选修（<u>学号</u>，<u>课程编号</u>，成绩）

讲授（<u>教师编号</u>，<u>课程编号</u>）

6. 关系数据模型的优化

所谓规范化是指关系模型中的每一个关系模式都必须满足一定的要求。目前普遍用范式（Normal Form，NF）来表示关系模型的规范化程度，一般情况下数据模型至少规范到第三范式。

三级范式是一个由低到高对关系模型进行规范的过程，第一范式是对关系的最低要求，如图 1-16 所示。

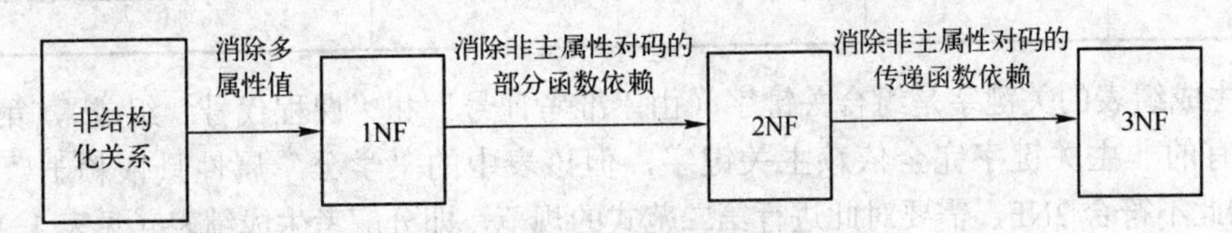

图 1-16　三级范式

（1）第一范式（1NF）

第一范式要求关系模式中的每列必须是不可分割的原子项，即第一范式要求列不能够再分为其他几列，严禁“表中表”。

课程管理数据库的关系模型中存在学生（学号、姓名、性别、出生日期、专业、联系方式），但该关系中“联系方式”属性并不是不可分割的原子项，它还可以划分为“联系电话”和“邮箱地址”两项，如表 1-9 所示。

表 1-9　学生信息表

学　号	姓　名	性　别	出生日期	专　业	联系方式	
					联系电话	邮箱地址

对表 1-9 进行 1NF 规范化处理，得到符合 1NF 的关系表，如表 1-10 所示。

表 1-10　符合 1NF 的学生信息表

学　号	姓　名	性　别	出生日期	专　业	联系电话	邮箱地址

注意

任何一个关系数据库中，第一范式（1NF）是对关系模式的基本要求，不满足第一范式（1NF）的数据库就不是关系数据库。

（2）第二范式（2NF）

第二范式（2NF）是在第一范式（1NF）基础上建立起来的，满足第二范式（2NF）则必须先满足第一范式（1NF）。第二范式要求表中所有非主关键字属性完全依赖于主关键字。如果非关键字属性仅依赖主关键字的一部分，则可以将这个属性和其依赖的部分主键分解出来形成一个新的实体。总之第二范式（2NF）要求属性完全依赖主键。

例如，存在表1-11所示的考生成绩表。

表1-11　考生成绩表

准考证号	课程代号	期中成绩	期末成绩	最终成绩	学　分

考生成绩表的关键字是组合关键字（由“准考证号”和“课程代号”组成），第二范式要求所有的非主关键字完全依赖主关键字，但该表中的“学分”属性只依赖于“课程代码”，因此不符合2NF，需要对此进行第二范式的规范，即分解考生成绩表（见表1-11），形成符合2NF的考生成绩表（见表1-12）和课程信息表（见表1-13）。

表1-12　符合2NF的考生成绩表

准考证号	课程代号	期中成绩	期末成绩	最终成绩

表1-13　分解出的课程信息表

课程代号	学　分

（3）第三范式（3NF）

第三范式则要消除非主关键字对主关键字的传递依赖，即满足第三范式的数据库表不应该存在这样的依赖关系：

关键字段 → 非关键字段 x → 非关键字段 y

例如，存在表1-14所示的考生信息表。

表1-14　考生信息表

准考证号	考生姓名	身份证号	考场编号	考　场	考　点

考生信息表（见表1-14）中关键字为“准考证号”，存在如下决定关系：

准考证号→考场编号→（考场，考点）

即非关键字“考场”、“考点”对关键字“准考证号”的传递依赖，因此应该对表1-14继续进行分解，形成符合3NF的考生信息表（见表1-15）和考场信息表（见表1-16）。

表 1-15　符合 3NF 的考生信息表

准考证号	考生姓名	身份证号	考场编号

表 1-16　分解出的考场信息表

考场编号	考　场	考　点

综上所述，课程管理系统表结构经过关系数据模型范式的规范化，最终形成符合 3NF 的数据模型，如表 1-17 所示。

表 1-17　课程管理系统的关系模型信息

数据性质	关系名	属　性
实体	学生	学号、姓名、性别、出生日期、专业、联系电话，邮箱地址
实体	课程	课程编号、课程名称、学分
实体	教师	教师编号、姓名、性别、职称、所在部门
联系	选修	学号、课程编号、成绩
联系	讲授	教师编号、课程编号

7. 课程管理数据库中的表结构

(1) 学生信息表

学生信息表用于存储学生的基本信息，学生信息表结构如表 1-18 所示。

表 1-18　学生信息表

列　名	数据类型	长　度	可否为空
学号	文本	10	不可空
姓名	文本	10	不可空
性别	文本	2	可空
出生日期	日期		可空
专业	文本	10	可空
联系电话	文本	20	可空
邮箱地址	文本	20	可空

(2) 课程信息表

课程信息表用于存储课程的相关信息，课程信息表结构如表 1-19 所示。

表 1-19　课程信息表

列　名	数据类型	长　度	可否为空
课程编号	文本	10	不可空
课程名称	文本	20	不可空
学分	数字型		可空

（3）选修信息表

选修信息表用于存储学生选修课程的联系信息，选修信息表结构如表 1-20 所示。

表 1-20　选修信息表

列　名	数据类型	长　度	可否为空
学号	字符型	10	不可空
课程编号	字符型	10	不可空
成绩	整型		可空

（4）教师信息表

教师信息表用于存储教师的相关信息，教师信息表结构如表 1-21 所示。

表 1-21　教师信息表

列　名	数据类型	长　度	可否为空
教师编号	文本	10	不可空
姓名	文本	10	不可空
性别	文本	2	可空
职称	文本	10	可空
所在部门	文本	10	可空

（5）讲授信息表

讲授信息表用于存储教师讲授课程的联系信息，讲授信息表结构如表 1-22 所示。

表 1-22　讲授信息表

列　名	数据类型	长　度	可否为空
教师编号	文本	10	不可空
课程编号	字符型	10	不可空

1.2.3　任务实现

1．E-R 模型到关系数据模型的转换

1）打开 Microsoft Word 软件，新建文档。

2）将读者和图书实体转换成关系模型。

3）将读者与图书的 m∶n 联系转换到关系模型。

4）参考范式进行关系模型的优化。

5）完成表 1-23，建立图书借阅系统关系模型。

表 1-23　图书借阅系统的关系模型信息

关系名	属　性	码
读者		
图书		
借阅		

2. 建立图书借阅系统表结构

1）在 Word 文档中，参考表 1-24 建立读者信息表。

表 1-24　读者信息表

列　名	数据类型	长　度	可否为空
读者编号			
读者姓名			
读者性别			
联系电话			
在借书数			

2）参考表 1-25 建立图书信息表。

表 1-25　图书信息表

列　名	数据类型	长　度	可否为空
图书编号			
图书名称			
图书类别			
出版机构			
出版日期			
图书作者			
图书价格			
登记日期			
在馆数目			

3）参考表 1-26 建立借阅信息表。

表 1-26　借阅信息表

列　名	数据类型	长　度	可否为空
读者编号			
图书编号			
借阅日期			
归还日期			

3. 保存文档

以"图书借阅系统数据库逻辑设计"为文件名，保存文档，以备后用。

技能提高训练

1. 训练目的

- 灵活运用 E-R 模型的设计方法建立数据库概念结构模型。
- 熟练掌握 E-R 模型向关系模型的转换方法以及关系数据模型的优化方法。

2. 训练内容

固定资产管理系统主要实现企业对固定资产的基本管理。

（1）设计 E-R 图

1）打开 Microsoft Word 软件，新建文档，分析固定资产管理系统中存在的实体。

2）绘制各实体的 E-R 图。

3）确定各实体属性及码。

4）确定实体间联系及联系的属性。

5）参考图 1-17 绘制全局 E-R 图。

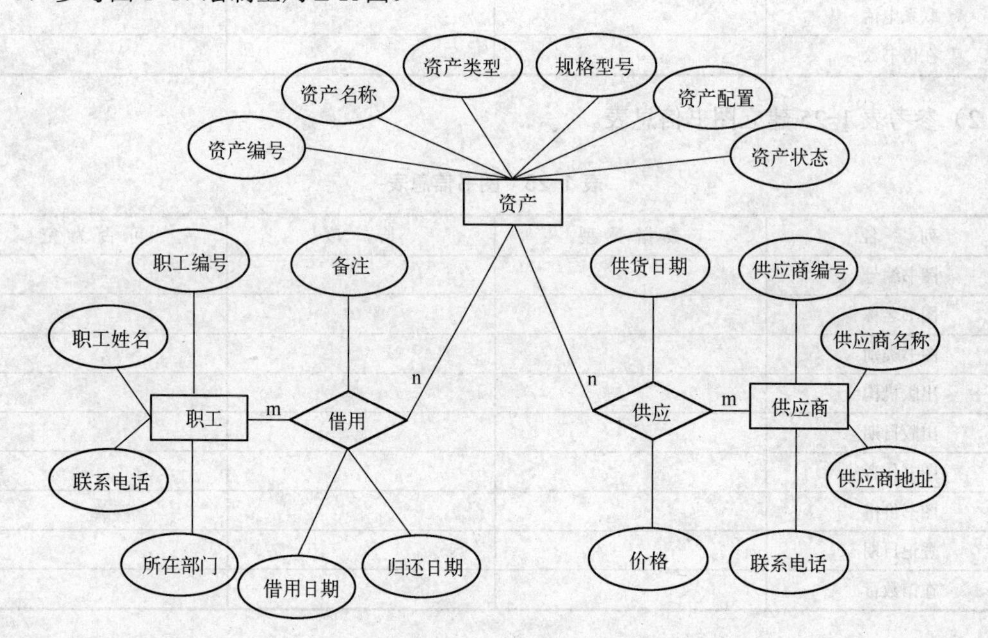

图 1-17　全局 E-R 图

（2）设计关系模型

1）将实体转换成关系模型。

2）将联系转换到关系模型。

3）进行关系模型的优化。

（3）建立固定资产管理表结构

根据创建的概念模型建立固定资产管理系统数据库中各个表的结构。

（4）保存文档

以“固定资产管理系统数据库设计”为文件名，保存文档，以备后用。

习题

一、选择题

1. 数据库设计中的概念结构设计的工具是（　　）。

   A. 数据模型　　　　B. E-R 模型

C．概念模型　　　　　　　　　D．逻辑模型

2．常见的逻辑模型是（　　）。

A．层次模型、网状模型和关系模型

B．概念模型、实体模型和关系模型

C．对象模型、外部模型和内部模型

D．逻辑模型、概念模型和关系模型

3．关系数据库管理系统应该能实现专门的关系运算包括（　　）。

A．排序、索引和统计　　　　　B．选择、投影和连接

C．关联、更新和排序　　　　　D．显示、打印和制表

4．关系数据模型中，二维表的列称为（　　）。

A．记录　　　　　　　　　　　B．元组

C．属性　　　　　　　　　　　D．主键

5．实体之间联系分为（　　）类。

A．2　　　　　　　　　　　　B．3

C．4　　　　　　　　　　　　D．5

6．一个班级可以有多个学生，一个学生只能在一个班级学习，班级与学生之间的关系为（　　）。

A．一对多　　　　　　　　　　B．多对多

C．一对一　　　　　　　　　　D．多对一

二、简答题

1．简述数据库设计的基本步骤。

2．简述数据库概念设计的基本方法和步骤。

3．简述E-R模型转换成关系模型的规则和方法。

第2章　创建数据库

数据库是用来存储数据和数据库对象的逻辑实体，数据库中含有数据和一些其他的对象，如表、查询、窗体、报表、数据访问页、宏、模块等，是数据库管理系统的核心内容。因此，创建数据库是建立其他数据库对象的基础。

【学习目标】

✧ 熟悉 Access 2003 数据库系统开发环境；

✧ 掌握 Access 2003 创建数据库的几种方法；

✧ 具备熟练使用 Access 2003 数据库的能力。

任务 2.1　认识 Access 2003

2.1.1　任务目标

- 熟悉 Access 2003 数据库的启动与退出；
- 熟悉 Access 2003 数据库的工作环境。

2.1.2　相关知识与技能

1．Access 2003

Access 2003 是一个数据库管理软件，作为 Office 2003 的一部分，具有与 Word 2003、Excel 2003 和 PowerPoint 2003 相似的操作界面和使用环境，它是 Microsoft Office 2003 办公套件中的一个重要的组成部分。它界面友好、功能强大且操作简单，不仅可以有效地组织、管理、共享和开发应用数据库信息，而且可以将数据库信息与 Web 结合在一起，实现网络上的数据共享和协同工作，现已成为最流行的桌面数据库管理系统。

2．Access 2003 的启动与退出

（1）Access 2003 的启动

用户可通过以下 3 种方式启动 Access 2003：

- 通过选择“开始”菜单中的“所有程序”，在其中选择“Microsoft Office 2003” 选项的“Microsoft Office Access 2003”命令，启动 Access 2003。
- 通过双击桌面上的快捷方式来启动 Access 2003。
- 在运行窗口启动。选择“开始”菜单中的“运行”命令，打开“运行”对话框，在“打开（0)：”后的“运行”对话框中输入“MSACCESS.EXE”，单击“确定”按钮，启动 Access 2003，如图 2-1 所示。

（2）Access 2003 的退出

用户可通过以下 4 种方式退出 Access 2003：

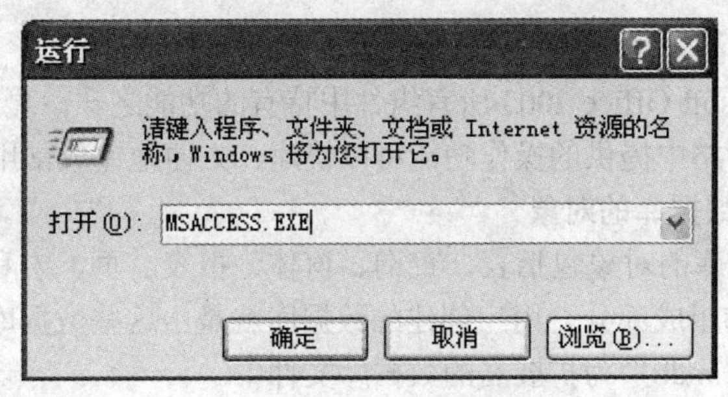

图 2-1 “运行”对话框

- 单击“文件”菜单中的“退出”命令。
- 单击 Access 2003 用户界面主窗口右上方的“关闭”按钮。
- 单击 Access 2003 窗口标题栏左上角的控制菜单图标，在下拉菜单中选择单击“关闭”即可。
- 直接按〈Alt+F4〉组合健。

3. Access 2003 的工作环境

Access 2003 的窗口布局如图 2-2 所示。

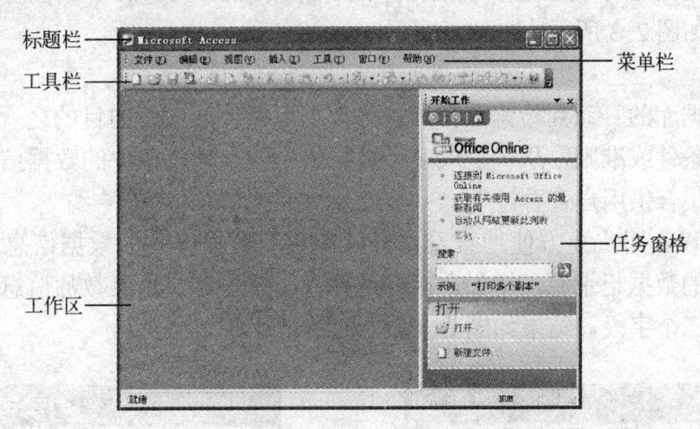

图 2-2 Access 2003 窗口布局

（1）标题栏

标题栏在 Access 主窗口的最上面，标题栏上依次显示着“控制菜单”图标、窗口的标题“Microsoft Access”和控制按钮。

（2）菜单栏

标题栏下面就是菜单栏，菜单栏包含的子菜单根据不同的工作状态而不同，而每个菜单栏包含的项目也根据当前工作状态的不同而不同。

（3）工具栏

菜单栏下面是工具栏，Access 中常用的命令以工具按钮的形式放在工具栏中，以便用户快速操作，从而提高工作效率。

（4）工作区

Access 2003 主窗口中大部分领域由工作区占据，数据库的所有操作都在工作区进行，并且操作结果也在工作区显示。

（5）任务窗格

任务窗格是 Microsoft Office 2003 所有组件中特有的功能之一，显示在 Access 2003 主窗口的右边，使用任务窗格中提供的操作功能可以快速、方便地完成常用的操作任务。

4．Access 2003 数据库的对象

Access 2003 数据库的对象包括表、查询、窗体、报表、页、宏和模板等，每一个对象都是数据库不可缺少的组成部分。用户创建的数据库就是由这些数据库对象构成的，这些对象都存储在同一个以“.mdb”为扩展名的数据库文件中。

注意

Access 2003 的数据库是一个独立的文件，在任何时刻，Access 2003 只能打开运行一个数据库，但可以同时打开、运行多个数据库对象（如可以同时打开多个表）。

（1）表

表是数据库的核心与基础，是数据库最基本的组成部分，一个数据库有多个数据库表，存放着数据库中的所有数据信息。Access 数据库中的所有数据都是以表的形式保存的，通常建立数据库后首要的任务就是建立该数据库的各种数据表。例如，“课程管理”数据库中的“教师信息表”，如图 2-3 所示。

（2）查询

查询是对数据库的一系列检索操作，也是数据库操作最主要的目的之一。查询是依据用户设定好的查询条件或准则，从一个或多个数据表中搜索满足条件的数据信息，并且集中起来形成一个数据集合供用户查看。

查询对象可以让用户更方便地查看、分析和更新数据库中的数据信息，还可以作为窗体、报表等对象的数据记录源。例如，执行选择查询操作，显示“教师信息表”中的教师编号、姓名和职称三个字段，结果如图 2-4 所示。

教师信息表 ：表

教师编号	姓名	性别	年龄	职称	所在部门
01001	袁明芬	女	32	讲师	计算机系
01002	李文龙	男	55	教授	计算机系
01003	王玉辉	男	25	助教	计算机系
02001	张建	男	45	教授	建筑工程系
02002	乔勇	男	46	教授	建筑工程系
02003	周婉英	女	33	讲师	建筑工程系
03001	曾思强	男	43	教授	会计电算化
03002	陈颖	女	30	讲师	会计电算化
03003	王艳	女	32	讲师	会计电算化
			0		

记录：1 共有记录数：9

图 2-3 数据库表

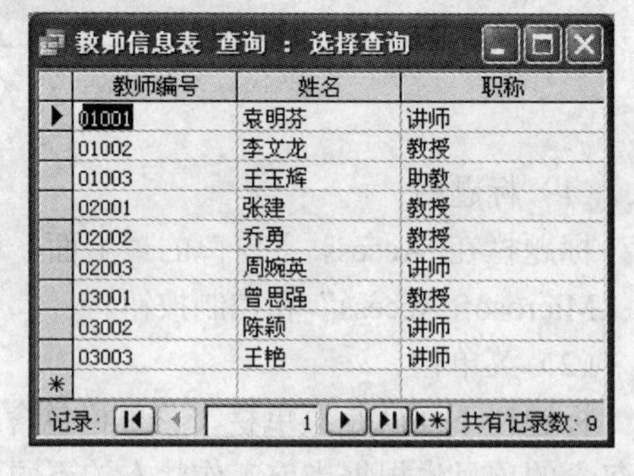
教师信息表 查询 ：选择查询

教师编号	姓名	职称
01001	袁明芬	讲师
01002	李文龙	教授
01003	王玉辉	助教
02001	张建	教授
02002	乔勇	教授
02003	周婉英	讲师
03001	曾思强	教授
03002	陈颖	讲师
03003	王艳	讲师

记录：1 共有记录数：9

图 2-4 查询

（3）窗体

窗体实际上就是一个用户界面，实现用户与数据库之间的人机交互，用于进行数据的浏览、输入、显示等操作。美观、友好和便捷的窗体可以更好地显示数据表中的信息，方便用户对数据的操作。例如，“课程管理”数据库中简单的“教师信息表”的窗体如图 2-5 所示。

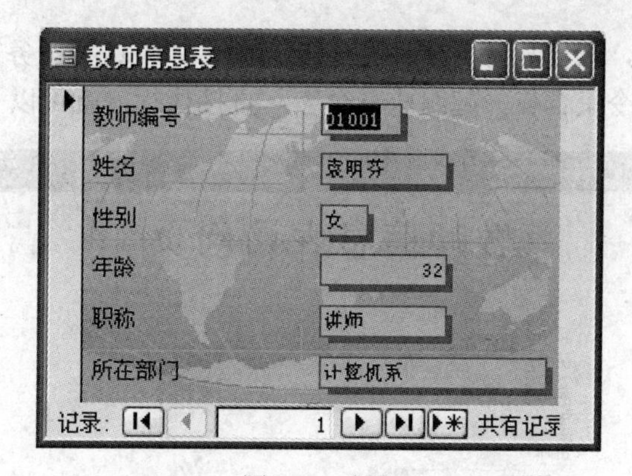

图 2-5 窗体

（4）报表

报表是 Access 数据库的主要对象，报表用来打印数据信息。报表的功能是根据需要将数据库中的数据信息提取出来，并加以整理、分类、排序、汇总、统计等综合处理，然后按照所需的格式进行显示和打印。

报表为打印输出数据库中的数据信息提供了一种便捷的方式，实现了传统媒体与现代媒体在信息传递方面的结合。例如“课程管理”数据库中“教师信息表”形成的报表如图 2-6 所示。

教师信息表

教师编号	姓名	性别	年龄	职称	所在部门
01001	袁明芬	女	32	讲师	计算机系
01002	李文龙	男	55	教授	计算机系
01003	王玉辉	男	25	助教	计算机系
02001	张建	男	45	教授	建筑工程系
02002	乔勇	男	46	教授	建筑工程系
02003	周婉英	女	33	讲师	建筑工程系
03001	曾思强	男	43	教授	会计电算化
03002	陈颖	女	30	讲师	会计电算化
03003	王艳	女	32	讲师	会计电算化

图 2-6 报表

（5）页

页是 Access 2003 中唯一一个独立于数据库文件之外的对象，它是一种网页文件，它把数据库表中的数据信息、查询结果等输出为可以通过互联网进行访问的网页形式。在互联网广泛应用的今天，页对象的使用极大地方便了数据库信息的网络发布。例如，“课程管理”数据库中“教师信息表”形成的数据访问页如图 2-7 所示。

（6）宏

宏是自动执行一组操作命令来完成某一任务，其中每个命令可实现特定的功能。数据库中，有些任务过程复杂，需要执行多个命令才能实现，如果这类任务需要经常执行的话，则可以将这一系列操作命令集合在一起组成一个宏，直接执行宏就可以了。

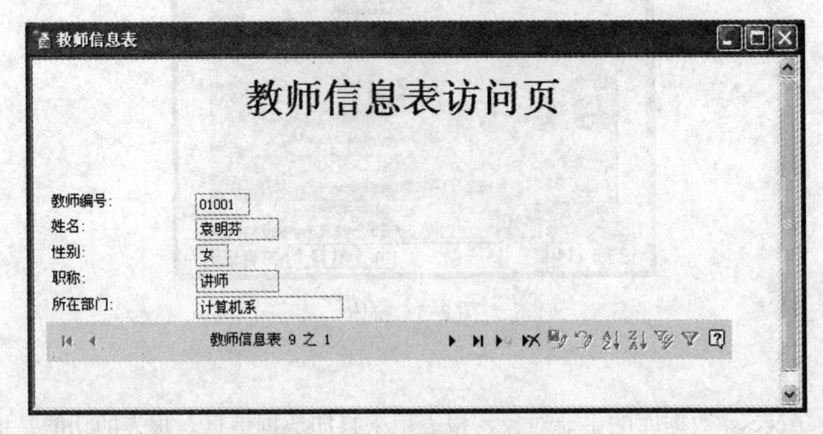

图 2-7　数据访问页

比如打开数据库、进行查询、对查询结果进行输出这一系列操作可以组成一个宏进行执行，可有效简化操作，提高工作效率。

（7）模块

模块是 Access 2003 中最复杂，也是功能最强大的对象，模块是 Access 数据库中保存程序代码的地方，用户可以自己编写代码来实现一些复杂的操作，Access 中使用的编程语言是 VBA（Visual Basic For Application）。

2.1.3 任务实现

1）用不同的方法启动 Access 2003，打开示例数据库。

2）在已经启动的 Access 2003 窗口中，查看标题栏、菜单栏、工具栏、工作区以及任务窗格的功能与作用。

3）在数据库窗口中逐一单击各个对象，了解其功能及创建方法。

4）退出 Access 2003。

任务 2.2　创建 Access 数据库

2.2.1 任务目标

- 掌握使用“数据库向导”创建数据库的方法；
- 掌握使用“创建空数据库”创建数据库的方法。

2.2.2 相关知识与技能

1. 创建数据库的方法

Access 2003 提供了“数据库向导”和“创建空数据库”两种创建数据库的方法。

使用“数据库向导”方法仅一次操作便可为所选数据库创建好所有的对象，而使用“创建空数据库”方法是先创建空数据库，再根据需要灵活地添加各元素。但是无论采取哪种方法创建的数据库，都是可以随时修改或扩展的。

2. 使用“数据库向导”创建数据库

如果想在创建数据库时就为该数据库创建所需要的表、窗体以及报表等对象，则可选用“数据库向导”方式创建数据库。这是创建数据库最简单的方法，也是初学者最常用的方法。

使用“数据库向导”创建数据库就是利用 Access 2003 中保存的数据库模板快速地建立一个数据库，Access 2003 提供的模板有“订单”、“分类总账”、“服务请求管理”、“联系人管理”和“工时与账单”等，用户通过这些模板来创建基于模板的数据库，再根据自己实际需求进行相应的修改，从而实现数据库的创建过程。因此，在使用“数据库向导”建立数据库之前，首先需要选择要建立的数据库的类型。因为不同类型的数据库创建过程中使用的数据库向导也不同，如同餐厅做菜是一样的，虽然都是客人点菜、厨师做菜、客人用餐的流程，但是厨师对于不同的菜制作的过程是并不相同的。

使用“数据库向导”创建数据库的基本步骤如下：

1）打开 Windows 资源管理器，在某一存储盘下新建一个用于存放数据库文件的文件夹。

2）启动 Access 2003。

3）执行“文件”菜单下的“新建”命令，在“新建文件”任务窗体中，选择“本机上的模板”选项，如图 2-8 所示。

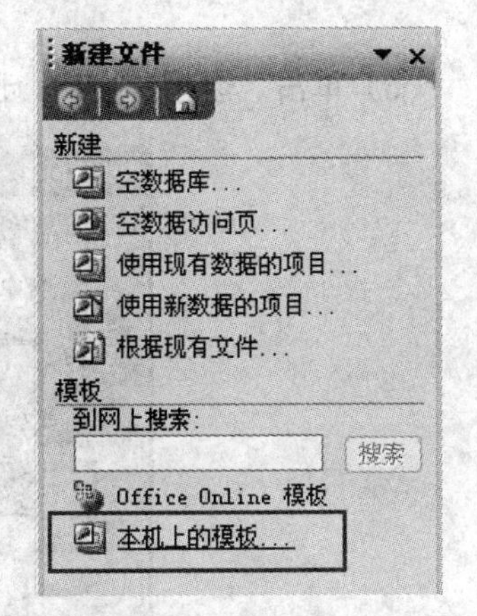

图 2-8 “新建文件”任务窗体

4）在弹出的“模板”对话框中，首先切换到“数据库”选项卡，选择要创建的数据库类型，如图 2-9 所示。

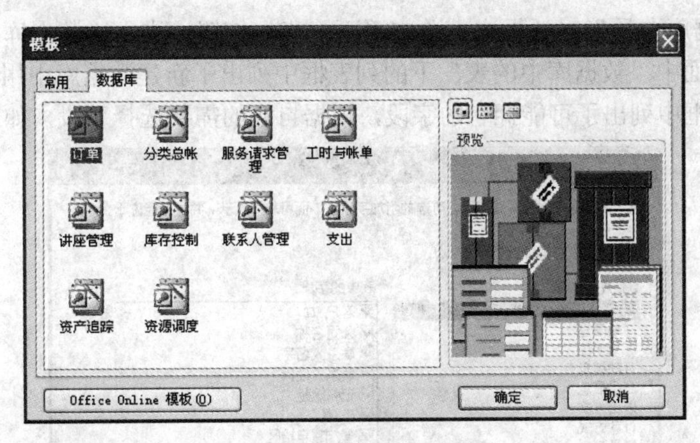

图 2-9 “模板”对话框

5）单击“确定”按钮，进入“文件新建数据库”对话框。在“文件新建数据库”对话框中，选择新建数据库的存储路径，例如选择步骤 1）中创建的文件夹。在文件名处输入新建数据库的名称，如输入“订单”，如图 2-10 所示。

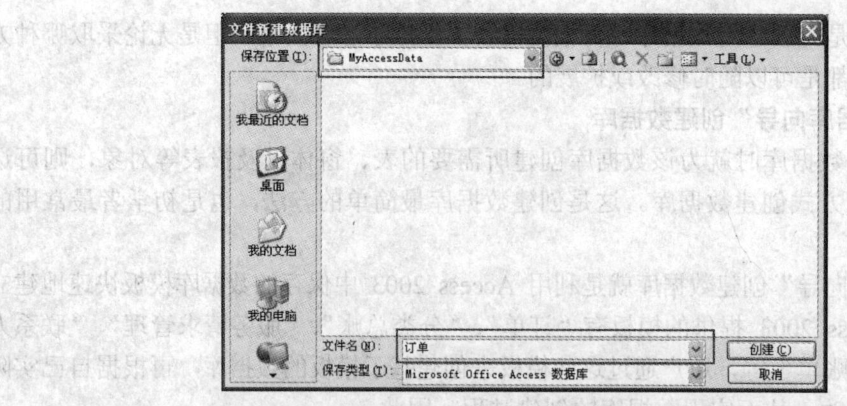

图 2-10 “文件新建数据库”对话框

6）单击“创建”按钮，进入“数据库向导”对话框，如图 2-11 所示。

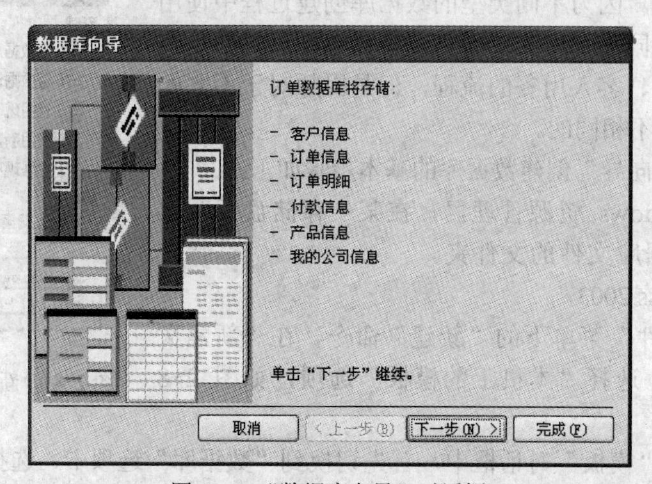

图 2-11 “数据库向导”对话框

7）在“数据库向导”对话框中，单击“下一步”按钮，进入“数据库向导”中选择字段的页面。该页面中“数据库中的表”下的列表框中列出了新建数据库中用到的数据库表的名称，右侧列表框中列出了可能拥有的字段，根据自己的需要选择字段，如图 2-12 所示。

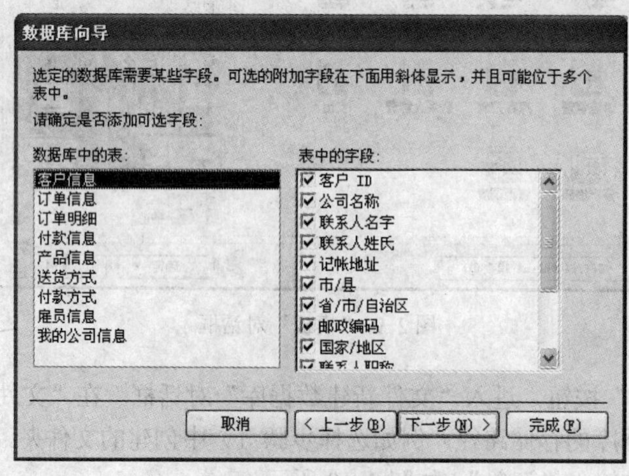

图 2-12 选择字段

8）单击“下一步”按钮，进入选择屏幕显示样式的页面，在右侧列表框中列出了常用的显示样式，左侧是相应样式的预览窗口，根据需要进行选择，如图 2-13 所示。

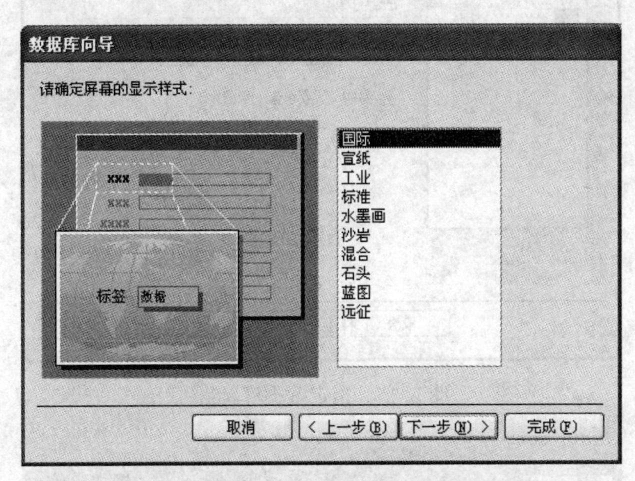

图 2-13　选择屏幕显示样式

9）单击“下一步”按钮，进入选择打印报表样式的页面，右侧列表框中列出了常用的打印样式，左侧是相应样式的预览窗口，选择希望的报表打印样式选项，如图 2-14 所示。

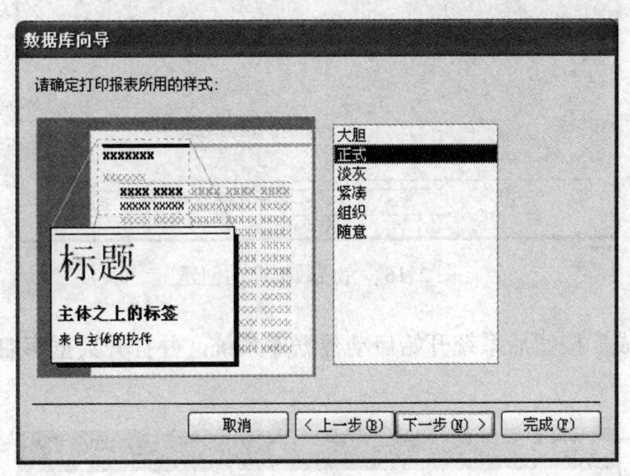

图 2-14　选择打印样式

10）单击“下一步”按钮，进入指定数据库标题的页面，在此输入数据库的标题，如图 2-15 所示。另外如果还想为打印的报表添加一个标志，则可以在“是的，我要包含一幅图片”前的复选框打对勾，并单击下面的“图片”按钮，进行相应的图片选择操作。

11）单击“下一步”按钮，进入如图 2-16 所示的对话框，此时用“数据库向导”创建数据库的过程就即将结束，如果仅完成创建数据库过程，并不想立即打开数据库，可清除“是的，启动该数据库”前的选项，如果创建好数据库后需要立即打开数据库，可选中该选项。单击“完成”按钮，完成该数据库的创建。

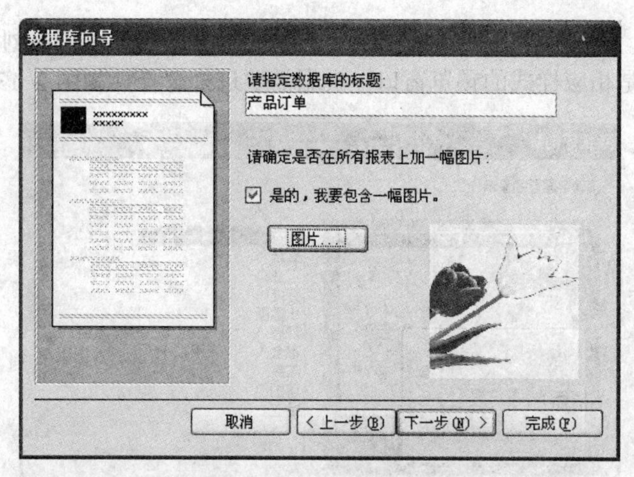

图 2-15　指定数据库标题

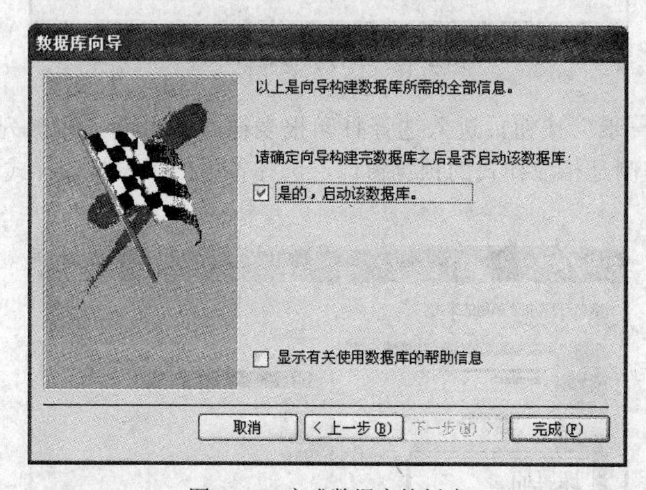

图 2-16　完成数据库的创建

12）单击“完成”按钮后系统开始启动数据库系统，并打开数据库启动进度对话框，如图 2-17 所示。

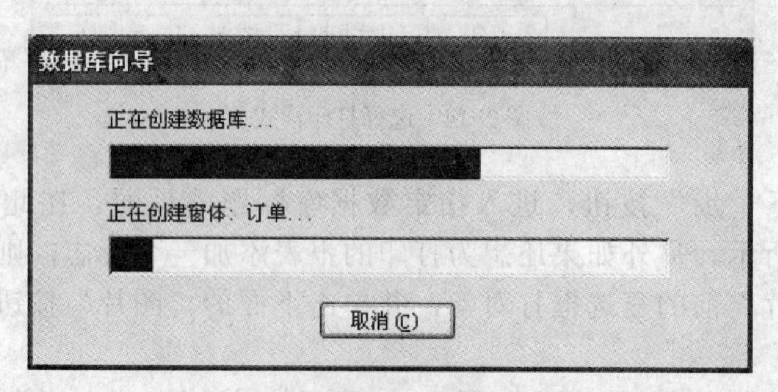

图 2-17　数据库启动进度对话框

13）数据库启动后，打开“主切换面板”对话框，如图 2-18 所示，同时打开对应的数据库窗口，如图 2-19 所示。至此，利用“数据库向导”创建数据库的过程完全结束。

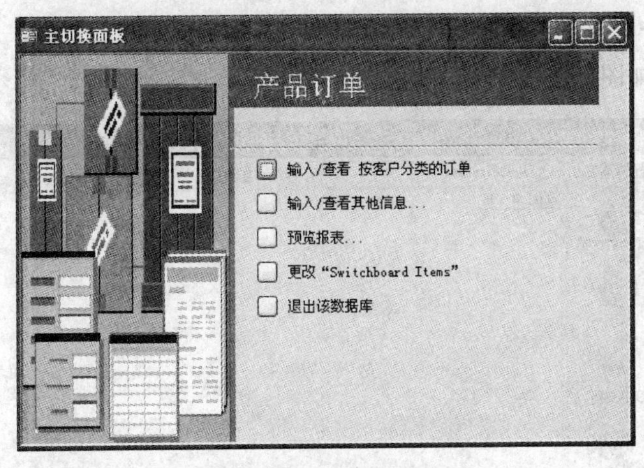

图 2-18 “主切换面板”对话框

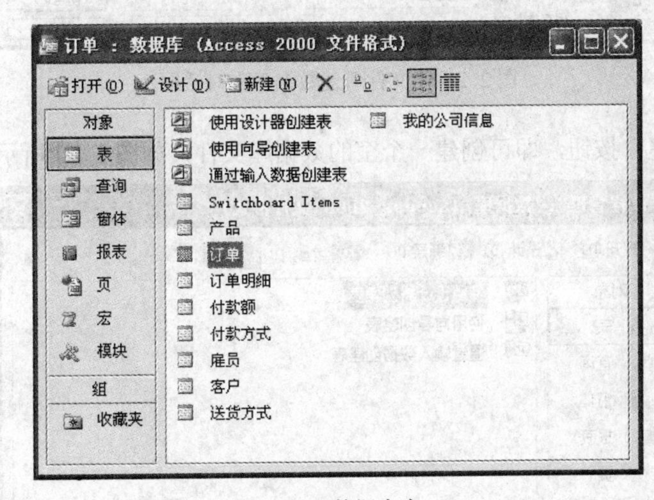

图 2-19 数据库窗口

在图 2-18 中有一系列的按钮，用户可以通过单击不同的按钮完成数据库中不同的操作，单击最下方的“退出该数据库”按钮可以退出数据库系统。

Access“数据库向导”只是为数据库搭建框架，而数据则需要用户自己输入。不能使用“数据库向导”向已有数据库中添加新的表、窗体及报表等对象。

3. 创建空数据库

该方法需要用户先创建一个空数据库，然后添加表、窗体、报表等对象，该方法比较灵活，但需要自行定义每个数据库要素。创建空数据库的基本步骤如下：

1）打开 Access 数据库，执行“文件”→“新建”命令，在右侧任务窗格中单击“空数据库”，如图 2-20 所示。

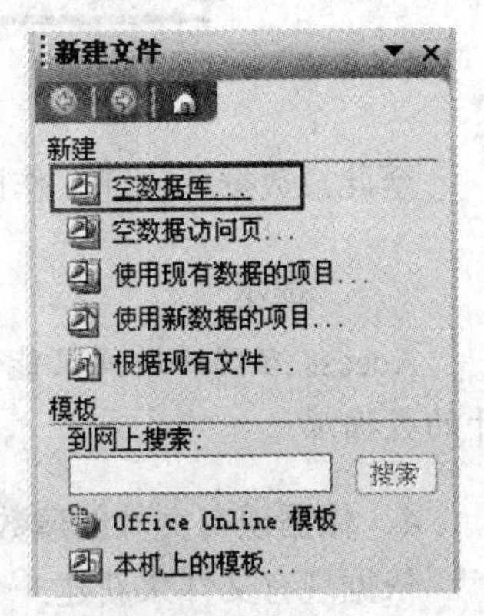

图 2-20 “新建文件”任务窗格

2）在出现的“文件新建数据库”对话框中设定数据库的保存位置，在文件名处输入新建数据库的名称，如图 2-21 所示。

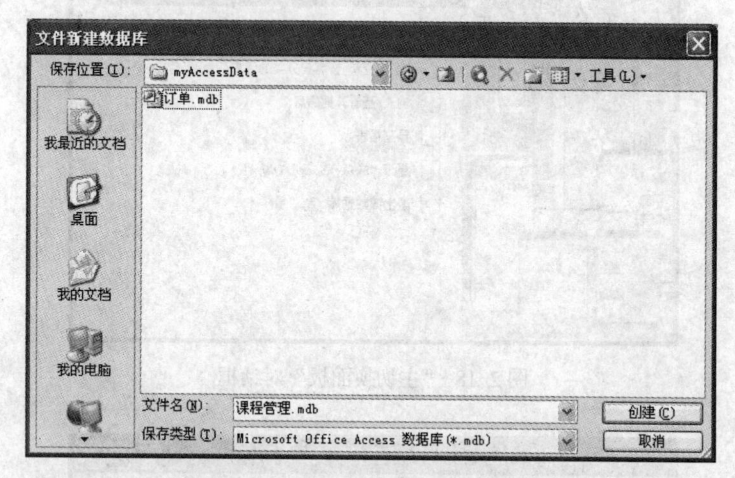

图 2-21 “文件新建数据库”对话框

3）单击“创建”按钮，即可创建一个空的数据库文件，如图 2-22 所示。

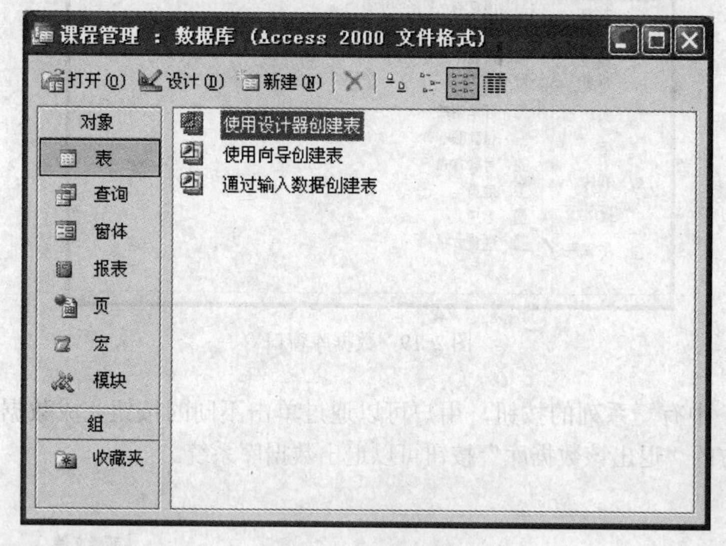

图 2-22 数据库窗口

至此，数据库创建工作已经结束，用户可以根据需要灵活地创建表、窗体等对象。

提示

Access 在同一时间只能处理一个数据库，因而每新建一个数据库，就会自动关闭已经打开的数据库。

4．依据现有文件创建数据库

依据现有文件来新建一个类似的数据库相当于复制一个已有的数据库，然后对它进行修改编辑，形成一个新数据库。

打开 Access 数据库，执行“文件”→“新建”命令，在右侧任务窗格中单击“根据现有文件”选项，打开“根据现有文件新建”对话框，如图 2-23 所示，可以选择要用做新数据库文件的基础的现有文件，单击“创建”按钮即可。

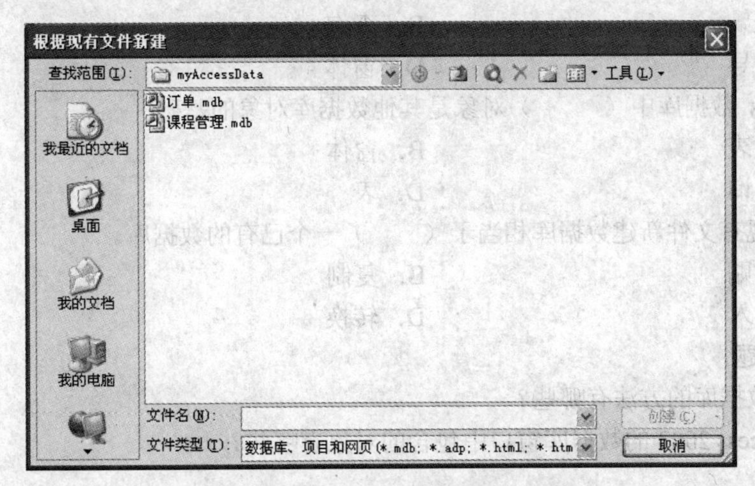

图 2-23 “根据现有文件新建”对话框

2.2.3 任务实现

1）在 D 盘下创建“MyAccessData”文件夹。

2）启动 Access 2003 数据库，选择“新建”中的“空数据库”选项，打开“文件新建数据库”对话框。

3）在“文件新建数据库”对话框中的“保存位置”选择框中选择 D 盘下的“MyAccessData”文件夹，填写文件名“图书借阅”。

4）单击“创建”按钮，创建一个空的名为“图书借阅”的数据库文件。

5）将数据库文件保存到适当的存储器（能长久保存的存储器）中。

技能提高训练

1. 训练目的

灵活运用 Access 2003 的各种创建数据库方法进行数据库的创建。

2. 训练内容

1）创建数据库。

2）自选方法，创建名为“固定资产管理”数据库。

3）保存数据库文件。

习题

一、选择题

1. Access 2003 数据库属于（　　）数据库系统。

A．树状　　　　　　　　　　B．关系型

C．层次型　　　　　　　　　D．逻辑型

2．下列不属于数据库的7个对象之一的是（　）

A．表　　　　　　　　　　　B．查询

C．向导　　　　　　　　　　D．窗体

3．Access 数据库中（　　）对象是其他数据库对象的基础。

A．报表　　　　　　　　　　B．窗体

C．查询　　　　　　　　　　D．表

4．依据现有文件新建数据库相当于（　　）一个已有的数据库。

A．粘贴　　　　　　　　　　B．复制

C．插入　　　　　　　　　　D．转换

二、简答题

1．创建数据库的方法有哪些？

2．在 Access 2003 的数据库窗口中包含的对象有哪些？

第 3 章　创建与管理数据表

Access 表不仅用于保存数据，而且也是其他数据库对象的数据来源和基础。因此在创建其他数据库对象之前，先要创建数据表，并将数据保存到表中。

【学习目标】

✧ 掌握创建数据表的基本方法；

✧ 掌握修改数据表的基本方法；

✧ 掌握使用数据表的基本方法。

任务 3.1　创建表

3.1.1　任务目标

- 了解 Access 中使用的数据类型；
- 掌握创建数据表的基本方法。

3.1.2　相关知识与技能

1．Access 数据类型

（1）文本数据类型

文本数据类型可以存储文字、不需计算的数字或文字与数字的结合，如姓名、地址、电话号码等，默认大小为 50 个字符，最多 255 个字符。若字符个数超过了 255，可以使用备注数据类型。

（2）备注数据类型

备注数据类型可以存储长文本或数字类型，用于对该数据进行说明，如备注等，内容可长达 64 000 个字符。由于 Access 不能对备注型字段进行排序或索引，因此对简单的字符、数字进行设置时，尽量使用文本数字类型。

（3）数字数据类型

数字数据类型用来存储进行算术运算的数字数据，可以通过设置“字段大小”属性，定义一个特定的数字类型。见表 3-1。

表 3-1　数字数据类型

可设置值	说　明	小数位数	存储量/字节
字节	保存从 0～255 的数字（无小数位）	无	1
整型	保存从–32 768～32 767 的数字（无小数位）	无	2
长整型	(默认值)保存从–2 147 483 648～2 147 483 647 的数字（无小数位）	无	4

（续）

可设置值	说　明	小数位数	存储量/字节
单精度型	保存从-3.4×10^{38}～3.4×10^{38}的数字	7	4
双精度型	保存从-1.8×10^{308}～1.8×10^{308}的数字	15	8

（4）日期/时间数据类型

日期/时间数据类型用来存储日期、时间或日期时间组合，需要8字节的存储空间。

（5）货币数据类型

货币数据类型是数字数据类型的特殊类型，等价于具有双精度属性的数字数据类型。不必键入货币符号和千位分隔符，系统自动显示，一般占8字节。

（6）自动编号数据类型

每次向表中添加新记录时，Access会自动插入唯一的顺序号，即在自动编号字段中指定某一数值。可通过此方法创建主键（主关键字），一般占4字节。

 注意

自动编号数据类型一旦被指定，就会永久地与记录连接。如果删除了表中含有自动编号字段的一个记录，并不会对表中自动编号型字段重新编号。当添加某一记录时，就不再使用已被删除的自动编号型字段，按递增的规律重新赋值。

（7）是/否数据类型

是/否数据类型是针对只包含两种不同取值的字段而设置的，又被称为“布尔”型数据，一般占1字节。

（8）OLE对象数据类型

OLE对象数据类型用于存储链接或内嵌于Access数据表中的对象，如Word、Excel、图片、声音等数据，必须在窗体或报表中使用绑定对象框来显示OLE对象，最大1 GB。

（9）超级链接数据类型

超级链接数据类型用于存储通过链接方式链接的Windows对象，可以是UNC路径或URL。超级链接数据类型使用的语法为：Displaytext#Address#Subaddress，最大64 KB。

（10）查阅向导数据类型

查阅向导数据类型为用户提供了建立一个字段内容的列表，可以在列表中选择所列内容作为字段的内容，通常占4字节。该数据类型可以显示下面所列的两种列表中的字段。

1）从已有的表或查询中查阅数据列表，表或查询的所有更新都将反映在列表中。

2）存储了一组不可更改的固定值的列表。

2．数据表

在数据库中，表是由数据按一定的顺序和格式构成的数据集合，是数据库的主要对象。每一行代表一条记录，每一列代表记录的一个字段。

在表中，行的顺序可以是任意的，一般按照数据插入的先后顺序存储。在使用过程中，可以使用排序语句或按照索引对表中的行进行排序。

列的顺序也可以是任意的，在同一个表中，列名必须是唯一的，即不能有名称相同的两个或两个以上的列同时存在于一个表中，并且在定义时为每一个列指定一种数据类型。但是，在同一个数据库的不同表中，可以使用相同的列名。

3．使用“数据表”视图创建表

“数据表”视图是按行和列显示表中数据的视图。在此视图中，可以进行字段的编辑、添加、删除和数据的查找等各项操作。使用“数据表”视图创建表的基本方法如下：

1）在“数据库”窗口中，选择“表”对象作为操作对象，如图3-1所示。

2）单击工具栏中的“新建”按钮，打开“新建表”对话框，如图3-2所示。

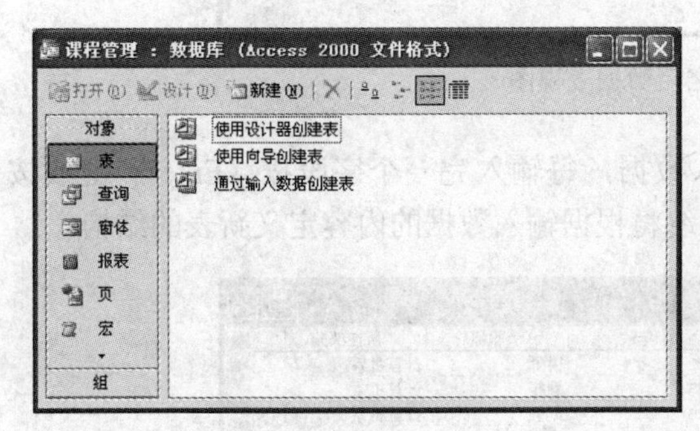

图3-1 “数据库”窗口

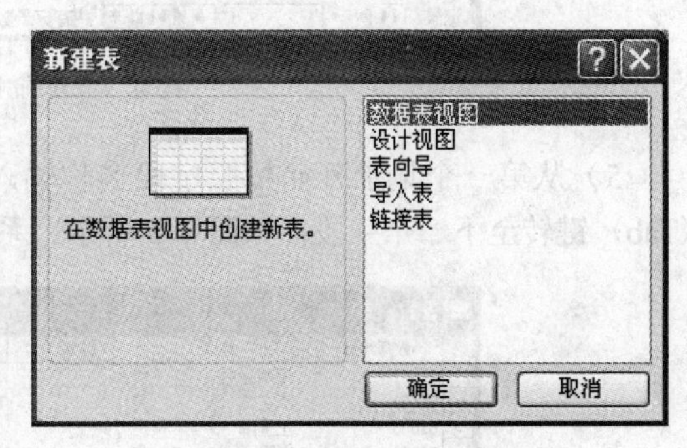

图3-2 “新建表”对话框

3）在“新建表”对话框中，选择“数据表视图”选项，单击“确定”按钮，打开数据表视图，如图3-3所示（也可以在“数据库”窗口中双击“通过输入数据创建表”选项，直接打开数据表视图）。

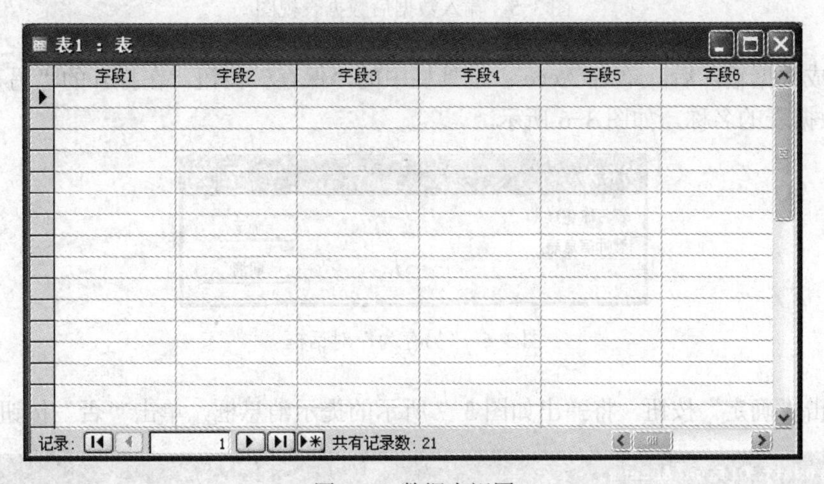

图3-3 数据表视图

4）在数据表视图中，字段名称一行分别显示“字段1”、“字段2”等，这时可以重命名字段。右键单击要重命名的字段，在弹出菜单中选择“重命名列”选项（也可以直接双击字段名），这时就可以输入要重命名的名称，按图3-4所示依次对字段重命名。

图 3-4　重命名后数据表视图

5）从第一个记录开始按照字段名称输入数据，每输入完一个字段按〈Enter〉键或按〈Tab〉键转至下一个字段，如图 3-5 所示。系统将根据输入数据的内容定义新表的结构。

表1 : 表

教师编号	姓名	性别	年龄	职称	所在部分
01001	袁明芬	女	32	讲师	计算机系
01002	李文龙	男	55	教授	计算机系
01003	王玉辉	男	25	助教	计算机系
01004	张建	男	45	教授	建筑工程系
01005	乔勇	男	46	教授	建筑工程系
01006	周婉英	女	33	讲师	建筑工程系
01007	曾思强	男	43	教授	会计电算化
01008	陈颖	女	30	讲师	会计电算化
01009	王艳	女	32	讲师	会计电算化

记录: 9 共有记录数: 21

图 3-5　输入数据后数据表视图

6）完成数据输入后，单击 Access 工具栏中的“保存”按钮，在打开的“另存为”对话框中设置数据表的名称，如图 3-6 所示。

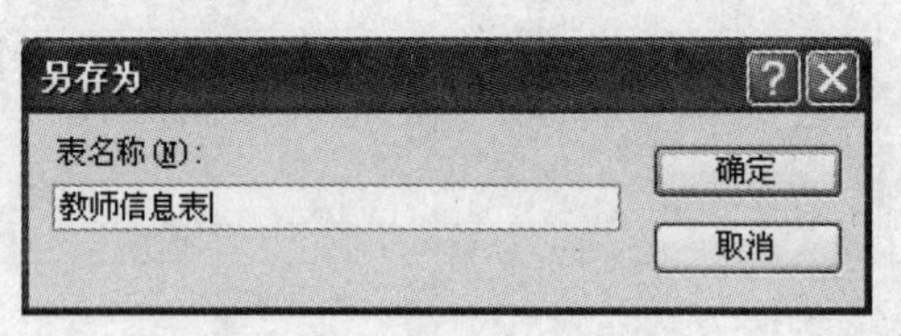

图 3-6　“另存为”对话框

7）单击“确定”按钮，将弹出如图 3-7 所示的提示消息框，单击“否”按钮即可。

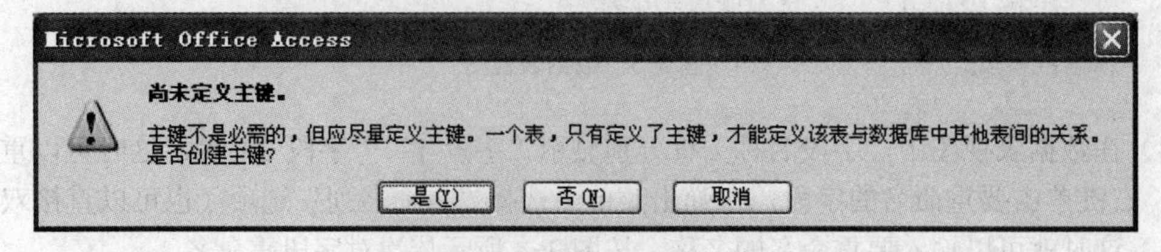

图 3-7　提示消息框

4．使用向导创建表

在“表向导”的引导下，选择系统提供的一个表模板来创建所需表。利用向导创建表的基本操作步骤如下：

1）启动 Access 2003 应用程序，打开要创建表的数据库。

2）在数据库窗口的“对象”栏中选择“表”选项，然后单击数据库工具栏上的“新建”按钮，打开如图 3-2 所示的“新建表”对话框。

3）在对话框中选择“表向导”选项，然后单击“确定”按钮。打开“表向导”对话框，如图 3-8 所示。

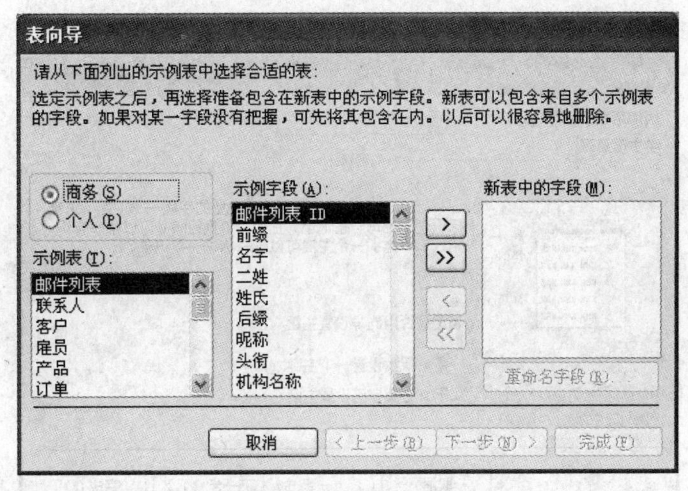

图 3-8 “表向导”对话框 1

4）在“商务”和“个人”单选框中选择需要的类型，在“示例表”列表中选择希望的示例表，在“示例字段”列表中显示了和所选表相关的字段，根据需要进行字段的选择，然后单击最上面的“>”按钮，该字段即添加到“新表中的字段”列表框中，如图 3-9 所示。

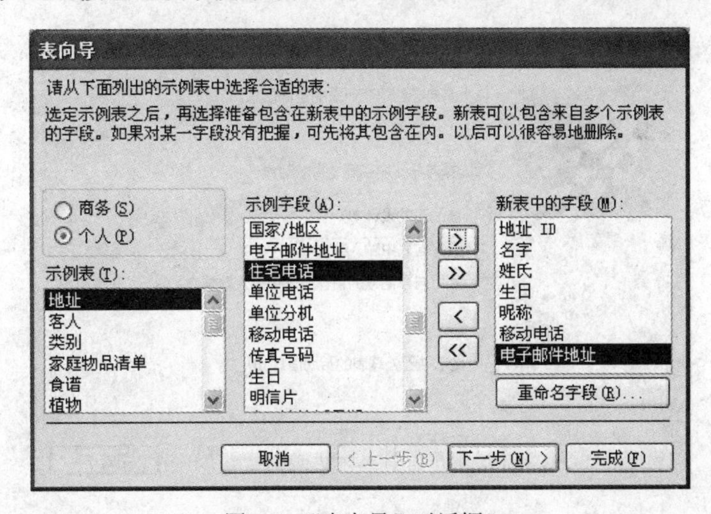

图 3-9 “表向导”对话框 2

5）如果需要对“新表中的字段”列表框中的字段进行重命名，则可单击“新表中的字段”列表框中需要重命名的字段，然后单击列表框下方的“重命名字段”按钮，弹出“重命名字段”对话框，输入重命名后的字段名称，如图 3-10 所示。

图 3-10 “重命名字段”对话框

6）单击“确定”按钮。将需要重命名的所有字段都重命名后，单击“下一步”按钮，在“请指定表的名称”文本框中输入建立的表的名称，在“请确定是否用向导设置主键”栏中按需要选中单选框，此处选中“是，帮我设置一个主键”单选框，如图 3-11 所示。然后单击“下一步”按钮。

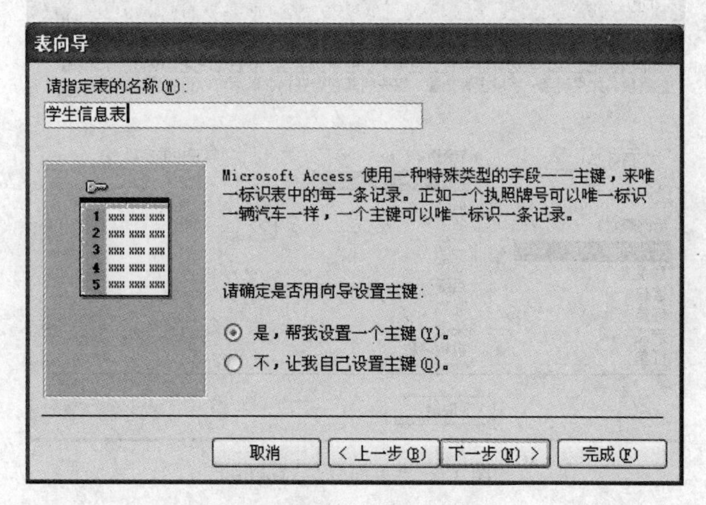

图 3-11 “表向导”对话框 3

7）在“请选择向导创建完表之后的动作”的选项中，根据需要进行选择，此处选中“直接向表中输入数据”单选框，如图 3-12 所示，然后单击“完成”按钮。

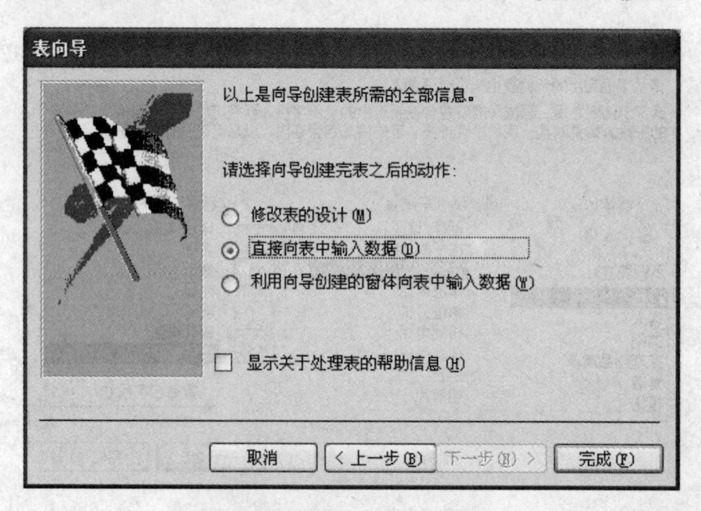

图 3-12 “表向导”对话框 4

8）在打开的数据表视图中显示了设置的字段，如图 3-13 所示。直接向表中输入数据，然后单击工具栏中的“保存”按钮，将表进行保存即可。

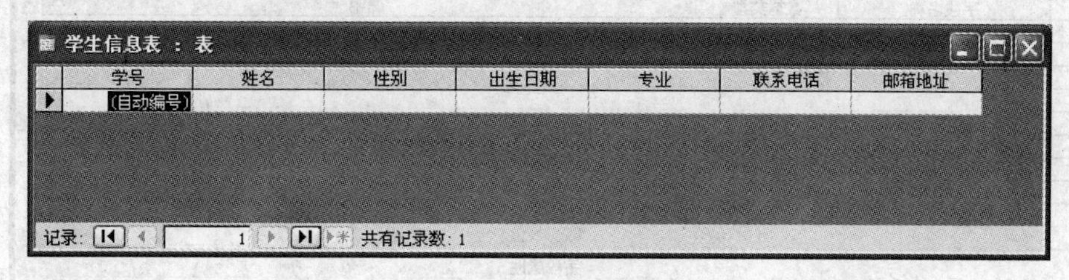

图 3-13　数据表视图

5. 利用表设计器创建表

使用表设计器创建表可以根据需要自行定义字段，并对其进行设计，是比较常用的一种创建表的方法，具体操作步骤如下：

1）启动 Access 2003 应用程序，打开要创建表的数据库。

2）在数据库窗口的“对象”栏中单击“表”选项，单击数据库工具栏中的“新建”按钮，在弹出的“新建表”对话框中单击“设计视图”选项，然后单击“确定”按钮；或单击“使用设计器创建表”，然后单击工具栏中的“设计”或“打开”按钮；也可以直接双击“使用设计器创建表”，打开表设计器，如图 3-14 所示。

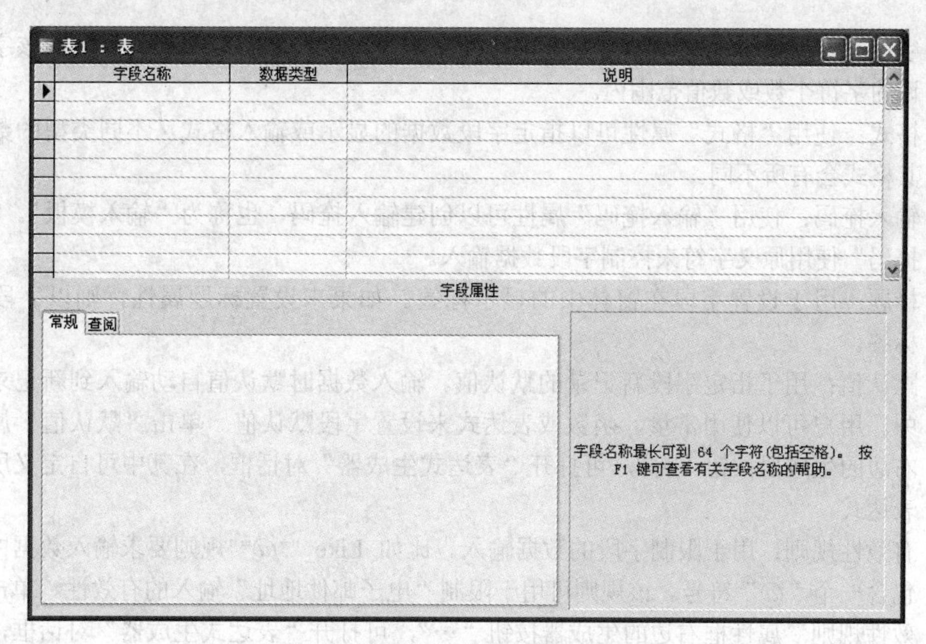

图 3-14　表设计器 1

3）在“字段名称”下面的单元格中输入字段名称，并在“数据类型”栏中进行类型的设定，在“说明”栏中输入信息进行字段的注释。字段的“说明”用于为字段添加说明性的文字，以便使用该字段的人知道其作用。字段的“说明”可有可无。若输入了字段说明，则在数据表或窗体中操作该字段时，将在状态栏中加以显示。如图 3-15 所示。

4）设置每一字段的属性。

字段属性主要包括字段大小、格式、输入掩码、默认值、有效性规则和有效性文本等。

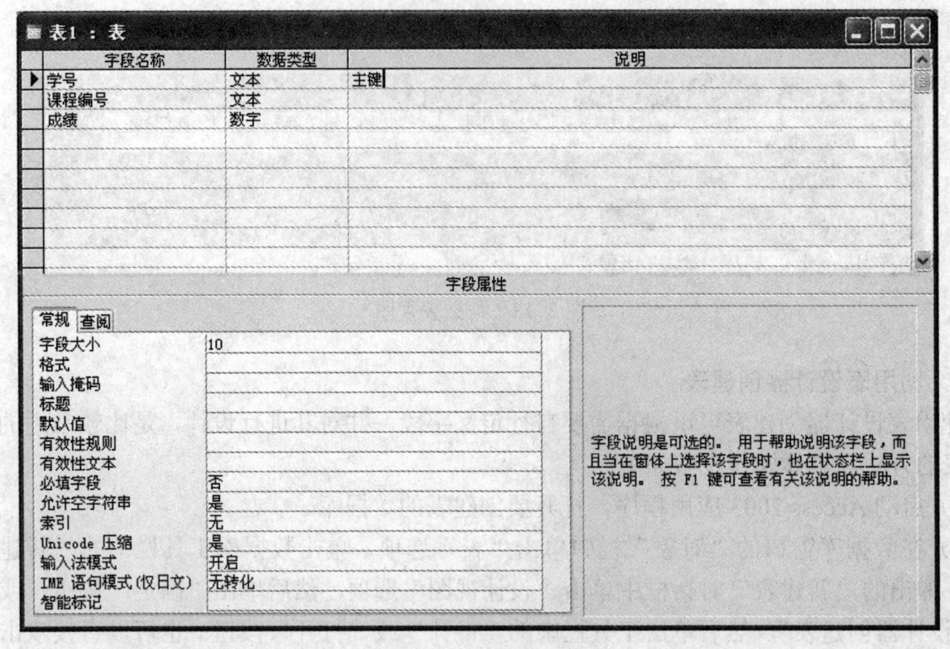

图 3-15　表设计器 2

- 字段大小：文本、自动编号和数字等类型字段可以指定字段大小，但应在该字段允许的字符个数或数值范围内。
- 格式：使用“格式”属性可以指定字段数据的显示或输入格式。不同类型的数据，其格式会有所不同。
- 输入掩码：使用“输入掩码”属性可以创建输入掩码，也称为“输入模板”。“输入掩码”使用原义字符来控制字段数据输入。
- 标题：用于设置字段在窗体中的显示标签。如果未设置标题属性，则以字段名为标签。
- 默认值：用于指定字段新记录的默认值。输入数据时默认值自动输入到新记录字段中。用户可以使用常量、函数或表达式来设置字段默认值。单击“默认值”属性框右边的生成器按钮“…”，可打开“表达式生成器”对话框，在其中可自定义所需的表达式。
- 有效性规则：用于限制字段的数据输入。比如 Like "*@*"规则要求输入数据中必须包含一个“@”符号。该规则可用于限制“电子邮件地址”输入的有效性。单击“有效性规则”属性框右边的生成器按钮“…”，可打开“表达式生成器”对话框，在其中可自定义所需的表达式。
- 有效性文本：用于指定当用户输入了有效性规则所不允许的值时的提示信息。
- 必填字段：可以使用“必填字段”属性指定字段中是否必须有值。如果此属性设置为“是”，则在记录中输入数据时，必须在此字段或绑定到此字段的任何控件中输入数值，而且此数值不能为 Null。

5）在输入完字段名称和类型后选中其中的一个字段，然后单击工具栏中的设置“主键”按钮，将该字段设置为主键。每个表都应该有一个主键。

6）单击工具栏中的“保存”按钮，弹出“另存为”对话框，在“表名称”文本框中输入要创建的表名称，然后单击“确定”按钮即可。

6．使用导入外部数据创建表

使用导入外部数据创建表的具体操作方法如下：

1）打开数据库窗口，在菜单栏上执行“文件”→“获取外部数据”→“导入”命令，打开“导入”对话框。

2）在“导入”对话框中的“文件类型”选择框中选择“Microsoft Excel(*.xls)”文件类型，在“查找范围”组合框中找到要导入文件的位置，如图3-16所示。

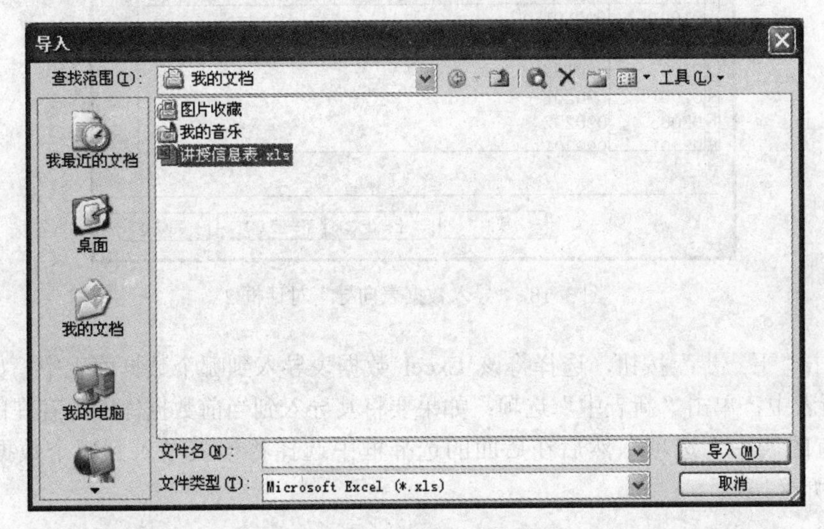

图3-16 “导入”对话框

3）单击“导入”按钮，弹出“导入数据表向导”对话框，如图3-17所示。在这个对话框中列出了所要导入表的内容。

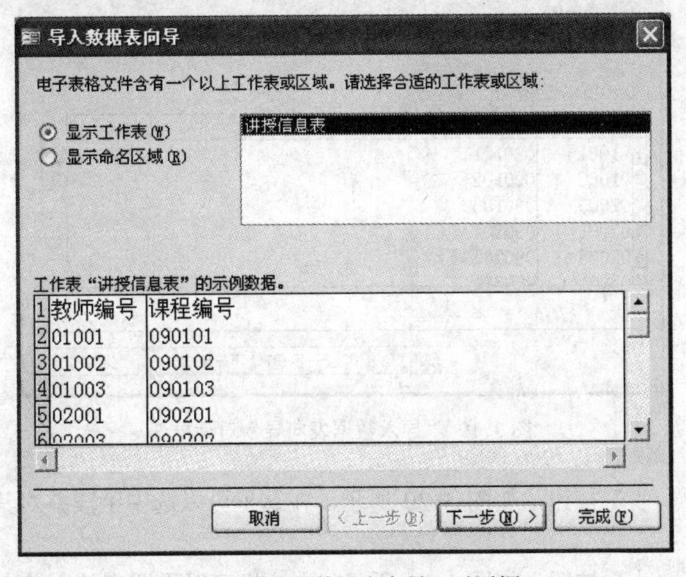

图3-17 “导入数据表向导”对话框1

4）单击“下一步”按钮，选中“第一行包含列标题”选项，如图 3-18 所示。

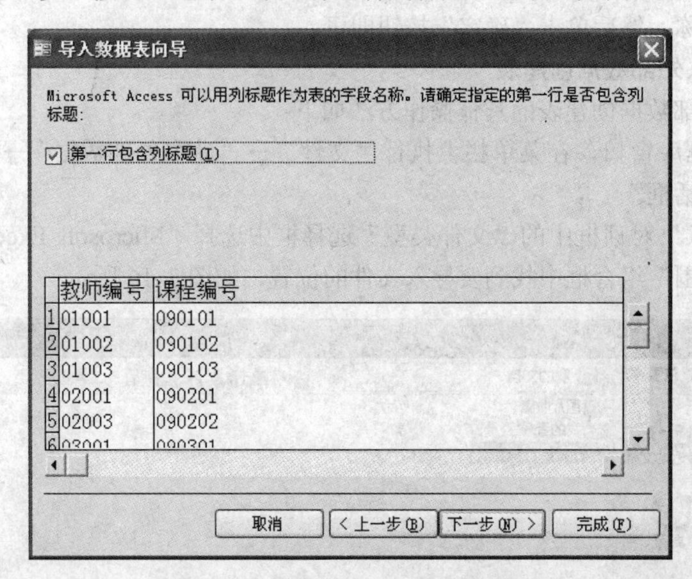

图 3-18 “导入数据表向导”对话框 2

5）单击“下一步”按钮，选择将该 Excel 数据表导入到哪个数据库表中。如果要将其放到一个新表中，单击“新表中”选项；如果要将其导入到当前数据库的已存在的表中，则单击“现有的表中”选项，然后在后面的选择框中选择将该表导入到哪个数据库表中。如图 3-19 所示。

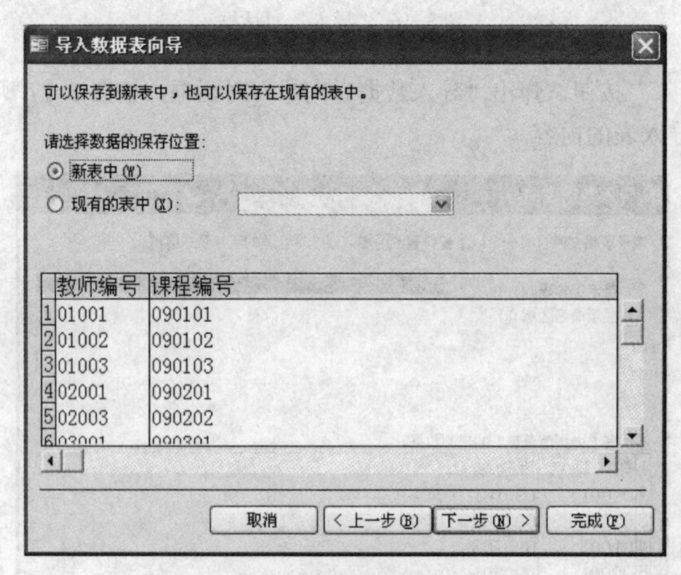

图 3-19 “导入数据表向导”对话框 3

6）单击“下一步”按钮，如图 3-20 所示，在这里可以选中字段并对其进行一些必要的修改。

7）单击“下一步”按钮，如图 3-21 所示，在这里可以设置表的主键。单击“让 Access

添加主键”选项，则会由 Access 添加一个自动编号的字段作为主关键字；单击“我自己选择主键”选项，可以在右侧的选择框中选择一个字段作为主关键字；如果不设置主关键字，可以单击“不要主键”选项。

图 3-20 “导入数据表向导”对话框 4

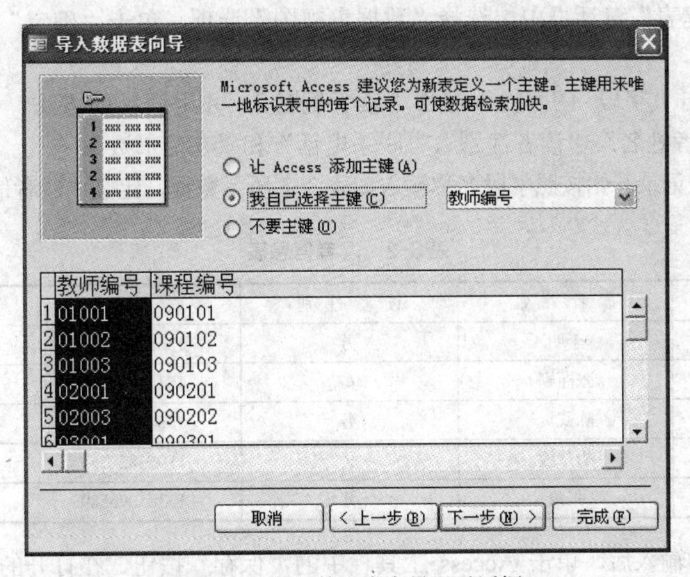

图 3-21 “导入数据表向导”对话框 5

8）单击“下一步”按钮，在弹出的对话框的“导入到表”文本框中设置导入表的名称，如图 3-22 所示。

9）单击“完成”按钮，弹出一个提示框表示数据导入已经完成，单击“确定”按钮完成数据表的创建与数据的导入。

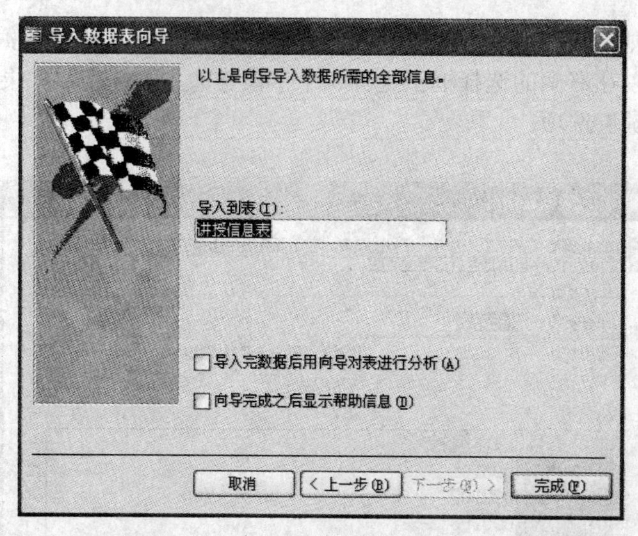

图 3-22 “导入数据表向导”对话框 6

3.1.3 任务实现

1）启动 Access 2003，打开“图书借阅”数据库。

2）在“数据库”窗口中，选择“表”对象作为操作对象。

3）单击“新建”按钮，打开“新建表”对话框。

4）在“新建表”对话框中，选择“数据表视图”选项，单击“确定”按钮，打开数据表视图。

5）直接双击“字段 1”，输入名称“读者编号”，并用同样的方法，依次对字段重命名，分别为“读者姓名”、“读者性别”、“联系电话”和“在借书数”。

6）从第一个记录开始按照字段名称输入如表 3-2 所示数据，定义“读者信息表”的结构。

表 3-2 读者信息表

读者编号	读者姓名	读者性别	联系电话	在借书数
2008101001	李明	男	13685692255	2
2008101002	张丽娜	女	15168965722	1
2008101003	陈武贡	男	13645897236	3
2008101004	胡慧敏	女	18956822563	2
2009301001	张镇	男	13385896589	1

7）完成数据输入后，单击 Access 工具栏中的“保存”按钮，在打开的“另存为”对话框中设置数据表的名称为“读者信息表”。

8）单击“确定”按钮，在弹出的提示对话框中，单击“否”按钮。

9）单击“新建”按钮，打开“新建表”对话框。在“新建表”对话框中，选择“设计视图”选项，单击“确定”按钮，打开表设计器。

10）参照表 3-3 中的内容在“字段名称”下面的单元格中输入字段名称，并在“数据类型”栏中设定类型。

表 3-3　图书信息表结构

字段名称	数据类型	字段大小
图书编号	数字	10
图书名称	文本	50
图书类别	文本	10
出版机构	文本	20
出版日期	日期/时间	
图书作者	文本	10
图书价格	货币	
登记日期	日期/时间	
在馆数目	数字	

11）选中“图书编号”字段，单击工具栏中的“设置主键”按钮，将该字段设置为主键。

12）单击工具栏中的“保存”按钮，以“图书信息表”为表名，保存表结构。

13）单击“新建”按钮，打开“新建表”对话框。在“新建表”对话框中，选择“表向导”选项，单击“确定”按钮，打开“表向导”对话框。

14）选择“个人”类型，在“示例表”中选择“服务记录”表，在“示例字段”列表中分别选择“服务记录 ID”、“资产 ID”、“服务日期”和“交付日期”，单击最上面的“>”按钮，将这些字段添加到“新表中的字段”列表框中。

15）选择“新表中的字段”列表框中的“服务记录 ID”字段，单击列表框下方的“重命名字段”按钮，在弹出的“重命名字段”对话框中，输入“读者编号”，并单击“确定”按钮。

16）使用同样的方法依次修改“资产 ID”、“服务日期”和“交付日期”为“图书编号”、“借书时间”和“归还时间”。

17）单击“下一步”按钮，在“指定表的名称”文本框中输入表的名称“借阅信息表”，在“请确定是否用向导设置主键”栏中按需要选择“不，让我自己设置主键”单选框。

18）单击“完成”按钮，接着关闭自动打开的“数据表视图”。

19）保存数据库文件。

任务 3.2　修改表

3.2.1　任务目标

- 掌握设置字段属性的基本方法；
- 掌握修改表结构的基本方法。

3.2.2　相关知识与技能

1. 常用字段属性设置

一个字段通常有多个属性，如图 3-23 所示。创建表时，Access 使用默认值设置各个字段的属性值，这些默认值可能不满足实际需要，而需要修改。

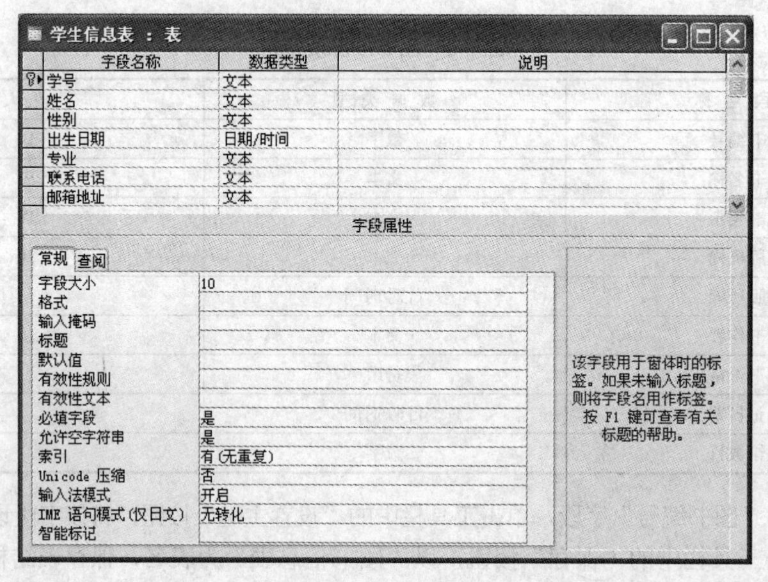

图 3-23 表设计器

（1）字段大小

字段大小用于设置“文本”、“数字”或“自动编号”类型的字段中可保存数据的最大容量。

如果数据类型为“文本”，则字段大小的最大值为 255，默认值为 50。如果数据类型为“自动编号”，则字段大小可设为“长整型”或“同步复制 ID”。如果数据类型为“数字”，则字段大小可设置为小数、整型和长整型等。

（2）格式

可以使用格式属性自定义数字、日期、时间和文本的显示方式。对不同的数据类型需要使用不同的设置。示例如表 3-4 所示。

表 3-4 格式示例

数据类型	格式设置	数 据	显 示
文本	@@@-@@@@@@@@	01085262988	010-85262988
日期/时间	中日期	2010-02-15	10-02-15
日期/时间	短日期	2010-02-15	2010-2-15
货币	货币	152.00	￥152.00
数字	长整型	526	526

（3）输入掩码

输入掩码是指能起到控制向字段输入数据作用的字符，由字面显示字符（如括号、句号和连字符）和掩码字符（用于指定可以输入数据的位置以及数据种类、字符数量）组成。

输入掩码主要用于文本型和日期型字段，也可以用于数字型和货币型字段。例如，设置“出生日期”字段的输入掩码为“****年**月**日”。其中的“*”号称为“占位符”。占位符必须使用特殊字符（如*、$或@等），它只是在形式上占据一个位置，表示可以接受一位数字，而其中的“年、月、日”则为原义显示字符。

输入掩码属性最多可包含3个用分号（;）分隔的节。

● 第一节：定义掩码字符串，并由占位符和字面字符组成，输入掩码属性所使用的字符含义如表3-5所示。

表3-5 输入掩码属性所使用的字符含义

字　符	说　明	输入掩码	示例数据
0	必须输入数字（0～9），不允许使用加号（+）和减号（－）	(000) 000-0000	(206) 555-0248
9	可选择输入数字或空格，不允许使用加号（+）和减号（－）	(999) 999-9999	(21) 555-3002
#	可选择输入数字或空格，允许使用加号和减号，空白会转换为空格	#999	−20
L	必须输入字母（A～Z）	L0L0L0	t2F8m4
?	可选择输入字母（A～Z）	?????????	mary
A	必须输入字母或数字	(000) AAA-AAAA	(206) 555-TELE
a	可选择输入字母或数字		
&	必须输入任一字符或空格	ISBN 0-&&&&&-0	ISBN 1-55606-8
C	可选择输入任一字符或空格		
.,:;-/	十进制占位符和千位、日期和时间分隔符		
<	使其后所有字符转换为小写	>L<???????????	Maria
>	使其后所有字符转换为大写	> L0L0L0	T2F8M4
!	使输入掩码从右到左显示，感叹号可以出现在输入掩码的任何地方		
\	使其后的字符显示为原义字符	\T000	T123
" "	双引号里面的字符如实显示，附加在实际输入字符上	"Tel "000	Tel 321
Password	文本框中输入的任何字符都按字面字符保存，但显示为星号（*）	Password	**********

● 第二节：在输入数据时，指定 Access 是否在表中保存字面显示字符。如果在该节使用 0，所有字面显示字符（例如，电话号码输入掩码中的括号）都与数值一同保存；如果输入了 1 或未在该节中输入任何数据，则只有键入到控件中的字符才能保存。

● 第三节：用来指示数据位置的占位符。默认情况下，Access 使用下画线（_）。如果希望使用其他字符，可在此处输入该字符。默认情况下，一个位置只接受一个字符或空格。用双引号（" "）将空格括起可显示空字符串。

例如“(999) 000-000;0;-”，第一部分中使用“9”和“0”两个占位符，“9”指示可选位（可以不输入区号），而“0”指示强制位。第二部分中的“0”指示随数据一起存储掩码字符，该选项使数据更易读。第三部分用连字符（-）作为占位符。

（4）字段标题

字段标题属性指定字段的显示标题，如果没有设置字段标题属性，则默认显示字段名。在设计网格中，单击要更改标题的字段列中的任何位置，然后单击工具栏中的“属性”按钮，在“标题”属性框中，为字段键入新标题。

（5）默认值

默认值属性用于指定在新建记录时自动输入到字段中的文本或表达式。例如，如果将文本类型的字段“职称”的默认值设为“教授”，当用户在表中添加记录时，既可以接受该默认值，也可以输入其他职称级别。如果将日期类型的字段的默认值设为“Now()”，当用户在表中添加记录时，将自动显示当前日期和时间。

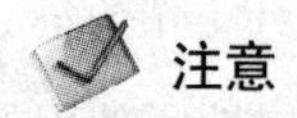 注意

如果默认值中包含标点符号，必须将其放在引号中。

（6）有效性规则和有效性文本

使用有效性规则属性可以指定对输入到字段的数据的要求。当输入的数据违反了有效性规则的设置时，可以使用有效性文本属性指定的值作为消息显示给用户。例如，将数字类型的字段有效性规则设置为“<> 0”，当用户在表中添加记录时，输入该字段的值必须是非零值。如果将日期类型的字段的有效性规则设置为“>= #1/1/2010# And <#1/1/2011#” 当用户在表中添加记录时，输入该字段的值必须是2010年中的日期。

设置有效性规则属性值时，可以直接在“有效性规则”文本框中输入条件表达式，也可以单击“有效性规则”文本框右侧的“生成”按钮，打开如图 3-24 所示的“表达式生成器”对话框，生成需要的表达式。

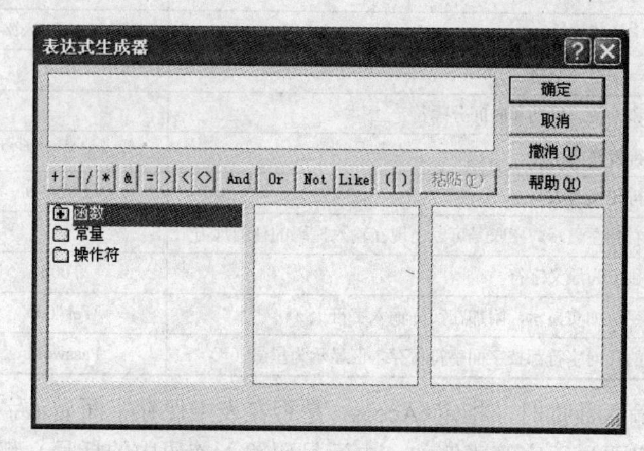

图 3-24 “表达式生成器”对话框

（7）必填字段

使用必填字段属性可以指定字段中是否必须有值。如果该属性设为“是”，则在记录中输入数据时，必须在该字段输入数值，而且该数值不能为 Null。

（8）允许空字符串

使用允许空字符串属性可以指定字段中零长度字符串（“ ”）是否为有效输入项。如果选择“是”，表示零长度字符串为有效输入项。选择“否”，表示零长度字符串为无效输入项。

2. 修改表结构

修改表的结构主要在表设计器中进行，一般方法如下：

（1）修改字段名

在表设计器中选中需要修改的字段名，直接改变为新名称即可。

（2）修改字段类型

在表设计器中的数据类型组合框中直接选择新的数据类型即可。

（3）添加新字段

如果需要在所有字段之后添加新字段，可按照创建表时的定义字段方法操作即可。如果

希望在字段之间插入新字段，则需要按以下方法操作：

1）单击需要插入新字段的行，指定插入字段的位置。

2）单击“插入”→“行”菜单命令，或者单击“表设计”工具栏中的“插入”按钮，插入一个空行。

3）在插入的新行中输入字段名称，设置字段类型和属性即可。

（4）删除字段

首先单击需要删除的字段，然后按〈Delete〉键即可。也可以执行“编辑”→“删除行”菜单命令，或者单击“表设计”工具栏中的“删除行”按钮。

（5）移动字段位置

首先单击字段左侧的行选择器，选择整行，然后用鼠标拖动选定行到适当位置，释放鼠标即可。

（6）设置和删除主键

Access 强大功能来自于其可以使用查询、窗体和报表快速地查找并组合存储在各个不同表中的信息。为了实现这一点，每个表都应该包含一个主键。指定了表的主键之后，Access 将阻止在主键字段中输入重复值或 Null 值。设置主键的基本方法如下：

1）选择将要定义为主键的一个或多个字段。

2）单击工具栏上的“主键”按钮即可。或者右键单击，在弹出菜单中选择“主键”命令。

如果要删除主键，首先单击当前主键的行选定器，然后单击工具栏上的“主键”按钮即可。

注意

如果要选择一个字段，可单击所需字段的行选定器。如果要选择多个字段，需要按住〈Ctrl〉键的同时，单击每个所需字段的行选定器。

3.2.3 任务实现

1）启动 Access 2003，打开“图书借阅”数据库。

2）在“数据库”窗口中，选择“表”对象作为操作对象，选中“图书信息表”。

3）单击“设计”按钮，打开表设计器。

4）在表设计器中选择“编号”字段名，直接修改为“图书编号”。

5）在表设计器中，单击数据类型组合框，选择“文本”数据类型。

6）在表设计器中选择“编号”字段，在下部的属性区域修改“字段大小”的值为“40”。

7）选择“出版日期”字段，在下部的属性区域单击“格式”右侧的下拉列表，选择“短日期”类型。

8）用同样的方法修改“登记日期”字段的“格式”为“短日期”类型。

9）选择“图书价格”字段，在下部的属性区域单击“格式”右侧的下拉列表，选择“货币”类型。

10）选择“出版日期”字段，在下部的属性区域输入“输入掩码”的值为“9999-99-99”。

11）用同样的方法修改“登记日期”字段的“输入掩码”的值为“9999-99-99”。

12）选择“图书编号”字段，在下部的属性区域输入“标题”的值为“编号”。

13）用同样的方法分别修改“图书名称”、“图书类别”、“图书作者”和“图书价格”字段的“标题”的值为“书名”、“类别”、“作者”和“书价”。

14）选择“登记日期”字段，在下部的属性区域输入“默认值”的值为“Now()”。

15）选择“图书价格”字段，在下部的属性区域输入“有效性规则”的值为“>0”。

16）选择“图书编号”字段，在下部的属性区域设置“必填字段”的值为“是”。

17）选择“图书名称”字段，在下部的属性区域设置“必填字段”的值为“是”。

18）用同样的方法分别设置“图书类别”、“出版机构”、“出版日期”、“图书作者”、“图书价格”、“登记日期”和“在馆数目”字段的“必填字段”的值为“否”。

19）选择“图书编号”字段，在下部的属性区域设置“允许空字符串”的值为“否”。

20）选择“图书名称”字段，在下部的属性区域设置“允许空字符串”的值为“否”。

21）用同样的方法分别设置“图书类别”、“出版机构”、“出版日期”、“图书作者”、“图书价格”、“登记日期”和“在馆数目”字段的“必填字段”的值为“是”。

22）单击“图书价格”的行选定器，单击“插入”→“行”菜单命令，插入一个空行。在插入的新行中输入字段名称“ISBN”。

23）单击字段“ISBN”的行选定器，选择整行，使用鼠标拖动选定行到字段“出版机构”前，释放鼠标。

24）单击字段“ISBN”的行选定器，按〈Delete〉键删除该字段。

25）关闭“图书信息表”设计器，保存修改结果。

26）参照上述方法根据需要修改数据表“读者信息表”和“借阅信息表”。

27）在“数据库”窗口中，选中“借阅信息表”，单击“设计”按钮，打开表设计器。

28）按住〈Ctrl〉键的同时，选择“读者编号”和“图书编号”，单击工具栏中的“主键”按钮。设置主键。

29）关闭“借阅信息表”设计器，保存修改结果。

30）参照上述方法根据需要为数据表“读者信息表”和“图书信息表”添加主键，保存修改结果。

31）保存数据库文件。

任务 3.3　建立索引和表间关联关系

3.3.1　任务目标

- 掌握建立索引的基本方法；
- 掌握建立表间关联关系的基本方法。

3.3.2　相关知识与技能

1．索引

索引可加速对索引字段的查询，还能加速排序及分组操作。例如，如果需要使用姓名搜索信息，可以创建“姓名”字段的索引，以加快搜索的速度。

当我们建立一个很大的数据库的时候，就会发现通过查询在表中检索一个数据信息很慢。通过分析发现，当我们要在一个表中查询“订货单位”字段内的某个值时，会从整个表的开头一直查到末尾，如果能将表中的值进行排序，那同样的查询工作对“订货单位”字段检索的记录数就可以少很多，速度也自然会变得更快，所以很多表都需要建立索引。索引可加速对索引字段的查询，还能加速排序及分组操作。

2. 创建索引

（1）使用表设计器设计索引

使用表设计器中字段的索引属性可以设置单一字段索引，如图 3-25 所示。在表设计器中选择需要设计索引的字段，在字段属性栏的索引属性设置组合框中，选择“有（无重复）”选项，可以创建无重复值的索引；选择“有（有重复）”选项，可以创建允许重复值的索引。

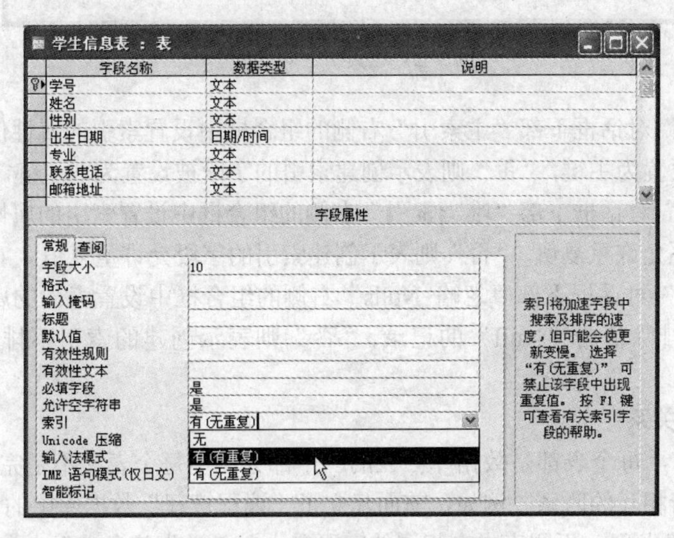

图 3-25　表设计器“索引”属性

（2）使用“索引”对话框创建索引

利用“索引”对话框创建索引的基本步骤如下：

1）执行“视图”→“索引”菜单命令，可以打开“索引”对话框（也可以单击工具栏中的“索引”按钮），如图 3-26 所示。

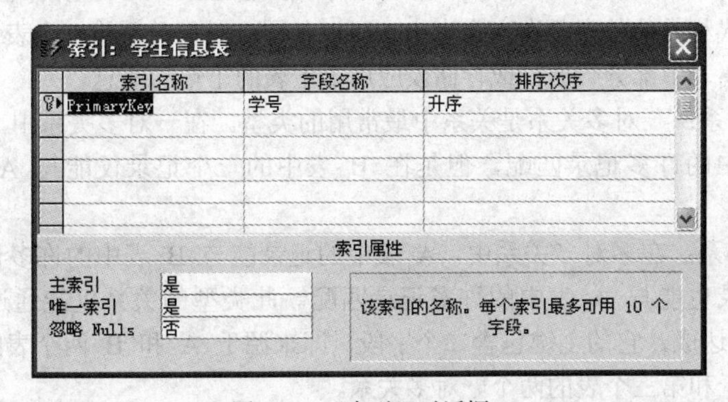

图 3-26　“索引”对话框 1

2）在“索引名称”下方的文本框中输入索引名称，在“字段名称”下方的组合框中选择字段名称，在“排序次序”下方的组合框中选择升序或降序，如图 3-27 所示。

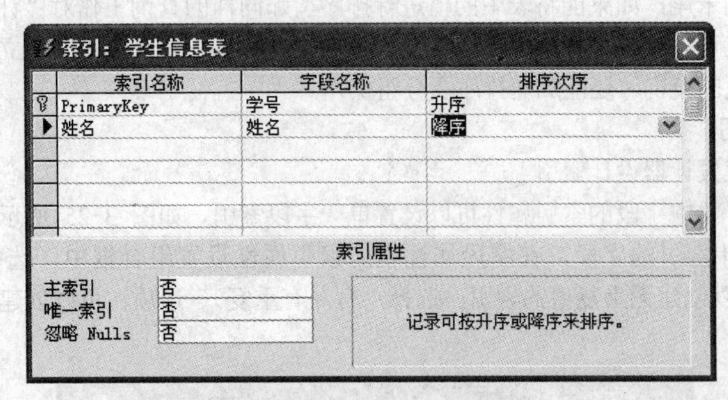

图 3-27 “索引”对话框 2

3）在“索引”对话框下部“主索引”右侧的组合框中设置索引的属性值。“是”表示创建索引的字段被设置为主键，“否”则表示创建索引的字段被设置为非主键。

4）在“索引”对话框下部“唯一索引”右侧的组合框中设置索引的属性值。“是”表示创建索引的字段不允许重复值，“否”则表示创建索引的字段允许重复值。

5）在“索引”对话框下部“忽略 Nulls”右侧的组合框中设置索引的属性值。“是”表示创建的索引将排除值为“Null”的记录，“否”则表示创建的索引不排除值为“Null”的记录。

3. 表间关联关系

在 Access 中，每个表都是数据库独立的一个部分，但每个表又不是完全孤立的，表与表之间可能存在着相互的联系。例如，前面建立了“课程管理”数据库中的 3 个表。仔细分析这 3 个表，不难发现，不同表中有相同的字段名，如“学生信息表”中有“学号”，“选修信息表”中也有“学号”，通过这个字段，就可以建立起两个表之间的关系。一旦两个表之间建立了关系，就可以很容易地从中找出所需要的数据。

Access 中表与表之间的关系可以分为一对一、一对多和多对多 3 种。

1）一对一关系：在一对一关系中，A 表中的每一记录仅能在 B 表中有一个匹配的记录，并且 B 表中的每一记录仅能在 A 表中有一个匹配记录。此类型的关系并不常用，因为大多数与此方式相关的信息都在一个表中。可以使用一对一关系将一个表分成许多字段，或因安全原因隔离表中部分数据，或存储仅应用于主表的子集的信息。

2）一对多关系：一对多关系是关系中最常用的类型。在一对多关系中，A 表中的一个记录能与 B 表中的许多记录匹配，但是在 B 表中的一个记录仅能与 A 表中的一个记录匹配。

3）多对多关系：在多对多关系中，A 表中的记录能与 B 表中的许多记录匹配，并且在 B 表中的记录也能与 A 表中的许多记录匹配。此类型的关系仅能通过定义第三个表（称做联结表）来达成，它的主键包含二个字段，即来源于 A 和 B 两个表的外键。多对多关系实际上等同于和第三个表的两个一对多关系。

4．建立表间关联关系

创建表之间的关系时，相关联的字段不一定要有相同的名称，但必须有相同的字段类型，除非字段是个“自动编号”字段，仅当“自动编号”字段与“数字”字段的“字段大小”属性相同时，才可以将“自动编号”字段与“数字”字段进行匹配。例如，如果一个“自动编号”字段和一个“数字”字段的“字段大小”属性均为“长整型”，则它们是可以匹配的。换言之，即便两个字段都是“数字”字段，必须具有相同的“字段大小”属性设置，才是可以匹配的。

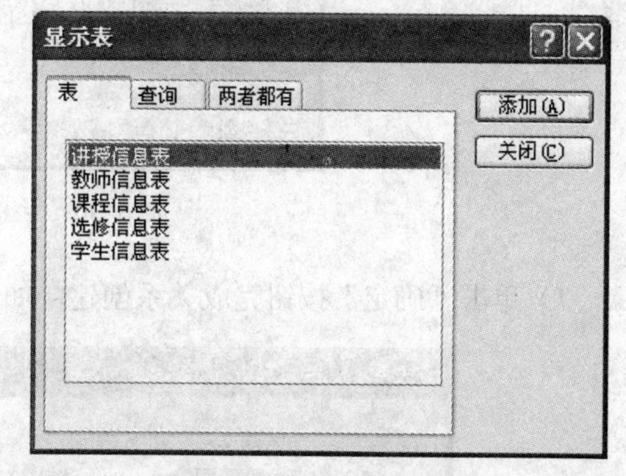

图 3-28 “显示表”对话框

在表之间建立“关系”的基本步骤如下：

1）关闭所有打开的表。不能在已打开的表之间创建或修改关系。

2）按〈F11〉键切换到“数据库”窗口。

3）选择“工具”→“关系”命令，或者单击工具栏中的“关系”按钮，如果数据库中尚未定义任何关系，则会自动显示“显示表”对话框，如图 3-28 所示。

 **提示**

如果需要添加要关联的表，而“显示表”对话框未显示，请单击工具栏中的“显示表”图标按钮。

4）双击要作为相关表的名称，然后关闭“显示表”对话框。

5）在打开的如图 3-29 所示的“关系”对话框中，从某个表中将所要的相关字段拖到其他表中的相关字段。多数情况下是将表中的主键字段（以粗体文本显示）拖到其他表中名称相似字段（经常具有相同的名称）。

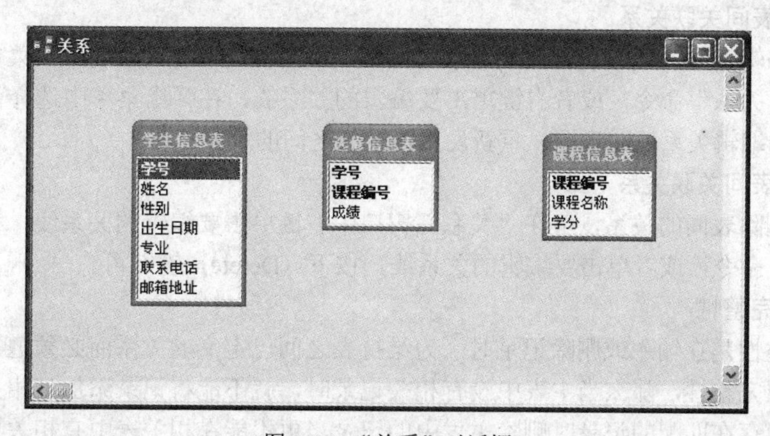

图 3-29 “关系”对话框

6）此时，系统将显示“编辑关系”对话框，如图 3-30 所示，检查显示在两个列中的字段名称以确保正确性。必要情况下可根据需要更改。

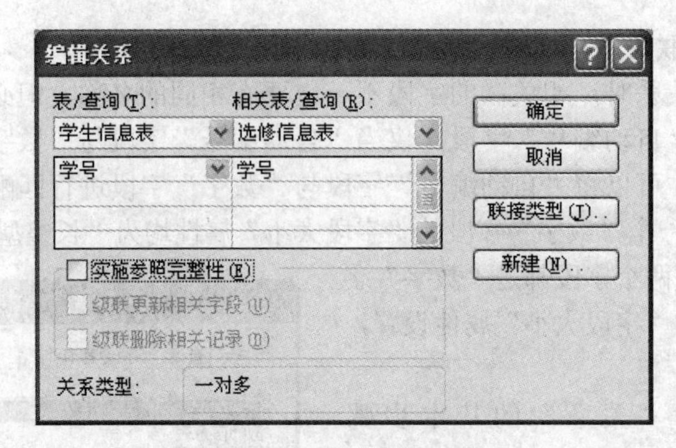

图 3-30 “编辑关系”对话框

7）单击“确定”按钮完成关系创建，如图 3-31 所示。

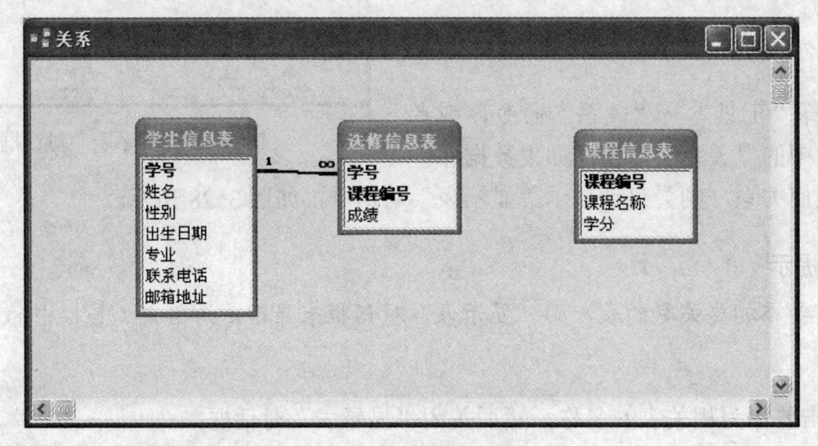

图 3-31 “关系”对话框

8）关闭“关系”对话框时，所创建的关系将保存在此数据库中。

5. 编辑表间关联关系

如果要编辑表间的关系，可在“关系”窗口中单击要编辑的关系线，在菜单中选择“关系”→“编辑关系”命令，或者右键单击要编辑的关系线，在弹出菜单中选择“编辑关系”命令，打开“编辑关系”对话框，重新设置两个表之间的关系即可。

6. 删除表间关联关系

如果要删除表间的关系，可在“关系”窗口中右键单击要编辑的关系线，在弹出菜单中选择“删除”命令，或者单击要编辑的关系线，按下〈Delete〉键即可。

7. 参照完整性

参照完整性是在输入或删除记录时，为维持表之间已定义的关系而必须遵循的规则。如果实施了参照完整性，那么当主表中没有相关记录时，就不能将记录添加到相关表中，也不能在相关表中存在匹配的记录时删除主表中的记录，更不能在相关表中有相关记录时，更改主表中的主键值。

在建立表之间的关系时，“编辑关系”对话框上有一个复选框“实施参照完整性”，单击它之后，“级联更新相关字段”和“级联删除相关记录”两个复选框就可以用了。如图 3-32 所示。

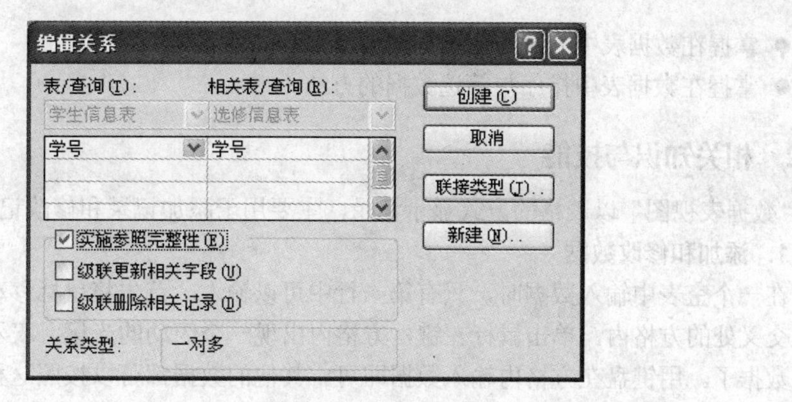

图 3-32 “编辑关系”对话框

如果选定“级联更新相关字段”复选框，在修改关联字段时执行参照完整性检查。在修改“主表”关联字段时，如果“子表”中有关联的记录，则可自动修改或不允许修改“子表”关联字段。同样，在修改“子表”关联字段时，也可检查在“主表”中是否有关联的记录。

如果选定“级联删除相关记录”后，当删除记录时就会执行参照完整性检查。在删除“主表”关联记录时，需要检查“子表”中是否有关联的记录。若有关联记录，则不允许删除“主表”记录，或者在删除“主表”记录的同时删除“子表”中的关联记录。

3.3.3 任务实现

1）启动 Access 2003，打开“图书借阅”数据库。

2）在“数据库”窗口中，选择“表”对象作为操作对象，选中“读者信息表”。

3）在表设计器中，选择“读者编号”字段，在字段属性栏的索引属性设置组合框中，选择“有（无重复）”选项，为“读者编号”字段添加无重复值的索引。

4）执行“视图”→“索引”菜单命令，可以打开“索引”对话框，使用“索引”对话框为“联系电话”字段添加索引名为“联系电话”，并且不排除值为“Null”的记录的唯一索引。

5）自选方法为其他表创建合适的索引。

6）选择“工具”→“关系”命令，打开“显示表”对话框，将“读者信息表”和“借阅信息表”加入“关系”窗口中。

7）用字段“读者编号”为两表创建关系。

8）根据需要创建其他关系。

9）修改创建的关系，为其添加参照完整性。

10）保存数据库文件。

任务 3.4 数据表的基本操作

3.4.1 任务目标

- 掌握添加和修改数据的基本方法；
- 掌握设置数据表格式的方法；

- 掌握在数据表中隐藏与冻结列的方法；
- 掌握在数据表中排序与筛选数据的方法。

3.4.2　相关知识与技能

“数据表视图”以表格的方式显示记录，主要用于添加记录和修改记录数据。

1．添加和修改数据

在一个空表中输入数据时，只有第一行中可以输入。首先将鼠标移动到表上的字段和第一行交叉处的方格内，单击鼠标左键，方格内出现一个闪动的光标，表示可以在这个方格内输入数据了。用键盘在方格内输入数据即可。其他的数据都可以按照这种方法来添加。用键盘上的左、右方向键可以把光标在单元格间左右移动，用键盘上的上、下方向键可以把光标在行间上下移动。

如果输入出现错误需要修改，可以直接单击选中方格内的数据，然后用键盘上的〈Delete〉键将原来的值删掉，并输入正确的值即可。

2．设置数据表格式

打开数据表后，选择“格式”→“数据表”命令，打开“设置数据表格式”对话框，如图 3-33 所示。

图 3-33　“设置数据表格式”对话框

在该对话框中可进行如下设置：

- 在“单元格效果”栏中可将单元格设置为平面、凸起或凹陷效果。
- 在“网格线显示方式”栏中可设置是否显示水平方向或垂直方向的网格线。
- 在“背景色”下拉列表框中可设置背景颜色。
- 在“网格线颜色”下拉列表框中可设置网格线颜色。
- 在“边框和线条样式”下拉列表框中可设置边框和线条样式。
- 在“方向”栏中可设置数据的显示方向，有“从左到右”或“从右到左”两种选项。

3．选择字体

选择“格式”→“字体”命令，打开“字体”对话框，如图 3-34 所示。

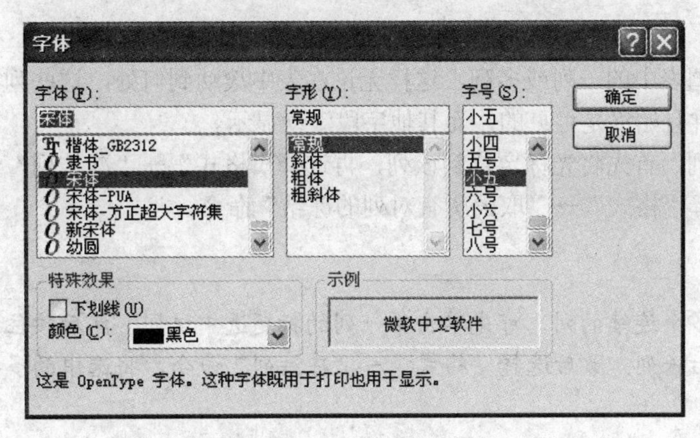

图 3-34 “字体”对话框

在该对话框中可为打开的数据表选择字体、字形、字号以及特殊效果等。

4．操作数据表的行与列

除数据表的内容可编辑以外，数据表的行或列也可根据需要进行设置，如设置行高或列宽、隐藏列或冻结列等。

（1）设置行高和列宽

打开数据表时单元格的行高和列宽都是使用默认值显示的。单个的单元格列宽可通过在表中直接拖动网格的垂直线来直接进行调整。选择“格式”→“行高”或“列宽”命令也可精确设置表的行高和列宽，如图 3-35 所示。

（2）隐藏列

当数据表中的字段数据过多时，可以选择将当前不需要查看的字段进行隐藏。在数据表中单击列标题选中该列，然后选择“格式”→“隐藏列”命令，选中的列将被隐藏起来。

要重新显示被隐藏的列，可选择“格式”→“取消隐藏列”命令，打开 “取消隐藏列”对话框，如图 3-36 所示。

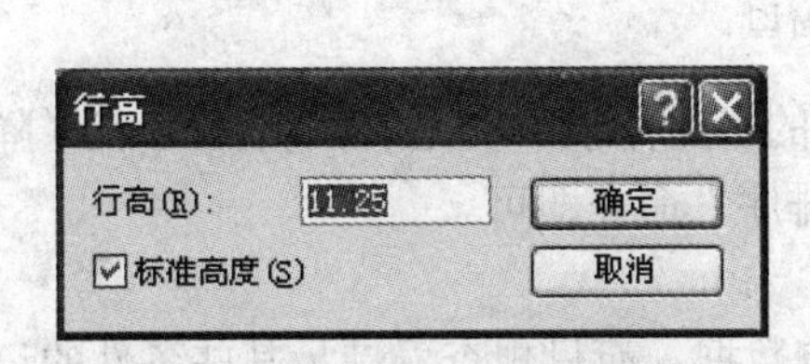

图 3-35 “行高”对话框

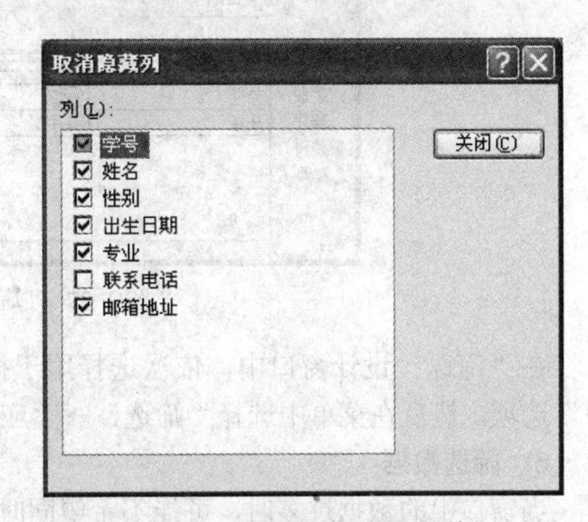

图 3-36 “取消隐藏列”对话框

对话框列出了当前表中的所有字段，每个字段名前面有一个复选框，选中复选框的字段将显示在数据表中，取消选中复选框的字段则被隐藏。

（3）冻结列

可以冻结数据表中的一列或多列，这样无论在表中滚动到何处，这些列都会始终显示在数据表的左端，并且始终是可见的，而其他字段滚动显示。

要冻结某一列，首先将光标定位到该列，再选择“格式”→“冻结列”命令。要取消被冻结的列，可选择“格式”→“取消所有对列的冻结”命令。

提示

要一次冻结多个连续的列，可先单击第一列的标题选中该列，然后按住〈Shift〉键，再单击要冻结的最后一列。最后选择“格式”→“冻结列”命令，将选中的多个列冻结。

5．排序数据

排序是按事先给定的一个或多个字段值的内容，以特定顺序对记录集进行重新排序。打开数据表时，记录默认按主关键字以升序排序显示。

（1）简单排序

在“数据表”视图中，单击要用于排序记录的字段，单击工具栏中的“升序排序”或“降序排序”图标按钮即可。

（2）复杂排序

在“数据表”视图中，也可以进行复杂排序。也就是可以对某些字段按升序排序，对其他字段按降序排序。在菜单中选择“记录”→“筛选”→“高级筛选/排序”命令，打开“筛选”设计窗口，如图 3-37 所示。

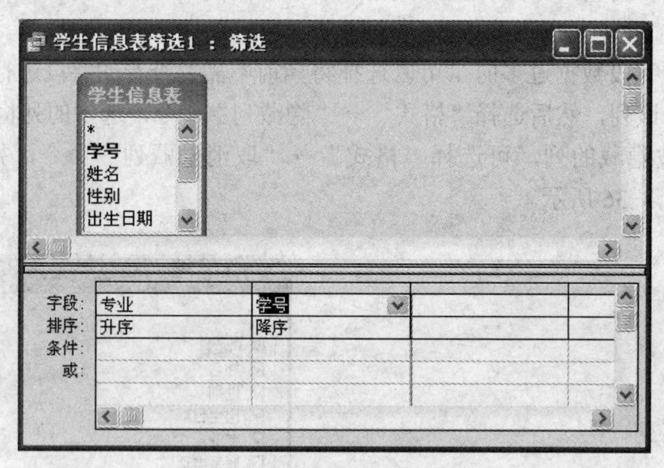

图 3-37 “筛选”设计窗口

在“筛选”设计窗口中，依次选择用于排序记录的多个字段，并选择“升序”或“降序”选项，然后在菜单中选择“筛选”→“应用筛选/排序”命令即可。

6．筛选数据

当窗口中的数据过多时，可能不希望同时查看所有数据，而只想查看满足某些条件的记录。为此，可利用筛选功能将需查看的数据显示出来。

（1）按选定内容筛选记录

“按选定内容筛选”可以轻松地找到并选择要包含在被筛选记录中的值。在数据表的一个字段中，选择一个要作为筛选条件的值的实例，在菜单上，选择“记录”→“筛选”→“按选定内容筛选”命令即可。

（2）按窗体筛选

如果想要从列表中不必滚动浏览所有记录即可选择要搜索的值，或者想要一次指定多个条件，可以使用“按窗体筛选”。选择“记录”→“筛选”→“按窗体筛选”命令，切换到“按窗体筛选”窗口。单击要在其中指定条件的字段。然后从字段的列表中选择要搜索的值，或通过在字段中输入所需的值，最后单击工具栏中的“应用筛选”图标按钮即可。或选择“筛选”→“应用筛选”命令，查看筛选的结果。

（3）按筛选目标筛选

如果焦点位于某个字段中，并且只想就地键入要搜索的值或要将其结果用做条件的表达式，或者想要一次指定多个条件，可以使用“筛选目标”筛选。在数据表视图中右键单击要筛选的字段，然后在快捷菜单的“筛选目标”框中输入要查找的值，按〈Enter〉键应用筛选即可。

（4）高级筛选/排序

对于复杂的筛选，可以使用“高级筛选/排序”。在数据表视图中单击，激活数据表视图，选择“记录”→“筛选”→“高级筛选/排序”命令。在设计网格中添加需要的字段，以便指定筛选器在查找记录时将使用的值或其他条件。指定排序顺序，在已包括的字段的“条件”单元格中，输入要查找的值，或输入表达式。最后选择“筛选”→“应用筛选”命令，可以查看筛选的结果。

3.4.3 任务实现

1）启动 Access 2003，打开“图书借阅”数据库。

2）在“数据库”窗口中，选择“表”对象作为操作对象，选中“读者信息表”。

3）打开数据表，参照表 3-6 向表中添加数据。

表 3-6　读者信息表

读者编号	读者姓名	读者性别	联系电话	在借书数
2008101001	李明	男	13685692255	2
2008101002	张丽娜	女	15168965722	1
2008101003	陈武贡	男	13645897236	3
2008101004	胡慧敏	女	18956822563	2
2009301001	张镇	男	13385896589	1
2009301002	王天丽	女	13785692365	
2010105102	陈云蓝	女	15196589962	
2010105103	蔡冰书	男	13689632568	
2010105104	李泰馨	女	13856987955	
2010401001	何丽娟	女	15189210320	
2010401002	张庆收	男	13685203250	

4）打开“图书信息表”数据表，参照表 3-7 向表中添加数据。

表 3-7　图书信息表

图书编号	图书名称	图书类别	出版机构	出版日期	图书作者	图书价格	登记日期	在馆数目
10001001	数据库应用技术	计算机	高等教育	2005-5-1	吴明	￥32.00	2008-6-5	5
10001002	工程制图	机电	机械工业	2008-9-1	王静天	￥52.00	2009-1-10	3
10001003	计算机应用基础	计算机	人民邮电	2009-1-1	张占福	￥25.00	2009-3-10	4
10001004	C 语言程序设计	计算机	高等教育	2009-5-1	刘志明	￥26.00	2009-9-10	3
10001005	管理学	管理	人民教育	2008-4-1	高向东	￥30.00	2008-10-20	4
10001006	动画设计	计算机	机械工业	2009-1-1	邱志明	￥66.00	2009-10-20	2

5）打开“借阅信息表”数据表，参照表 3-8 向表中添加数据。

表 3-8　借阅信息表

读 者 编 号	图 书 编 号	借 书 日 期	归 还 日 期
2008101001	10001001	2009-9-20	2010-1-15
2008101001	10001003	2010-3-20	
2008101002	10001001	2010-5-10	2010-9-20
2008101002	10001004	2010-6-1	
2009301001	10001005	2010-5-18	2010-10-21

6）打开“读者信息表”数据表，打开“设置数据表格式”对话框，设置“单元格效果”为“平面”效果；设置“背景色”为“银白”色；设置“网格线颜色”红的；设置“水平网格线”为“实线”。

7）打开“字体”对话框，设置“读者信息表”数据表中的字体为“楷体”，字号为“小四”，颜色为“蓝色”。

8）自行设置其他数据表的格式和字体样式。

9）选择“格式”→“行高”或“列宽”命令，设置“读者信息表”数据表行高为“20”，列宽均为“最佳匹配”。

10）选中“读者信息表”数据表中的“读者姓名”列，选择“格式”→“冻结列”命令，将“读者信息表”数据表中的“读者姓名”列冻结。

11）将“读者信息表”数据表中的数据用“读者编号”字段，以“降序排序”排列。

12）在“图书信息表”数据表中，选择“出版机构”字段，选择“记录”→“筛选”→“按选定内容筛选”命令，查看筛选的结果。

13）在“图书信息表”数据表中，选择“记录”→“筛选”→“按窗体筛选”命令，切换到“按窗体筛选”窗口。首先单击“图书类别”字段，选择“计算机”，接着单击“出版机构”字段，选择“高等教育”，最后单击工具栏中的“应用筛选”图标按钮，查看筛选的结果。

14）在“借阅信息表”数据表视图中单击，选择“记录”→“筛选”→“高级筛选/排序”命令。在设计网格中添加“借书日期”字段，指定“升序”排序方式，在“条件”单元格中，输入“>#2010-1-1#”，最后选择“筛选”→“应用筛选”命令，查看筛选的结果。

15）保存数据库文件。

技能提高训练

1. 训练目的

- 进一步掌握使用不同方法创建数据表结构的基本方法；
- 进一步掌握创建表间关系的基本方法；
- 进一步掌握数据表的基本操作。

2. 训练内容

1）打开“固定资产管理”数据库。

2）在“数据库”窗口中，选择“表”对象作为操作对象。

3）自选方法，参照表3-9中的内容，创建“职工信息表”结构。

表3-9 职工信息表结构

列　名	数据类型	长　度	可否为空
职工编号	文本	10	不可空
职工姓名	文本	10	不可空
所在部门	文本	20	可空
联系电话	文本	20	可空

4）自选方法，参照表3-10中的内容，创建“资产信息表”结构。

表3-10 资产信息表结构

列　名	数据类型	长　度	可否为空
资产编号	文本	10	不可空
资产名称	文本	20	不可空
资产类型	文本	10	可空
规格型号	文本	20	可空
资产配置	文本	50	可空
资产状态	文本	10	可空

5）自选方法，参照表3-11中的内容，创建“供应商信息表”结构。

表3-11 供应商信息表结构

列　名	数据类型	长　度	可否为空
供应商编号	文本	10	不可空
供应商名称	文本	10	不可空
供应商地址	文本	20	可空
联系电话	文本	20	可空

6）自选方法，参照表3-12中的内容，创建“借用信息表”结构。

表3-12 借用信息表结构

列　名	数据类型	长　度	可否为空
职工编号	文本	10	不可空
资产编号	文本	10	不可空
借用日期	时间		可空

（续）

列　名	数据类型	长　度	可否为空
归还日期	时间		可空
备注	文本	255	可空

7）自选方法，参照表 3-13 中的内容，创建“供应信息表”结构。

表 3-13　供应信息表表结构

列　名	数据类型	长　度	可否为空
供应商编号	文本	10	不可空
资产编号	文本	10	不可空
供货日期	时间		可空
价格	货币		可空

8）合理设置各字段的属性。

9）合理创建索引。

10）合理创建表间的关系。

11）参照表 3-14～表 3-16 向相应表中添加数据。

表 3-14　职工信息表

职工编号	职工姓名	性　别	年　龄	所在部门	联系电话
1001	张鹏	男	35	财务	1396856923
1002	王卫东	男	43	财务	1348652123
2001	李丽荣	女	45	人事	1346548796
2002	程志刚	男	30	人事	1896234567
3001	何梅	女	38	办公室	1536896354
3002	刘思原	男	40	办公室	1689635212

表 3-15　资产信息表

资产编号	资产类型	资产名称	规格型号	资产配置	资产状态
0001	电脑网络	笔记本	V31	P3/256M/40G	在库中
0002	电脑网络	笔记本	T5600c	P3/1G/80G	报废
0003	电脑网络	服务器	HP	P31G/768M/72G/	报废
0004	通信工具	手机	摩托罗拉	T191	出借中
0005	电脑网络	主机	T22	P3/256MDDR/80G	在库中
0006	通信工具	电话	爱立信		在库中
0007	办公用品	打印机	联想		报废
0008	办公用品	复印机	HP		出借中
0009	办公用品	空调	志高		在库中
0010	电脑网络	交换机	3com		在库中
0011	交通工具	小轿车	奥迪 A6		报废
0012	电脑网络	笔记本	SONY	P4/256DDR/30G/32ACG	在库中
0013	电子设备	电机	v7	new/machine	在库中

表 3-16　借用信息表

职工编号	资产编号	借用日期	归还日期	备　注
1001	0001	2008-5-5		
1002	0006	2009-9-1		
3001	0008	########		
3002	0012	2009-2-6		

12）自行向其他表中添加部分数据。

13）根据需要设置各数据表的格式。

14）保存数据库文件。

习题

一、选择题

1．通过设置（　　）属性，可以指定在字段中输入数据时使用的模式。

A．输入掩码　　B．默认值　　C．有效性规则　　D．有效性文本

2．在输入或删除记录时，为维持表之间已定义的关系而必须遵循的规则是（　　）。

A．默认值　　B．有效性文本

C．参照完整性　　D．有效性规则

3．文本数据类型可存储的最多字符数是（　　）。

A．50　　B．255　　C．8　　D．64000

4．为了加快搜索的速度，可以创建（　　）

A．索引　　B．关系　　C．默认值　　D．参照完整性

5．在已经建立的“工资管理数据库”中，要在表中使某些字段不移动显示位置，可用（　　）的方法。

A．筛选　　B．隐藏　　C．排序　　D．冻结

二、填空题

1．主键是表中具有__________的值的一个或多个字段。

2．若某个字段的值为北京市的固定电话号码，则可将该字段的输入掩码设置为________________。

3．在人事数据库中，建表记录人员简历，建立字段“简历”，其数据类型应当是__________________。

4．在 Access 中，表间的关系有“__________”、“一对多”及“多对多”。

5．定义字段的默认值是指________________________。

三、简答题

1．输入掩码的作用是什么？

2．创建表的基本方法有哪些？

3．简要总结参照完整性的作用。

4．简要总结筛选数据的方法。

第4章 查 询 数 据

在实际工作中使用数据库中的数据时，并不是简单地使用某个表中的数据，而常常是将有“关系”的很多表中的数据一起调出使用，有时还要把这些数据进行一定的计算以后才能使用。如果再建立一个新表，把要用到的数据复制到新表中，并把需要计算的数据都计算好，再填入新表中，就显得太麻烦了。使用“查询”对象可以很轻松地解决这个问题。

【学习目标】

✧ 了解查询的类型和功能；

✧ 掌握创建查询的基本方法；

✧ 掌握修改查询的基本方法；

✧ 掌握运行查询的基本方法。

任务 4.1 使用向导创建简单查询

4.1.1 任务目标

✧ 理解查询的分类与功能；

✧ 掌握使用向导创建简单查询的基本方法；

✧ 掌握使用向导创建查找重复项查询的基本方法；

✧ 掌握使用向导创建查找不匹配项查询的基本方法。

4.1.2 相关知识与技能

1．查询

查询就是依据一定的查询条件，对数据库中的数据信息进行查找。它与表一样，都是数据库的对象。它允许用户依据准则或查询条件抽取表中的记录与字段。Access 2003 中的查询可以对数据库中的一个或多个表中存储的数据信息进行查找、统计、计算和排序等操作。查询的结果也可以作为数据库中其他对象的数据源。

查询的结果会生成一个数据表视图，看起来就像新建的数据表视图一样。查询的字段来自一个或多个有“关系”的表，这些字段组合成一个新的“数据表视图”，但它并不存储任何的数据，其内容是动态的。当改变表中的数据时，查询中的数据也会发生改变。相关计算工作也可以交给查询来自动地完成。

查询将用户从繁重的体力劳动中解脱出来，充分体现了计算机数据库的优越性。

2．查询的作用和功能

查询是数据库提供的一种功能强大的管理工具，可以按照使用者所指定的各种方式来进行查询，以得到使用者所希望查看的信息。查询的主要作用和功能如下：

1）利用查询按一定的条件生成一个动态数据集。

2）通过使用查询可按不同的方式来查看、更改和分析数据。

3）利用查询对选择的记录组执行多种类型的计算。

4）通过使用查询生成新的数据表。

5）通过使用查询实现数据源表数据的删除、更新或追加。

6）查询也可以作为窗体、报表或数据访问页的数据源，实现多个表作为数据源。

3．查询与筛选的区别

作为对数据的查找，查询与筛选有许多相似的地方，但二者是有本质区别的。查询是数据库的对象，而筛选是数据库的操作。表 4-1 指出了查询和筛选之间的异同点。

表 4-1　查询和筛选的异同

功　能	查　询	筛　选
用做窗体或报表的基础	是	是
排序结果中的记录	是	是
如果允许编辑，就编辑结果中的数据	是	是
向表中添加新的记录集	是	否
只选择特定的字段包含在结果中	是	否
作为一个独立的对象存储在数据库中	是	否
不用打开基本表、查询和窗体就能查看结果	是	否
在结果中包含计算值和集合值	是	否

4．查询的分类

Access 2003 提供了选择查询、参数查询、交叉表查询、操作查询和 SQL 查询等查询方式。

（1）选择查询

选择查询是最常见的查询类型，它按照规则从一个或多个表中，或其他查询中检索数据，并按照所需的排列顺序显示出来。

（2）参数查询

参数查询可以在执行时显示自己的对话框以提示用户输入信息，它不是一种独立的查询，只是在其他查询中设置了可变化的参数。

（3）交叉表查询

使用交叉表查询可以计算并重新组织数据的结构，这样可以更加方便地分析数据。

（4）操作查询

操作查询又称为动作查询，就是通过查询完成某些动作，例如更新或删除数据库中的基本表、给现有的表追加新记录、由查询生成一个新表等。所以根据动作的不同，操作查询又可以分为追加查询、更新查询、删除查询和生成表查询。

（5）SQL 查询

SQL 查询只能通过 SQL 语句访问。所有查询都有相应的 SQL 语句，但是 SQL 专用查询是由程序设计语言构成，而不是像其他查询那样由设计网格构成。

5．创建查询的方式

在 Access 中可以使用查询向导、设计视图和 SQL 视图三种方式创建查询，一般情况下，简单的选择查询（包括“查找重复项查询”和“查找不匹配项查询”）、交叉表查询一般使用向导创建；SQL 查询在 SQL 视图中创建；其他查询一般在设计视图中创建。

6. 使用向导创建简单的查询

1）打开数据库，在数据库窗口中单击“查询”对象，单击工具栏中的“新建”按钮，如图 4-1 所示。

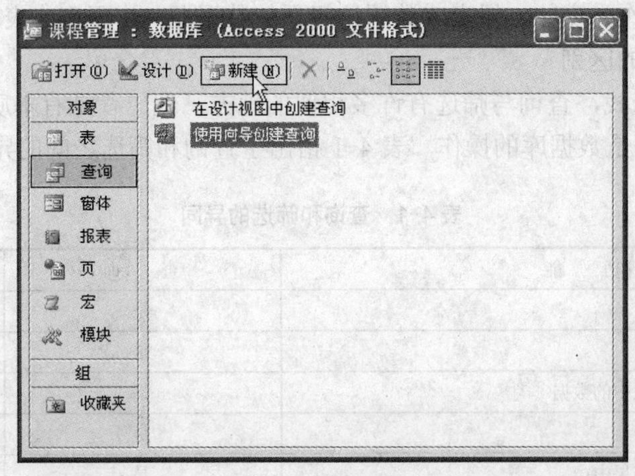

图 4-1 数据库窗口

2）在打开的“新建查询”对话框中，选择“简单查询向导”选项，如图 4-2 所示。单击“确定”按钮，显示“简单查询向导”对话框。

注意

直接双击数据库窗口中的“使用向导创建查询”，也可以显示“简单查询向导”对话框。

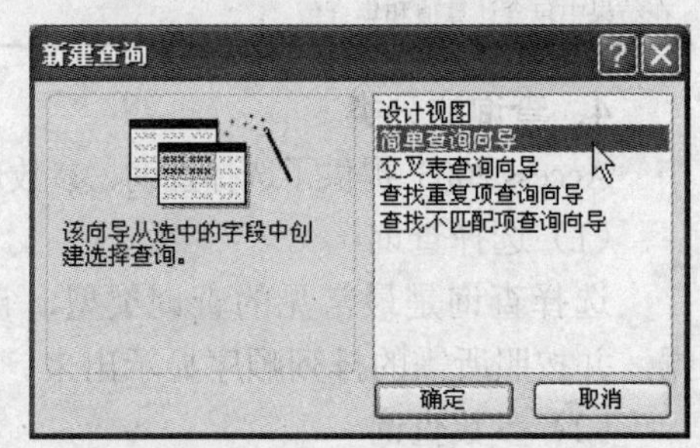

图 4-2 “新建查询”对话框

3）在“简单查询向导”对话框中，从“表/查询”下拉列表框中选择表或查询的名称，从“可用字段”列表框中选择检索字段，如图 4-3 所示，单击“下一步”按钮。

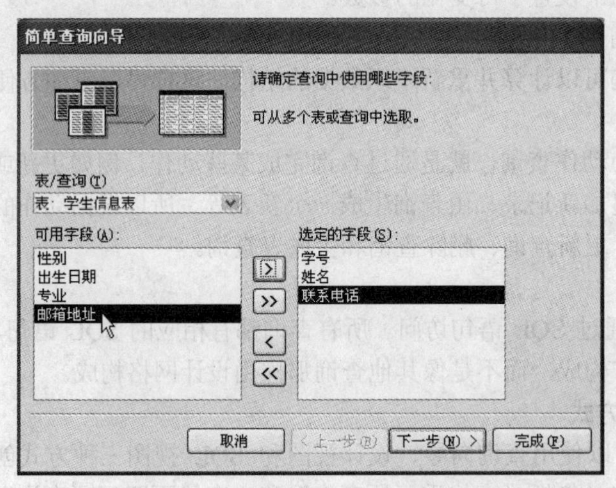

图 4-3 “简单查询向导”对话框 1

4）进入图 4-4 所示页面，在“请为查询指定标题”文本框中输入“学生联系方式”，同时选择“打开查询查看信息”选项。

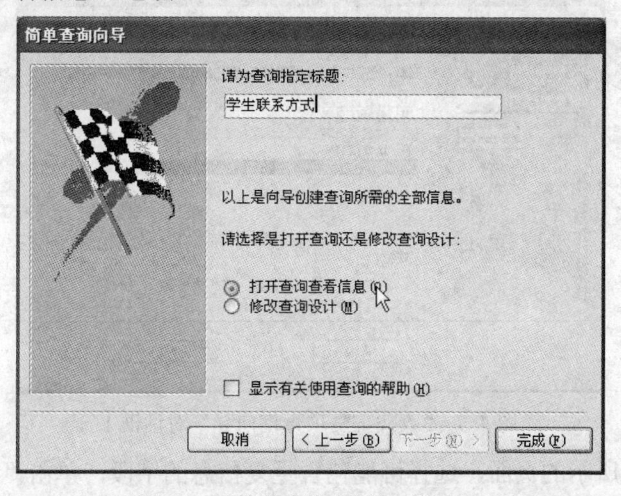

图 4-4 “简单查询向导”对话框 2

注意

如果选择“修改查询设计”选项，将在查询设计中打开查询。

5）单击“完成”按钮，将打开查询结果窗口，如图 4-5 所示。

7. 使用向导创建“查找重复项查询”

“查找重复项查询”可以帮助用户在数据表中查找具有一个或多个字段内容相同的记录，以确定基本表中是否存在重复记录。由于主键不允许重复，因此该查询主要针对非主键的其他字段进行查询操作。

1）在数据库窗口中单击“查询”对象，单击工具栏中的“新建”按钮，在打开的“新建查询”对话框中，选择“查找重复项查询向导”选项，如图 4-6 所示，单击“确定”按钮。

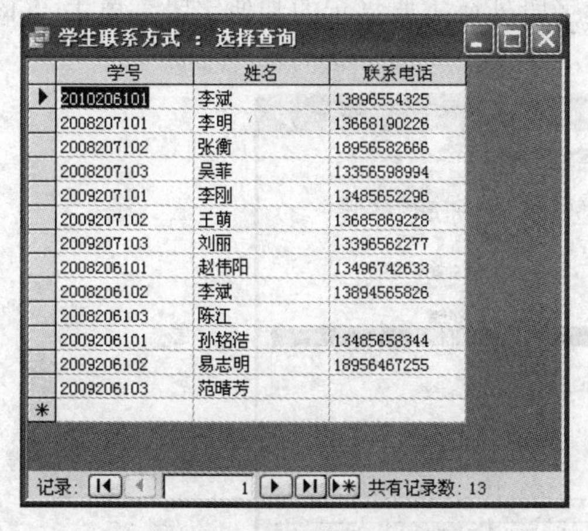

学生联系方式 ：选择查询

学号	姓名	联系电话
2010206101	李斌	13896554325
2008207101	李明	13668190226
2008207102	张衡	18956582666
2008207103	吴菲	13356598994
2009207101	李刚	13485652296
2009207102	王萌	13685869228
2009207103	刘丽	13396562277
2008206101	赵伟阳	13496742633
2008206102	李斌	13894565826
2008206103	陈江	
2009206101	孙铭浩	13485658344
2009206102	易志明	18956467255
2009206103	范晴芳	

记录: 1 共有记录数: 13

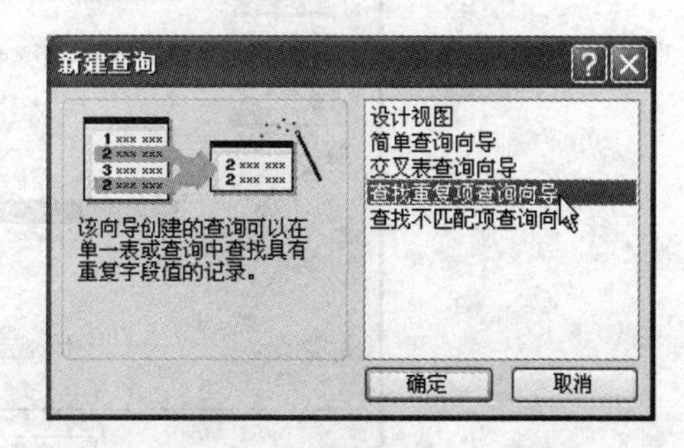

图 4-5 查询结果窗口

图 4-6 “新建查询”对话框

2）在打开的“查找重复项查询向导”对话框中，选择需要查找重复字段的数据表，并选择视图形式，如图 4-7 所示。单击“下一步”按钮。

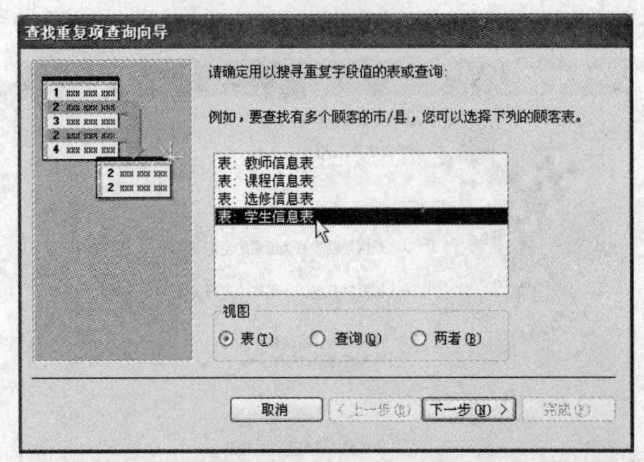

图 4-7 “查找重复项查询向导”对话框 1

3）进入图 4-8 所示的页面，选择可能包含重复信息的字段，单击“下一步”按钮。

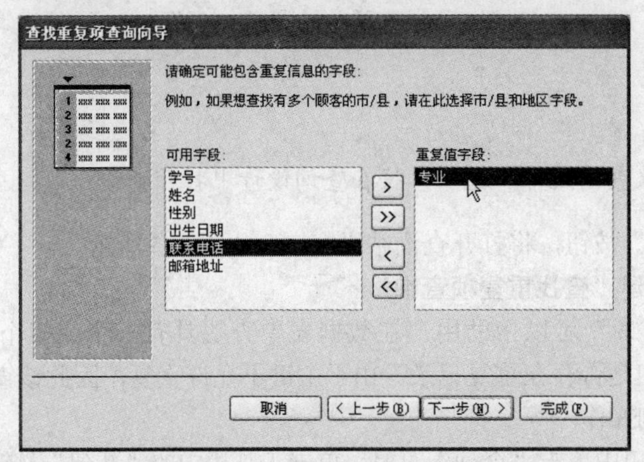

图 4-8 “查找重复项查询向导”对话框 2

4）进入图 4-9 所示的页面，选择除重复字段外还需要显示的其他字段，单击“下一步”按钮。

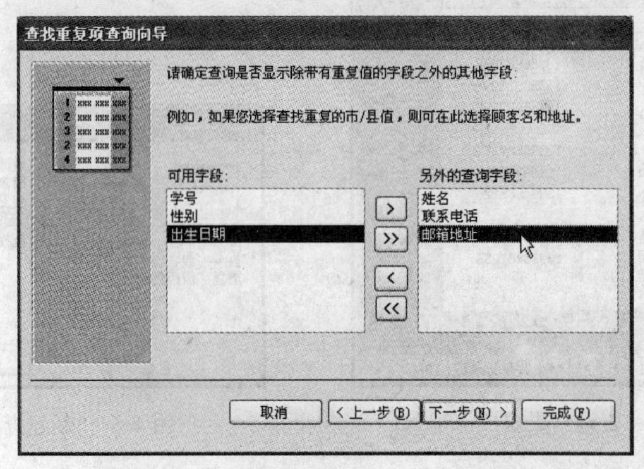

图 4-9 “查找重复项查询向导”对话框 3

5）进入图 4-10 所示页面，指定查询名称，同时选择“查看结果”选项。

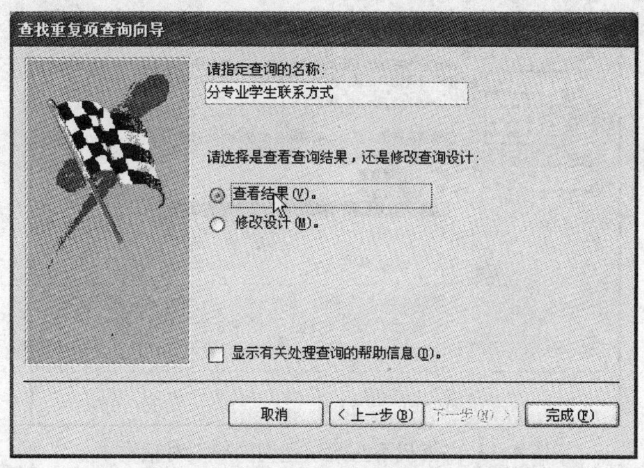

图 4-10 “查找重复项查询向导”对话框 4

6）单击“完成”按钮，在打开的“查询结果”窗口中，可看到按学生专业显示的学生联系信息，如图 4-11 所示。

分专业学生联系方式 ： 选择查询

专业	姓名	联系电话	邮箱地址
计算机应用	范晴芳		fqf@ yahoo.cn
计算机应用	易志明	18956467255	yzm@126.com
计算机应用	孙铭浩	13485658344	sunmh@yahoo.cn
计算机应用	陈江		cj2008@163.com
计算机应用	李斌	13894565826	libin@sohu.com
计算机应用	赵伟阳	13496742633	zwy88@163.com
信息管理	刘丽	13396562277	liuli@126.com
信息管理	王萌	13685869228	wangmeng@126.co
信息管理	李刚	13485652296	ligang@136.com
信息管理	吴菲	13356598994	wufei@sohu.com
信息管理	张衡	18956582666	zh@126.com
信息管理	李明	13668190226	lilming@163.com
信息管理	李斌	138965543256	libin629@163.co

记录: 1 共有记录数: 13

图 4-11 “查询结果”窗口

8. 使用向导创建“查找不匹配项查询”

通过查找不匹配项记录，可以帮助用户在多张数据表中查找不匹配记录或孤立的记录。如要查找学生信息表中的学号与选修信息表中的学号不匹配的记录，也就是查找在选修信息表中没有对应记录的学生信息表中的记录，即还未选修课程的学生。

1）在数据库窗口中单击“查询”对象，单击工具栏中的“新建”按钮，在打开的“新建查询”对话框中，选择“查找不匹配项查询向导”选项，如图 4-12 所示，单击“确定”按钮。

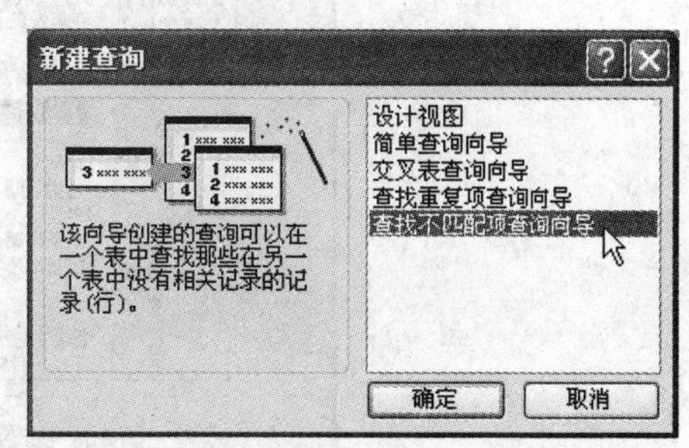

图 4-12 “新建查询”对话框

2）在打开的“查找不匹配项查询向导”对话框中，选择需要在查询结果中显示记录的数据表，并选择视图形式，如图 4-13 所示。单击“下一步”按钮。

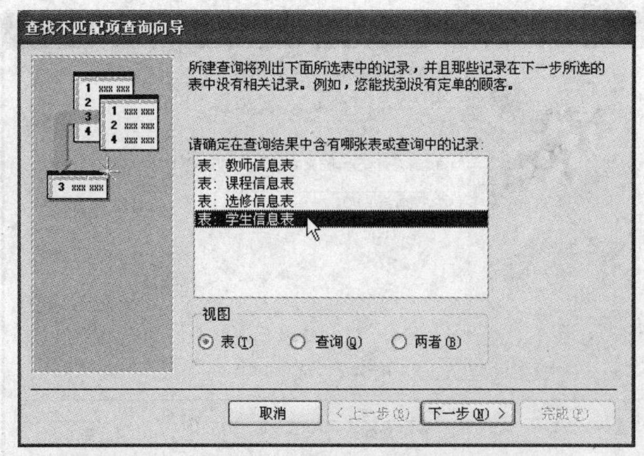

图 4-13 “查找不匹配项查询向导”对话框 1

3）在图 4-14 所示页面中，选择包含相关记录的数据表，并选择视图形式，单击“下一步”按钮。

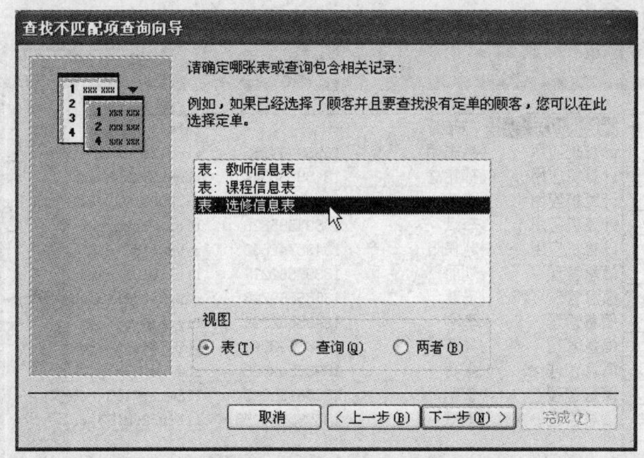

图 4-14 “查找不匹配项查询向导”对话框 2

4）在图 4-15 所示页面中，选择需要匹配的字段，然后单击“<=>”按钮，获得匹配字段。单击“下一步”按钮。

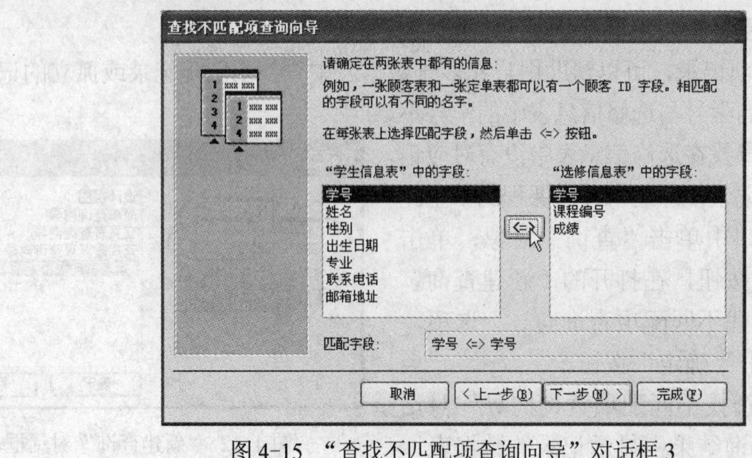

图 4-15 “查找不匹配项查询向导”对话框 3

5）在图 4-16 所示页面中，指定查询结果中需要显示的字段。单击“下一步”按钮。

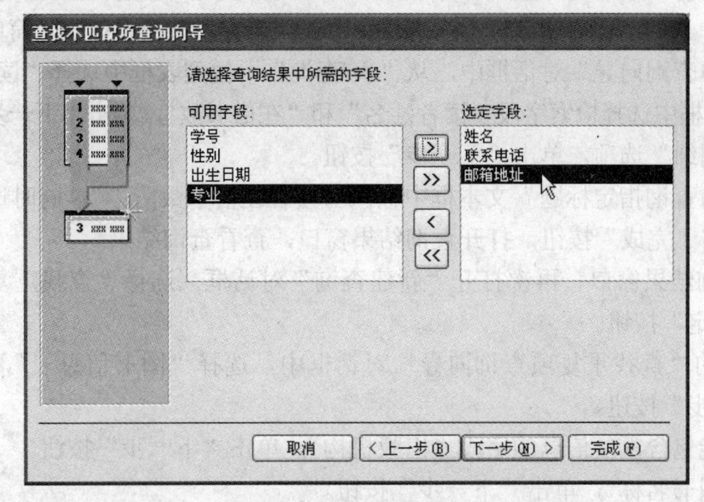

图 4-16 “查找不匹配项查询向导”对话框 4

6）在图 4-17 所示页面中，指定查询名称，同时选择“查看结果”选项。

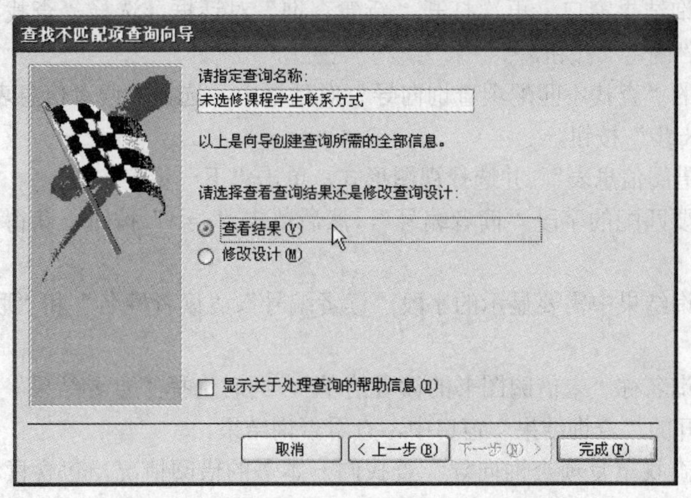

图 4-17 “查找不匹配项查询向导”对话框 5

7）单击“完成”按钮，在打开的“查询结果”窗口中，可看到还没有选修课程的学生联系信息，如图 4-18 所示。

图 4-18 “查询结果”窗口

4.1.3 任务实现

1）打开“图书借阅”数据库。

2）在数据库窗口中单击“查询”对象，单击工具栏中的“新建”按钮，在打开的“新建查询”对话框中，选择“简单查询向导”选项，单击“确定”按钮，打开“简单查询向导”。

3）在“简单查询向导”对话框中，从“表/查询”下拉列表框中选择“读者信息表”，从“可用字段”列表框中选择检索字段“读者姓名”和“在借书数”，单击“下一步”按钮。

4）选择“明细”选项，单击“下一步”按钮。

5）在“请为查询指定标题”文本框中输入“读者在借书数清单”，同时选择“打开查询查看信息”。单击“完成”按钮，打开查询结果窗口，查看查询结果。

6）关闭查询结果窗口。再次打开“新建查询”对话框，选择“查找重复项查询向导”选项，单击“确定”按钮。

7）在打开的“查找重复项查询向导”对话框中，选择“图书信息表”，并选择视图形式，单击“下一步”按钮。

8）选择可能包含重复信息的字段“出版机构”，单击“下一步”按钮。

9）选择“图书名称”，单击“下一步”按钮。

10）指定查询名称“按出版机构图书列表”，同时选择“查看结果”选项。单击“完成”按钮，在打开的“查询结果”窗口中，查看查询结果。

11）关闭查询结果窗口。再次打开“新建查询”对话框，选择“查找不匹配项查询向导”选项，单击“确定”按钮。

12）在打开的“查找不匹配项查询向导”对话框中，选择“读者信息表”，并选择视图形式，单击“下一步”按钮。

13）选择“借阅信息表”，并选择视图形式，单击“下一步”按钮。

14）选择需要匹配的字段“读者编号”，然后单击“<=>”按钮，获得匹配字段，单击“下一步”按钮。

15）指定查询结果中需要显示的字段“读者编号”、“读者姓名”和“联系电话”，单击“下一步”按钮。

16）指定查询名称“未借阅图书的读者清单”，同时选择“查看结果”选项，单击“完成”按钮，在打开的“查询结果”窗口中，查看查询结果。

17）利用“查找重复项查询向导”查找同一本书的借阅情况，包含读者编号、图书编号、借书日期和归还日期，查询对象保存为“同一本书的借阅情况”。

18）保存数据库文件。

任务 4.2　创建交叉表查询

4.2.1　任务目标

- 理解交叉表查询的基本概念；
- 掌握使用向导创建交叉表查询的基本方法。

4.2.2　相关知识与技能

1．交叉表查询

交叉表查询指将来源于表中的字段进行分组，一组列在数据表的左侧，一组列在数据表的上部，然后在数据表的行与列的交叉处显示表中某个字段的各种计算值。

交叉表查询常用于汇总特定表中的数据。交叉分析表实际上就是一个矩阵表，在水平和垂直方向列出所需查询的数据标题，在行与列的交汇处显示数据值，并进一步对这些数据给出各种总计值。

2. 交叉表查询的三要素

创建一个交叉表查询，需要行标题、列标题和值 3 个要素。

- 行标题：可以设定多个行标题（最多 3 个字段）。
- 列标题：仅可设定一个列标题（使用 1 个字段）。
- 值：仅可设定一项（使用一个字段，用于统计或计算）。

例如："教学"库中的表"成绩"保存着每个学生的成绩，现在对表中所有学生的成绩进行汇总，计算出总分，创建"学生成绩汇总分析"表，样式如表 4-2 所示。

表 4-2　学生成绩汇总分析

学　号	姓　名	总　分	数据库应用	高 等 数 学	大 学 英 语
000101	王伟	225	90	48	87
000102	张兰	215	85	74	56

3. 使用向导创建交叉表查询

1）打开数据库，在数据库窗口中单击"查询"对象，单击工具栏中的"新建"按钮。

2）在"新建"对话框中，选择"交叉表查询向导"，单击"确定"按钮。

3）在打开的"交叉表查询向导"对话框中，选择包含输出数据的数据表，并选择视图形式，如图 4-19 所示，单击"下一步"按钮。

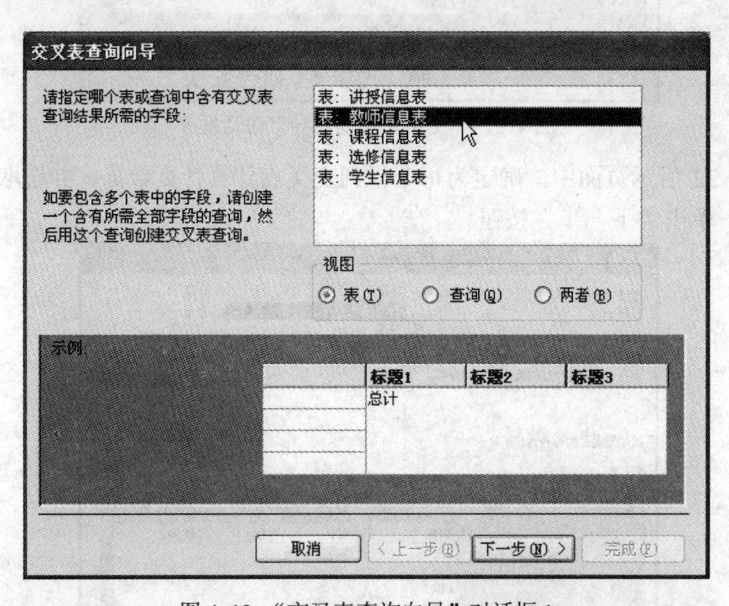

图 4-19 "交叉表查询向导"对话框 1

4）在图 4-20 所示页面中，选择行标题所用字段，单击"下一步"按钮。

5）在图 4-21 所示页面中，确定交叉表的列标题，单击"下一步"按钮。

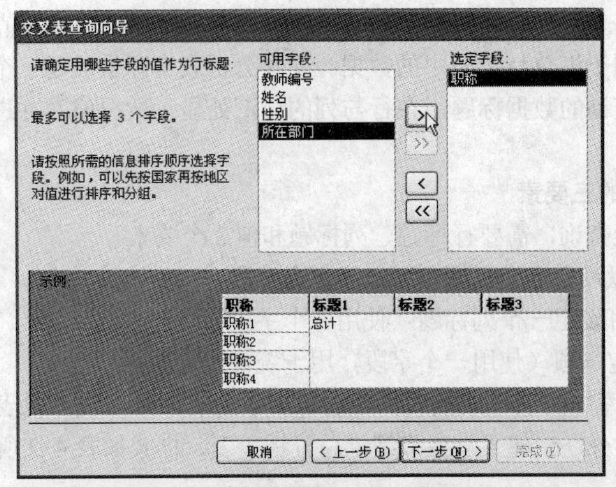

图 4-20 “交叉表查询向导”对话框 2

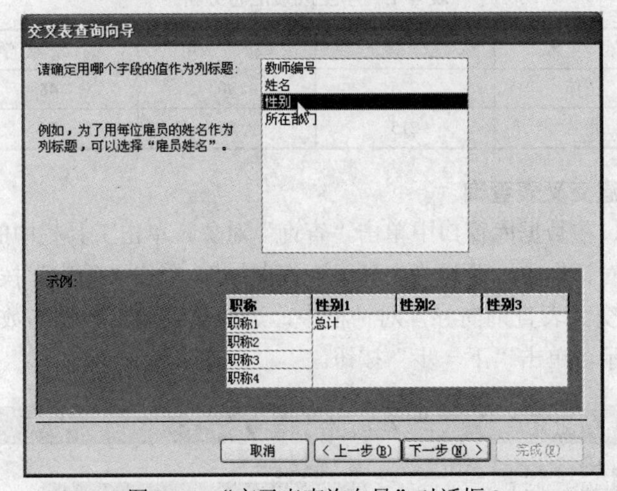

图 4-21 “交叉表查询向导”对话框 3

6）在图 4-22 所示页面中，确定为每个行列交叉点计算什么数据，并选取“是，包括各行小计”选项，单击“下一步”按钮。

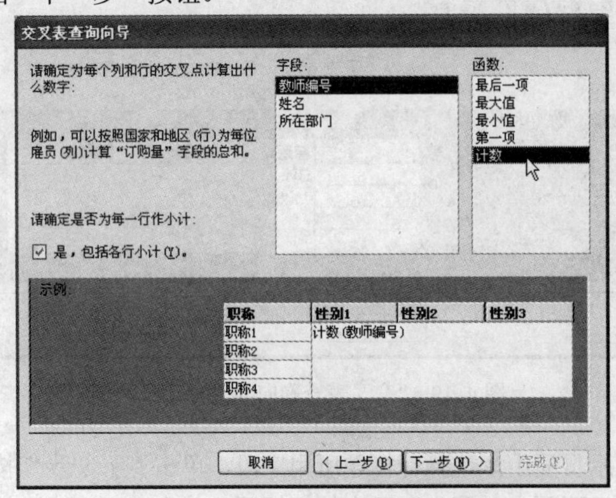

图 4-22 “交叉表查询向导”对话框 4

7）在图 4-23 所示页面中指定查询名称，同时选择“查看结果”选项。

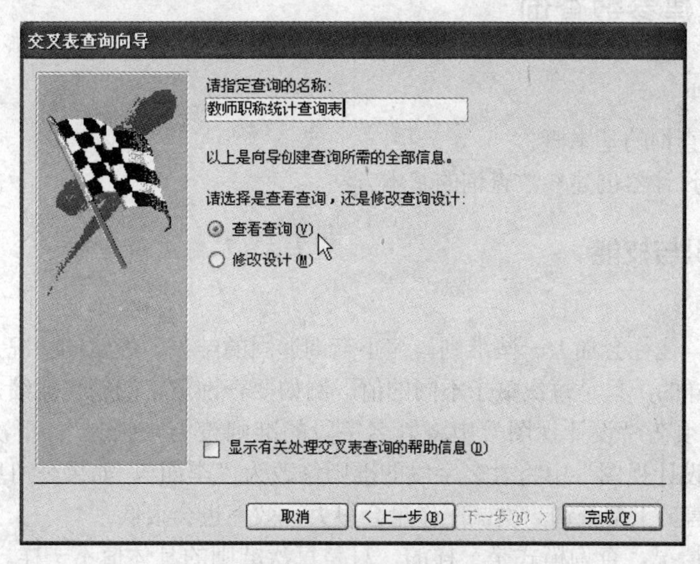

图 4-23 “交叉表查询向导”对话框 5

8）单击“完成”按钮，在打开的“查询结果”窗口中，可看到统计结果，如图 4-24 所示。

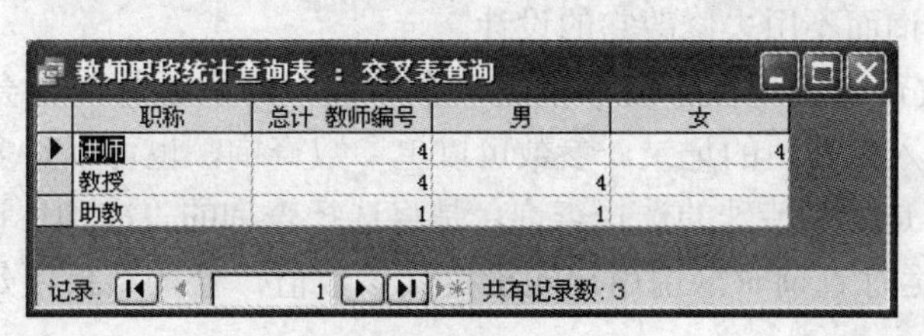

职称	总计 教师编号	男	女
讲师	4		4
教授	4	4	
助教	1	1	

图 4-24 “查询结果”窗口

4.2.3 任务实现

1）打开“图书借阅”数据库。

2）在数据库窗口中单击“查询”对象，单击工具栏中的“新建”按钮，在打开的“新建查询”对话框中，选择“交叉表查询向导”选项，单击“确定”按钮，打开“交叉表查询向导”。

3）在“交叉表查询向导”对话框中，选择包含输出数据的数据表“图书信息表”，并选择视图形式，单击“下一步”按钮。

4）选择行标题所用字段“出版机构”，单击“下一步”按钮。

5）选择列标题所用字段“图书类别”，单击“下一步”按钮。

6）选择用于计算的列“图书编号”，选择用于计算的函数“计数”，并选取“是，包括各行小计”选项，单击“下一步”按钮。

7）指定查询名称“图书按出版机构统计查询表”，同时选择“查看结果”选项，单击“完成”按钮，在打开的“查询结果”窗口中，查看统计结果。

8）保存数据库文件。

任务 4.3　创建参数查询

4.3.1　任务目标

- 理解参数查询的基本概念；
- 掌握查询设计器创建参数查询的基本方法。

4.3.2　相关知识与技能

1．参数查询

创建查询时，往往会加上一些准则，缩小查询返回的结果。经常的情况是，我们用来做准则的字段是一样的，只是每次赋予不同的值。例如要查询员工的销售业绩，这次要查“张三”的，我们必须在“设计视图”中将姓名字段的准则设为“张三”；下次要查“李四”时，又需要在“设计视图”中将姓名字段的准则修改为“李四”。如果公司里有多名销售员工的话，每个销售员工都查询一次，工作量会很大，效率也会很低。

像上面这种情况，查询模式是一样的，只是每次准则的具体值不一样。Access 提供的参数查询功能可以帮助我们节省时间，不用一次次进入“设计视图”去修改准则的值。当运行参数查询时，Access 会弹出一个标题为“输入参数值”的对话框，输入要查询的值，就可以反复运行这个查询而不用去修改它的设计。

总结说来，参数查询就是在字段中指定一个参数，每次运行时都会提示用户输入参数值，并检索符合所输入参数值的记录。参数可以单参数查询，也可以是多参数查询。

可见，参数查询是一种特殊的选择查询，是将选择查询的“准则”设置成一个带有参数的“通用准则”，当运行查询时，由用户随机定义参数值，查询结果便是根据参数而组成的记录集。

2．使用查询设计器创建参数查询

查询设计器是创建与修改查询的有用工具，使用查询设计器创建参数查询的基本步骤如下：

1）打开数据库，在数据库窗口中选择“查询”对象，单击工具栏中的“新建”按钮。

2）在“新建查询”对话框中，选择“设计视图”，如图 4-25 所示。

3）单击“确定”按钮，打开查询设计器，“显示表”对话框也同时打开，如图 4-26 所示。

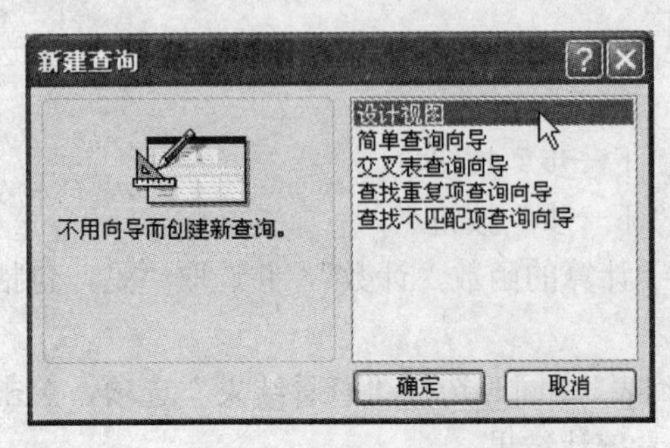

图 4-25 “新建查询”对话框

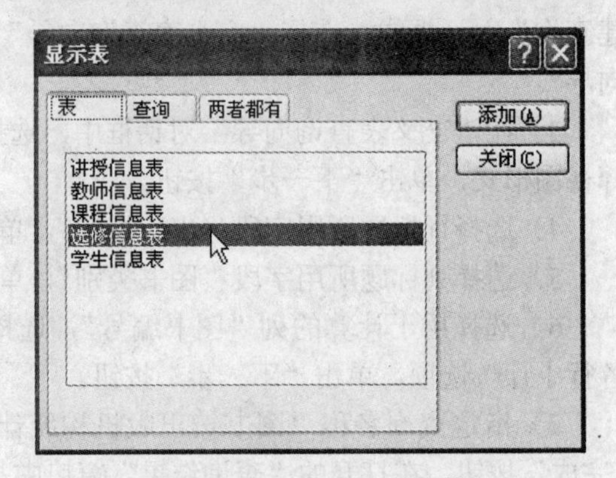

图 4-26 “显示表”对话框

4）在“显示表”对话框中，选中“表”选项卡，选择查询中需要使用的数据表，单击“添加”按钮，然后单击“关闭”按钮。将数据表添加到查询设计器中，如图 4-27 所示。

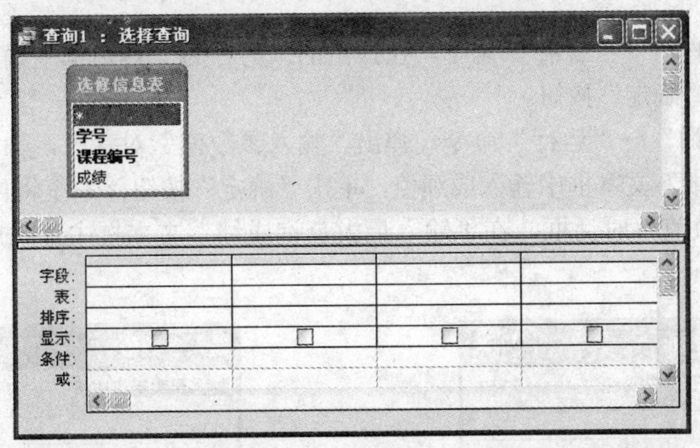

图 4-27　查询设计器

5）将查询结果集中需要显示的字段添加到设计器窗口的“字段”列表中，如图 4-28 所示。

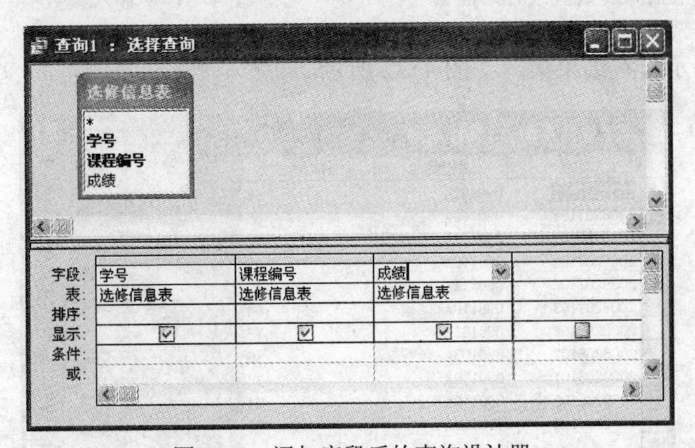

图 4-28　添加字段后的查询设计器

6）在需要添加条件的列的条件行中输入条件（如“Between [输入最小查询成绩] And [输入最大查询成绩]”），设置后的参数查询准则窗口如图 4-29 所示。

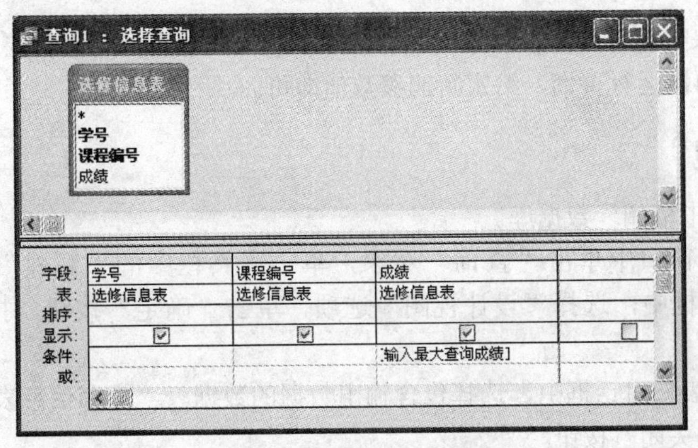

图 4-29　添加条件后的查询设计器

注意

参数描述语句用方括号括起来，如[输入最小查询成绩]。

7）选择“文件”→“保存”命令，在弹出的“另存为”对话框中输入查询名称“学生成绩查询”，单击“确定”按钮。

8）选择“查询”→“运行”命令，弹出“输入参数值”对话框，如图 4-30 所示，在“输入最小查询成绩”文本框中输入成绩值，单击“确定”按钮，系统将再次显示如图 4-31 所示的“输入参数值”对话框，在“输入最大查询成绩”文本框中输入成绩值，单击“确定”按钮。

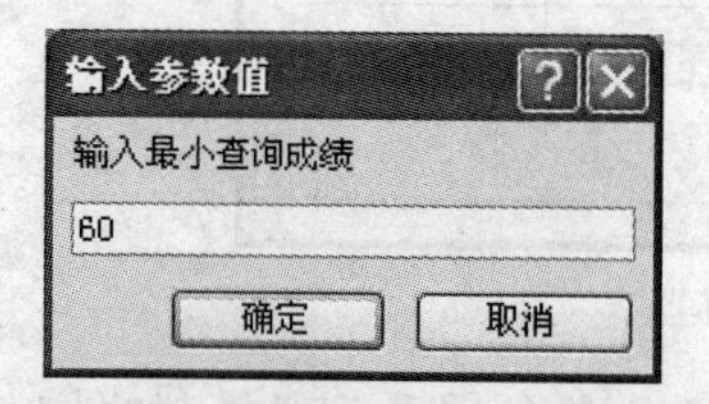

图 4-30 “输入参数值”对话框 1

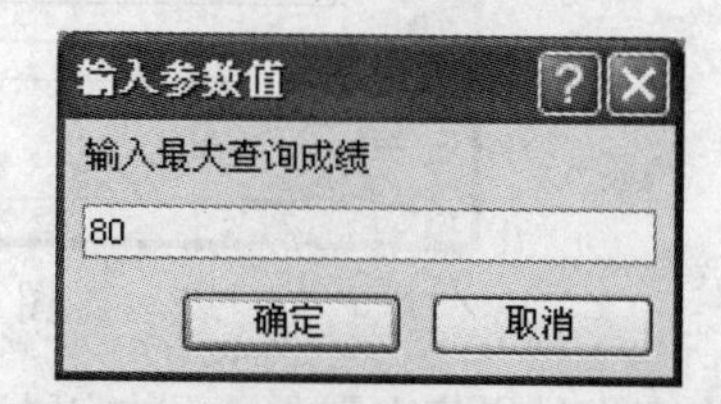

图 4-31 “输入参数值”对话框 2

9）系统将显示查询结果集，如图 4-32 所示。

学生成绩查询 ： 选择查询

学号	课程编号	成绩
2008207101	090102A	68
2008207102	090102A	65
2009207101	090110A	76
2009207102	090110A	69
2009207102	090112A	79
2009207103	090110A	64
2008206102	090101A	76
2008206102	090103A	69
2009206101	090110A	76
2009206102	090110A	74
2009206102	090112A	69

记录: 1 共有记录数: 11

图 4-32 查询结果集

从显示的结果集可以看出，只显示了给定成绩范围的记录，如果需要显示其他成绩段之间的记录，只需再次运行查询，给定新的参数值即可。

4.3.3 任务实现

1）打开“图书借阅”数据库。

2）在数据库窗口中单击“查询”对象，单击工具栏中的“新建”按钮，在打开的“新建查询”对话框中，选择“设计视图”选项，单击“确定”按钮，打开“显示表”对话框。

3）在“显示表”对话框中，选择包含输出数据的数据表“图书信息表”，单击“添加”按钮，然后单击“关闭”按钮。

4）在打开的查询设计器中，将字段“图书名称”、“出版机构”和“图书价格”添加到查询设计器窗口的“字段”列表中。

5）在“出版机构”列的条件行中输入条件“[输入出版机构]”。

6）选择“文件”→“保存”命令，在弹出的“另存为”对话框中输入查询名称“出版机构查询”，单击“确定”按钮。

7）选择“查询”→“运行”命令，在“输入出版机构”文本框中输入“高等教育”，单击“确定”按钮，查看验证查询结果。

8）创建查询，显示书价大于 30 元的图书信息。

9）保存数据库文件。

任务 4.4　创建操作查询

4.4.1　任务目标

- 理解操作查询的基本概念；
- 掌握使用查询设计器创建追加、更新和删除查询的基本方法；
- 掌握使用查询设计器创建生成表查询的基本方法。

4.4.2　相关知识与技能

1．操作查询

操作查询包括生成表查询，删除查询，追加查询和更新查询 4 种。它的特点是在一个查询操作中就可对许多记录进行更改和移动，即用户在显示数据和计算数据的同时更新数据，而且还可以生成新的数据表。

2．追加查询

可以将一个或多个表中的一组记录添加到一个或多个表的末尾。例如，假设用户获得了一些新的客户以及包含这些客户信息的数据表。若要避免在自己的数据库中逐条键入所有这些信息，最好将其追加到“客户”表中。追加查询的基本步骤如下：

1）打开数据库，在数据库窗口中选择“表”对象，单击需要复制的数据表（如教师信息表）。

2）选择“编辑”→“复制”菜单命令，然后选择“编辑”→“粘贴”菜单命令，在弹出的“粘贴表方式”对话框中输入表名（如“教师（讲师）信息表”），粘贴选项选择“只粘贴结构”，如图 4-33 所示。

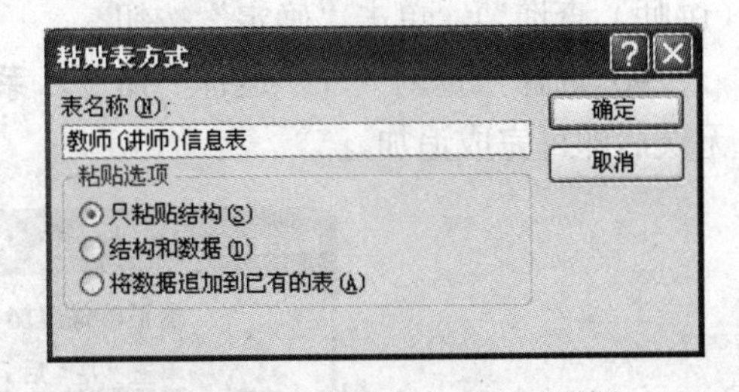

图 4-33　“粘贴表方式”对话框

3）单击“确定”按钮，完成表的结构复制。

4）在数据库窗口中，选择“查询”对象，在右侧窗口中双击“在设计视图中创建查询”选项，如图 4-34 所示。打开查询设计器。

5）在“显示表”对话框中，选择需要的数据表（如“教师信息表”），依次单击“添加”、“关闭”按钮。

6）选择“查询”→“追加查询”菜单命令，在弹出的“追加”对话框中选择需要追加到的数据表（如“教师（讲师）信息表”），如图 4-35 所示，单击“确定”按钮。

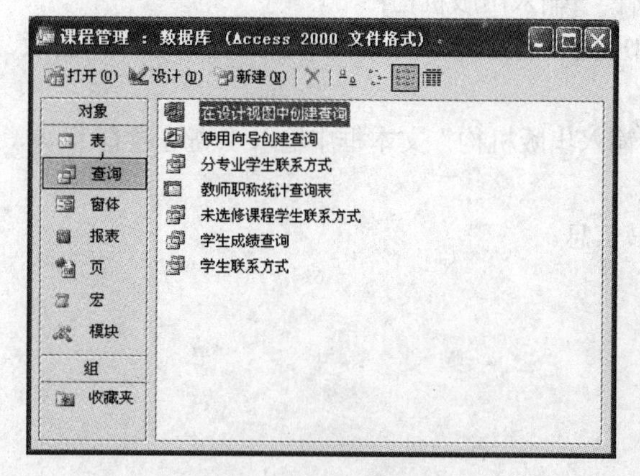

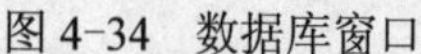
图 4-34　数据库窗口

图 4-35　“追加”对话框

7）在查询设计器中，设置查询准则，如图 4-36 所示。

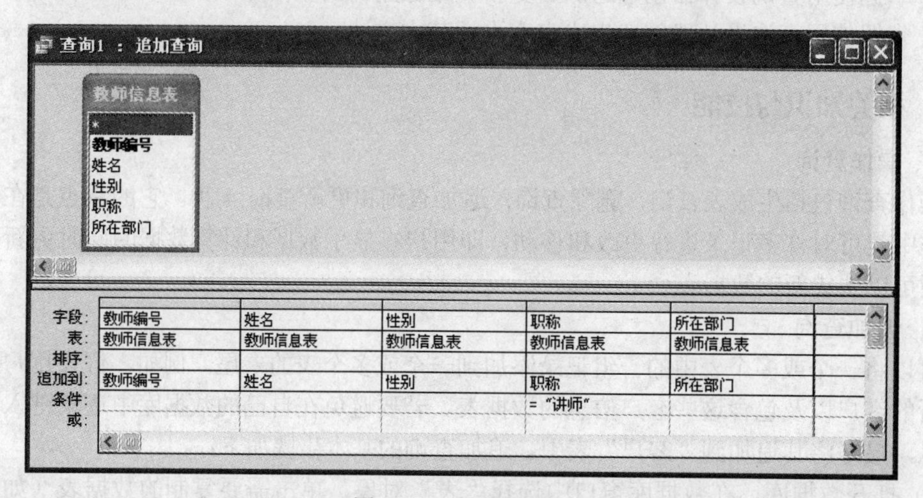

图 4-36　查询设计器

8）选择“文件”→“保存”命令，在“另存为”对话框中输入查询名称（如“教师（讲师）查询”），单击“确定”按钮。

9）选择“查询”→“运行”命令，系统将给出如图 4-37 所示的提示信息对话框，确认无误后即可完成追加。

图 4-37　提示信息对话框

3. 更新查询

更新查询可以对一个或多个表中的一组记录做全局的更改，常用于对符合一定条件的记录做规律一致的修改。例如，可以将某一工作类别的人员的工资提高 5 个百分点等。更新查询的基本步骤如下：

1）在数据库窗口中，选择“查询”对象，在右侧窗口中双击“在设计视图中创建查询”选项，打开查询设计器。

2）在“显示表”对话框中，选择需要更新数据的数据表（如“选修信息表”），依次单击“添加”、“关闭”按钮。

3）在查询设计器窗口中单击鼠标右键，在弹出菜单中选择“查询类型”→“更新查询”命令，如图 4-38 所示。

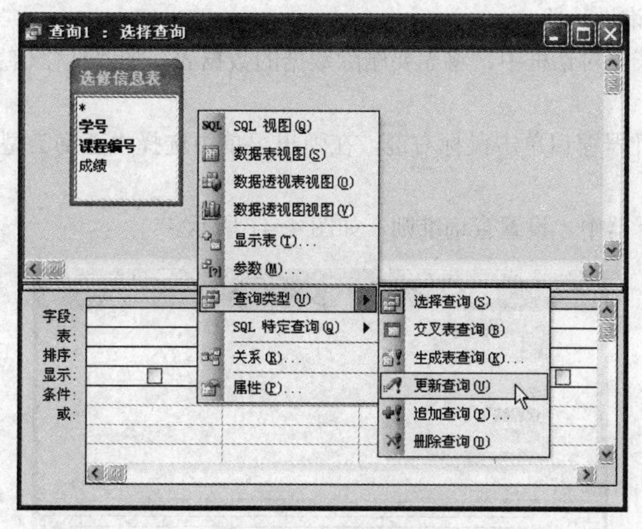

图 4-38　查询设计器

4）在查询设计器中，设置查询准则，如图 4-39 所示。

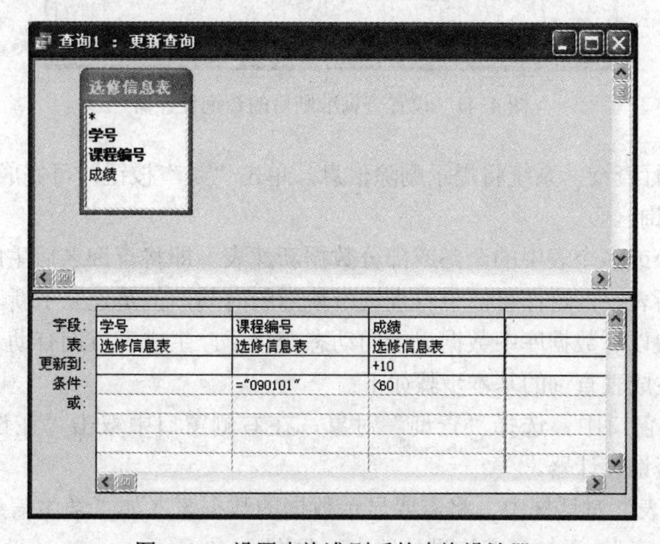

图 4-39　设置查询准则后的查询设计器

5）在查询设计器窗口中单击鼠标右键，在弹出菜单中选择“数据表视图”命令，预览需要修改的记录信息，如图 4-40 所示。

6）确认无误后，保存并运行查询，系统将提示更新信息，单击“是”按钮即可完成数据更新。

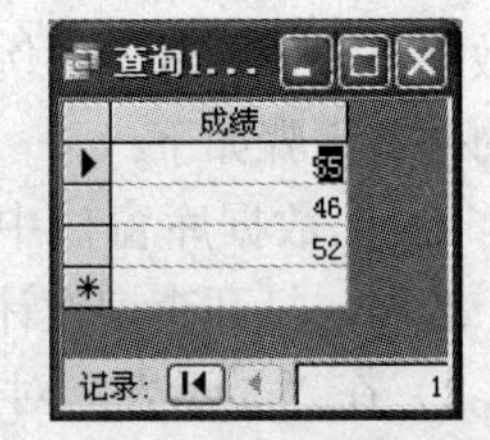

图 4-40 “数据表视图”窗口

4. 删除查询

可以从一个或多个表中删除符合设定条件的一组记录。例如，可以使用删除查询来删除所有毕业学生的记录。使用删除查询，通常会删除整个记录，而不只是记录中所选择的字段。删除查询的基本步骤如下：

1）在数据库窗口中，选择“查询”对象，在右侧窗口中双击“在设计视图中创建查询”选项，打开查询设计器。

2）在“显示表”对话框中，将需要删除数据的数据表（如“选修信息表”）添加到查询设计器中。

3）在查询设计器窗口单击鼠标右键，在弹出菜单中选择“查询类型”→“删除查询”命令。

4）在查询设计器中，设置查询准则，如图 4-41 所示。

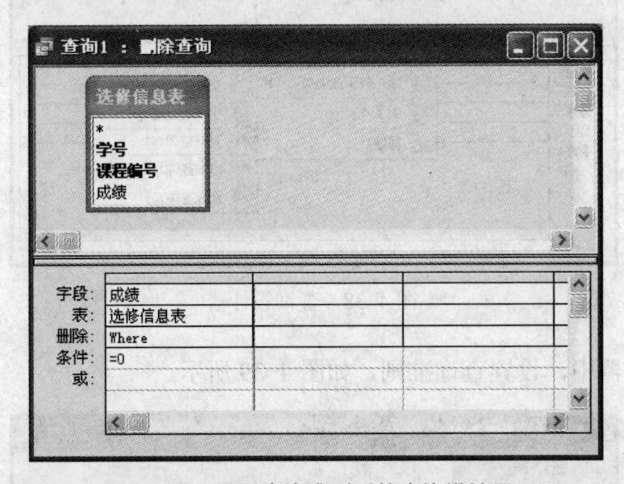

图 4-41 设置查询准则后的查询设计器

5）保存并运行查询，系统将提示删除信息，单击“是”按钮即可完成数据删除操作。

5. 生成表查询

可以根据一个或多个表中的全部或部分数据新建表。即将查询之后生成的动态集结果固定地保存到一个新表中，这样可以节省查询所使用的时间，但是建立了新表之后，所生成的新表就不能再反映以后数据库中数据记录的动态变化了。生成表查询有助于创建表以导出到其他数据库中。生成表查询的基本步骤如下：

1）在数据库窗口中，选择“查询”对象，在右侧窗口中双击“在设计视图中创建查询”选项，打开查询设计器。

2）在“显示表”对话框中，将需要显示数据的数据表（如“学生信息表”、“课程信息表”和“选修信息表”）添加到查询设计器中，如图 4-42 所示。

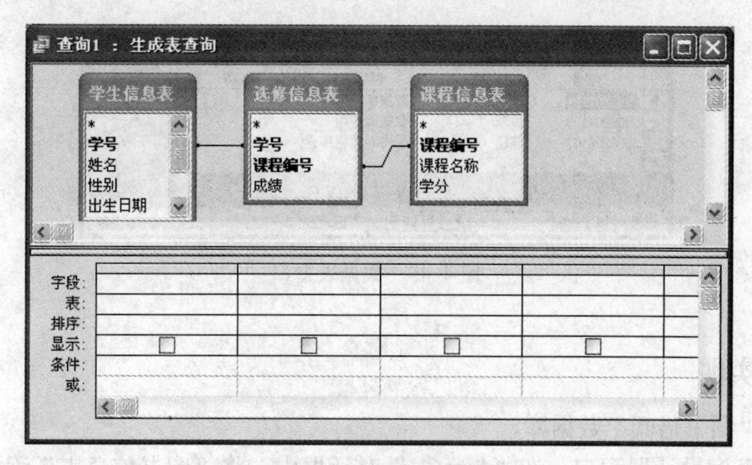

图 4-42　查询设计器

3）在查询设计器窗口中单击鼠标右键，在弹出菜单中选择“查询类型”→“生成表查询”命令，在弹出的“生成表”对话框中输入数据表名称（如“优秀学生表”），如图 4-43 所示，单击“确定”按钮。

图 4-43　“生成表”对话框

4）在查询设计器中，设置查询准则，如图 4-44 所示。

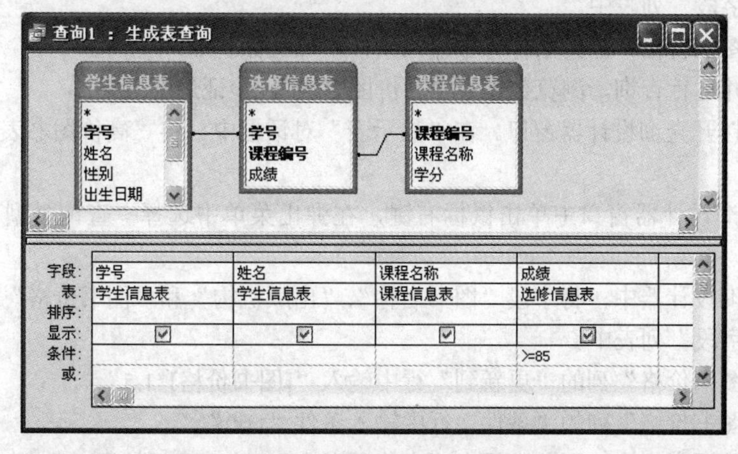

图 4-44　设置查询准则后的查询设计器

5）保存并运行查询，系统将提示生成表信息，单击“是”按钮即可完成生成表查询操作。浏览生成的数据表，如图 4-45 所示。

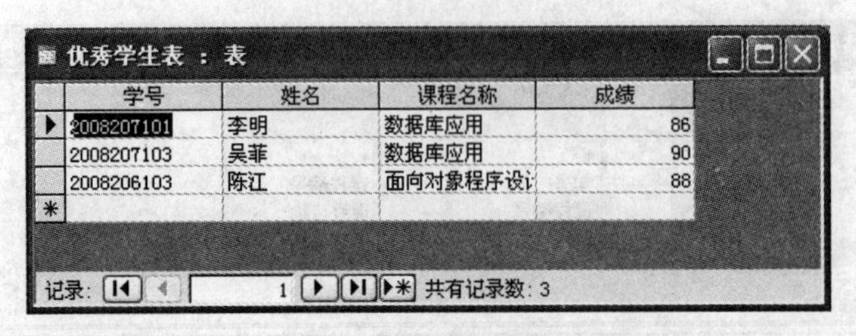

学号	姓名	课程名称	成绩
2008207101	李明	数据库应用	86
2008207103	吴菲	数据库应用	90
2008206103	陈江	面向对象程序设计	88

图 4-45　数据表窗口

4.4.3　任务实现

1）打开“图书借阅”数据库。

2）打开查询设计器窗口。在“显示表”对话框中，将“图书信息表”添加到查询设计器中。

3）在查询设计器窗口中单击鼠标右键，在弹出菜单中选择“查询类型”→“生成表查询”命令，在弹出的“生成表”对话框中输入数据表名称“高价图书表”，单击“确定”按钮。

4）在查询设计器中，将字段“图书名称”、“出版机构”和“图书价格”添加到查询设计器窗口的“字段”列表中。

5）在“图书价格”列的条件行中输入条件“>60”。

6）保存并运行查询，浏览生成的数据表。

7）再次打开查询设计器窗口。在“显示表”对话框中，将“图书信息表”添加到查询设计器中。

8）在查询设计器窗口中单击鼠标右键，在弹出菜单中选择“查询类型”→“追加查询”命令，在弹出的“追加”对话框中选择需要追加到的数据表“高价图书表”，单击“确定”按钮。

9）在查询设计器中，将字段“图书名称”、“出版机构”和“图书价格”添加到查询设计器窗口的“字段”列表中。

10）在“图书价格”列的条件行中输入条件“>50 And <60”。

11）保存并运行查询，浏览数据表“高价图书表”，验证追加效果。

12）再次打开查询设计器窗口。在“显示表”对话框中，将“高价图书表”添加到查询设计器中。

13）在查询设计器窗口中单击鼠标右键，在弹出菜单中选择“查询类型”→“更新查询”命令。

14）在查询设计器中，将字段“图书名称”、“出版机构”和“图书价格”添加到查询设计器窗口的“字段”列表中。

15）在“图书价格”列的“更新到”行中输入“[图书价格]*1.5”。

16）在“图书价格”列的“条件”行中输入条件“>60”。

17）保存并运行查询，浏览数据表“高价图书表”，验证更新效果。

18）再次打开查询设计器窗口。在“显示表”对话框中，将“高价图书表”添加到查询设计器中。

19）在查询设计器窗口中单击鼠标右键，在弹出菜单中选择“查询类型”→“删除查询”命令。

20）在查询设计器中，将字段“图书名称”、“出版机构”和“图书价格”添加到查询设计器窗口的“字段”列表中。

21）在“图书价格”列的删除行中选择“where”。

22）在“图书价格”列的条件行中输入条件“>60”。

23）保存并运行查询，浏览数据表“高价图书表”，验证删除效果。

24）保存数据库文件。

任务 4.5　SQL 查询

4.5.1　任务目标

- 理解 SQL 查询的基本概念；
- 掌握 SELECT 语句使用方法；
- 掌握使用 SQL 视图创建 SQL 查询的基本方法。

4.5.2　相关知识与技能

1．SQL 查询

在 Access 中，创建和修改查询最方便的方法是使用查询“设计视图”。但是，在创建查询时并不是所有的查询都可以在系统提供的查询设计视图中完成，有的查询只能通过 SQL 语句来实现。

SQL 查询是使用 SQL 查询语言创建的一种查询，SQL 查询语言，是一种通用的数据库操作语言，功能非常强大，可以使用 SQL 来查询、更新和管理任何数据库系统。用户在设计视图中创建查询时，Access 将在后台构造等效的 SQL 语句。

2．SELECT 语句

SQL 查询是主要利用 SELECT 语句来书写查询，也就是在查询的 SQL 视图下来完成查询。SQL 命令的所有子句既可以写在同一行上，也可以分行书写，大小写字母的含义相同，命令用分号“;”结束（也可以不写）。

语句的基本格式为：

```
SELECT [DISTINCT | TOP n [PERCENT]]   <查询项列表>
FROM <数据源>
[WHERE  条件]
[GROUP BY   分组依据]
[HAVING  条件]
[ORDER BY 排序项]
```

（1）SELECT 子句

- SELECT 子句中的 DISTINCT 和 TOP，用于限定查询返回的记录数量。如果没有指定将默认为返回全部记录。DISTINCT 返回所选字段组合完全不同的记录，如果相同返回一个。TOP n 返回特定数目的记录，具体数据由其后的数字所定。
- SELECT 子句中的查询项列表，是查询结果显示的标题，单表查询时可以直接用原表的字段名，也可以使用“*”代表表中所有字段。如果多表查询就需使用“表名.字段名”的格式。

（2）FROM 子句

FROM 子句中单表查询或多表查询时已用 WHERE 子句实现了表间的关系，只需直接在 FROM 后面给出表名列表，且表名与表名之间用逗号分隔。

（3）WHERE 子句

WHERE 子句用于给出查询条件，只有与这些条件相匹配的记录才能出现在查询结果中。如果 SELECT 语句没有 WHERE 子句，系统假设目标表中的所有行都满足搜索条件。

（4）GROUP BY 子句

使用 GROUP BY 子句进行分组时，显示的字段只能是参与分组的字段以及基于分组字段的合计函数计算结果。

（5）HAVING 子句

HAVING 子句用于指定组或聚合的搜索条件。HAVING 通常与 GROUP BY 子句一起使用。

（6）ORDER BY 子句

ORDER BY 子句用于指定结果集的排序。ASC 关键字表示升序排列结果，DESC 关键字表示降序排列结果。如果没有指定任何一个关键字，那么 ASC 就是默认的关键字。如果没有 ORDER BY 子句，系统将根据输入表中的数据的存放位置来显示数据。

3. 创建 SQL 查询

创建 SQL 查询是 SQL 视图下按前面所讲 SQL 查询语句来完成的。操作步骤如下：

1）在数据库窗口中，选择“查询”对象，在右侧窗口中双击“在设计视图中创建查询”选项，打开查询设计器。

2）直接关闭“显示表”对话框。选择“视图”→“SQL 视图”菜单命令，从设计视图切换到 SQL 视图。如图 4-46 所示。

3）在 SQL 视图窗口中，输入 SELECT 查询语句，如“SELECT 学生信息表.姓名, 选修信息表.课程编号, 选修信息表.成绩　FROM 学生信息表, 选修信息表　WHERE 学生信息表.学号=选修信息表.学号”，如图 4-47 所示。

图 4-46　SQL 视图窗口

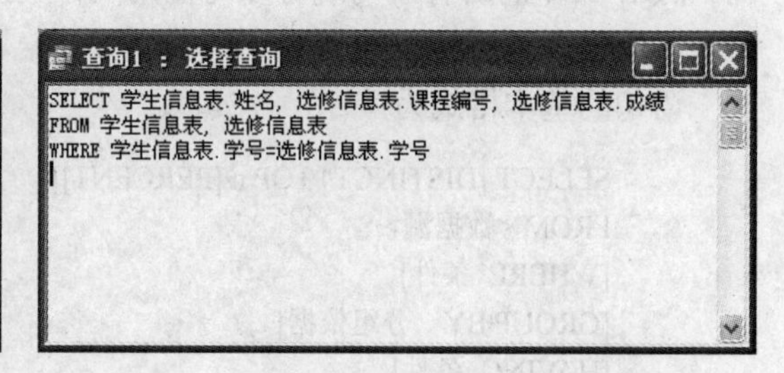

图 4-47　输入查询语句后的 SQL 视图窗口

4）选择“文件”→“保存”命令，在弹出的“另存为”对话框中输入查询名称，如“学生成绩信息查询”，保存类型选择“查询”，如图 4-48 所示。

5）单击“确定”按钮。关闭查询窗口，完成 SQL 创建查询。

单击“查询设计”工具栏中的“运行”图标按钮，运行查询。可以从“学生信息表”和“选修信息表”中查询学生的姓名、课程编号和成绩。

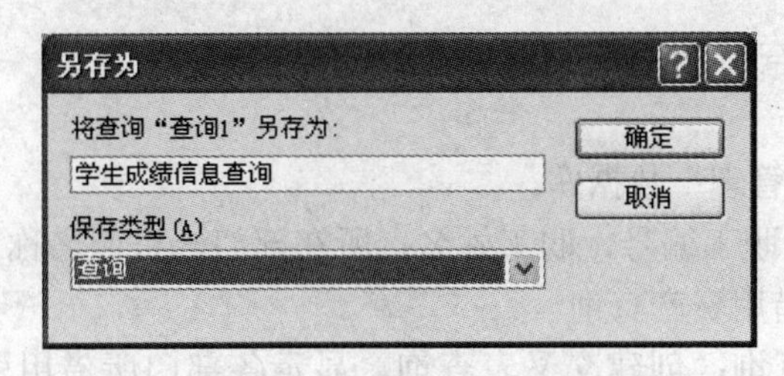

图 4-48 “另存为”对话框

【例 4-1】 从“课程管理”数据库的“选修信息表”中查询各学生的平均成绩。

```
SELECT 学号,AVG(成绩) as 平均成绩 FROM 选修信息表
GROUP BY 学号
```

【例 4-2】 从“课程管理”数据库的“选修信息表”中查询平均成绩不及格的学生的平均成绩。

```
SELECT 学号,AVG(成绩) as 平均成绩 FROM 选修信息表
GROUP BY 学号
HAVING  AVG(成绩) < 60
```

【例 4-3】 从“课程管理”数据库的“学生信息表”中查询学生学号、姓名并按姓名降序返回结果。

```
SELECT DISTINCT 学号,姓名 FROM 学生信息表
ORDER BY 姓名 DESC
```

4.5.3 任务实现

1）打开“图书借阅”数据库。

2）打开查询设计器窗口，关闭“显示表”对话框，从设计视图切换到 SQL 视图。

3）在 SQL 视图窗口中，输入如下 SELECT 查询语句：

```
SELECT 借阅信息表.读者编号, 借阅信息表.图书编号, 借阅信息表.借书日期
FROM 借阅信息表
WHERE 借阅信息表.借书日期>#3/20/2010#;
```

4）保存并运行查询，浏览验证查询结果。

5）修改 SELECT 查询语句，在“读者信息表”中查询读者姓名、联系电话并按姓名降序返回结果。

6）保存并运行查询，浏览验证查询结果。

7）修改 SELECT 查询语句，在“图书信息表”中查询每家出版机构的图书平均价格。

8）保存并运行查询，浏览验证查询结果。

9）保存数据库文件。

技能提高训练

1. 训练目的

- 进一步掌握使用查询向导创建查询的基本方法；

● 进一步掌握使用查询设计器创建查询的基本方法。

2．训练内容

1）打开“固定资产管理”数据库。

2）设计查询，显示职工编号，职工姓名，所在部门，资产名称，规格型号，资产配置字段，并命名为“职工借用资产查询”。

3）利用上步所建查询，创建交叉表查询，显示各部门所借用资产总数，包括各行小记。并命名为“各部门所借用资产统计查询”。

4）设计参数查询，显示某一时间段内借出资产的相关信息，包括职工姓名、资产名称、借出时间和归还时间。并命名为“所借用资产相关信息查询”。

5）使用生成表查询生成一张空表，包括职工姓名、资产名称、规格型号、资产配置字段，并命名为“各部门所借用资产信息表”。

6）使用追加查询，将某一部门（如财务部门）职工借用资产相关信息追加到“各部门所借用资产信息表”中。并将该表重命名为“××部门（如财务部门）借用资产信息表”。

7）编写 SQL 查询语句，从“固定资产管理”数据库的“借用信息表”中查询借出资产而未归还的职工编号和资产编号。

8）编写 SQL 查询语句，从“固定资产管理”数据库的“资产信息表”中查询资产名称，规格型号和资产配置并按资产名称降序返回结果。

9）保存数据库文件。

习题

一、选择题

1．动作查询不包括（　　）。

A．参数查询　　B．删除查询

C．追加查询　　D．更新查询

2．在查询设计器中（　　）。

A．只能添加数据表　　B．只能添加查询

C．不能添加查询　　D．可以添加数据表，也可以添加查询

3．在 SQL 查询中 GROUP BY 语句用于（　　）。

A．选择行条件　　B．对查询进行排序

C．列表　　D．分组条件

4．假设某数据表中有一个工作时间字段，查找 1992 年参加工作的职工记录的条件是（　　）

A．Between　#92-01-01#　And　#92-12-31#

B．Between“92-01-01”And“92-12-31”

C．Between“92.01.01”And“92.12.31”

D．#92.01.01# And #92.12.31#

5．在 Access 查询中可以使用总计函数，（　　）就是可以使用的总计函数之一。

A．Avg　　B．And

C．Or　　　　　　　　　　　　　　　　　D．Like

二、填空题

1．查询用于在一个或多个表内查找某些特定的数据，完成数据的检索、_______和计算的功能，供用户查看。

2．交叉表查询的三要素是：______、______、_______。

3．打开数据表，可以使用______视图，也可以使用________视图，它们可相互转换。

4．一般情况下，使用向导可以创建__________________________________查询。

5．参数查询中，参数可以单参数查询，也可以是__________查询。

三、简答题

1．查询的作用是什么？

2．为什么说查询的数据是动态的数据集合？

3．查询有几种类型？

4．比较表和查询的异同之处。

第5章　设计窗体

窗体是一个数据库对象，窗体是建立在基表或查询的基础上的，主要功能是使用户能够方便地输入数据。窗体不仅用于查看、添加、编辑和删除数据，还提供了直观的用户界面用于创建系统管理窗体。窗体是用户和 Access 应用程序之间的主要接口，用户可以根据不同的目的设计不同的窗体，以完成不同的功能，如显示和编辑数据、控制应用程序流程、接收输入和显示信息等。在窗体中，只有少量的与基表或查询无关的信息才保存在窗体的设计中，如窗体的标题，而窗体的大部分内容都来自于它所基于的数据源（基表或查询）。

【学习目标】

✧ 掌握窗体的创建方法；
✧ 掌握窗体中控件的使用方法；
✧ 掌握定制用户界面窗体的基本方法。

任务5.1　创建窗体

5.1.1　任务目标

- 理解窗体的结构及功能；
- 掌握使用向导创建窗体的基本方法；
- 掌握使用设计器创建窗体的基本方法。

5.1.2　相关知识与技能

1. 窗体

窗体是 Access 数据库中的一个重要的对象，通过窗体用户可以方便地输入数据、编辑数据、显示统计信息和查询数据，是人机交互的主要窗口。通过窗体用户还可以将整个应用程序组织起来，控制程序的流程，形成一个完整的应用系统。

窗体主要用于创建管理数据和系统的界面。在数据管理窗体中可查看、添加、修改或删除数据，而系统管理窗体（也称切换面板）则可通过导航按钮来打开各个窗体或执行某种操作。

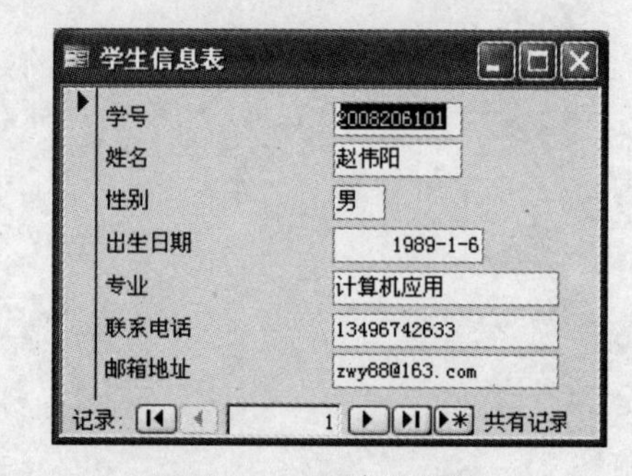

图5-1　纵栏式窗体

2. 窗体的类型

Access 提供了多种窗体类型，常见的包括纵栏式窗体、表格式窗体、数据表窗体、主/子表窗体和图表窗体等。

（1）纵栏式窗体

纵栏式窗体通常只显示一条记录，记录中的每个字段占一行，可通过导航条切换不同的记录，如图 5-1 所示。

（2）表格式窗体

表格式窗体以类似表格的形式显示多条记录。其将表中的所有字段全部显示在窗体上端，下端显示表中全部的记录，可以通过拖动垂直滚动条或水平滚动条来查阅所有记录的具体信息，如图 5-2 所示。

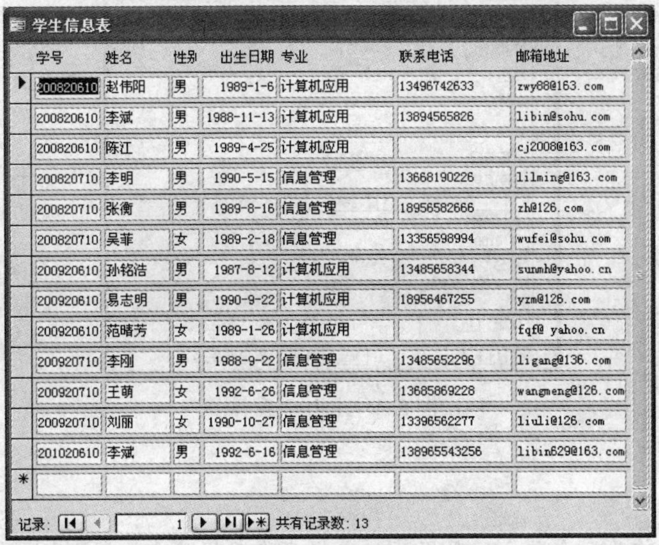

学生信息表

学号	姓名	性别	出生日期	专业	联系电话	邮箱地址
200820610	赵伟阳	男	1989-1-6	计算机应用	13496742633	zwy88@163.com
200820610	李斌	男	1988-11-13	计算机应用	13894565826	libin@sohu.com
200820610	陈江	男	1989-4-25	计算机应用		cj2008@163.com
200820710	李明	男	1990-5-15	信息管理	13668190226	lilming@163.com
200820710	张衡	男	1989-8-16	信息管理	18956582666	zh@126.com
200820710	吴菲	女	1989-2-18	信息管理	13356598994	wufei@sohu.com
200920610	孙铭浩	男	1987-8-12	计算机应用	13485658344	sunmh@yahoo.cn
200920610	易志明	男	1990-9-22	计算机应用	18956467255	yzm@126.com
200920610	范晴芳	女	1989-1-26	计算机应用		fqf@ yahoo.cn
200920710	李刚	男	1988-9-22	信息管理	13485652296	ligang@136.com
200920710	王萌	女	1992-6-26	信息管理	13685869228	wangmeng@126.com
200920710	刘丽	女	1990-10-27	信息管理	13396562277	liuli@126.com
201020610	李斌	男	1992-6-16	信息管理	138965543256	libin629@163.com

记录：1 共有记录数：13

图 5-2　表格式窗体

在表格式窗体中，列标题用标签控件显示，可以分别定义格式。每个字段也分别用独立的控件显示，称为字段控件。字段控件在窗体中的位置、格式决定了字段在窗体中的显示位置和格式。记录可根据需要显示在多个行中。字段控件也可使用选项按钮、命令按钮或文本框等。

（3）数据表窗体

数据表窗体与数据表视图窗口是两个不同的概念。在打开表时，Access 自动以数据表视图的方式显示，但这并不是窗体对象，只是临时数据表的数据视图。数据表窗体指带有数据表视图的窗体，如图 5-3 所示。

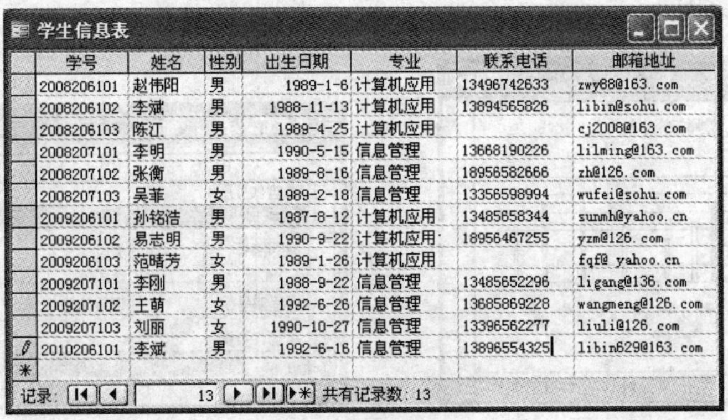

学生信息表

学号	姓名	性别	出生日期	专业	联系电话	邮箱地址
2008206101	赵伟阳	男	1989-1-6	计算机应用	13496742633	zwy88@163.com
2008206102	李斌	男	1988-11-13	计算机应用	13894565826	libin@sohu.com
2008206103	陈江	男	1989-4-25	计算机应用		cj2008@163.com
2008207101	李明	男	1990-5-15	信息管理	13668190226	lilming@163.com
2008207102	张衡	男	1989-8-16	信息管理	18956582666	zh@126.com
2008207103	吴菲	女	1989-2-18	信息管理	13356598994	wufei@sohu.com
2009206101	孙铭浩	男	1987-8-12	计算机应用	13485658344	sunmh@yahoo.cn
2009206102	易志明	男	1990-9-22	计算机应用	18956467255	yzm@126.com
2009206103	范晴芳	女	1989-1-26	计算机应用		fqf@ yahoo.cn
2009207101	李刚	男	1988-9-22	信息管理	13485652296	ligang@136.com
2009207102	王萌	女	1992-6-26	信息管理	13685869228	wangmeng@126.com
2009207103	刘丽	女	1990-10-27	信息管理	13396562277	liuli@126.com
2010206101	李斌	男	1992-6-16	信息管理	13896554325	libin629@163.com

记录：13 共有记录数：13

图 5-3　数据表窗体

数据表窗体对数据的显示控制最少，只能修改显示的字体、字号、列宽以及隐藏列等。数据表窗体一般用于创建子窗体。

（4）主/子表窗体

主窗体和子窗体中的数据通常是一对多的关系，通过特定字段关联，在子窗体中显示主窗体当前记录的相关数据。例如一个带有子窗体的窗体，主窗体中以纵栏格式显示一个教师信息记录，子窗体中则显示了该教师担任的课程信息，如图 5-4 所示。

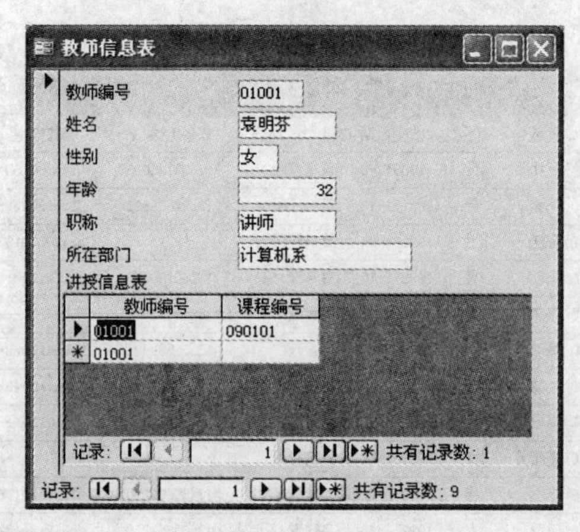

图 5-4　主/子表窗体

提示

子窗体本身也作为一个独立的数据库对象保存在数据库中。

（5）图表窗体

图表窗体是指在窗体中以图表的方式显示数据，通过图表可以形象直观地描述数据间的关系，如图 5-5 所示，Access 提供了 20 种不同类型的图表窗体。

3．窗体视图

窗体视图是窗体在具有不同功能和应用范围下呈现的外观表现形式，窗体主要有 3 种视图。

（1）设计视图

设计视图是创建窗体或修改窗体的窗口，任何类型的窗体均可以通过设计视图来完成创建和修改，如图 5-6 所示。

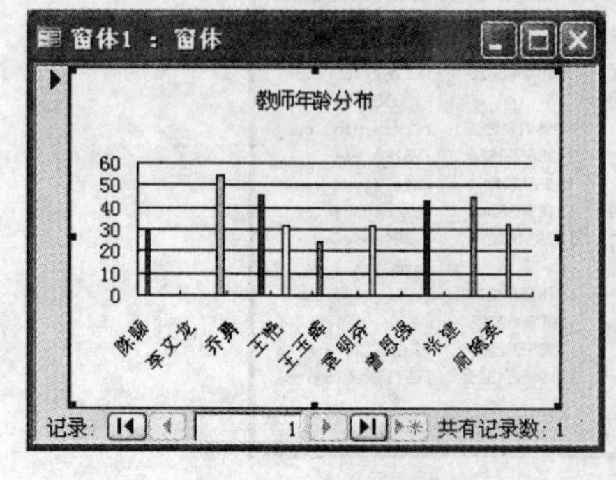

图 5-5　图表窗体

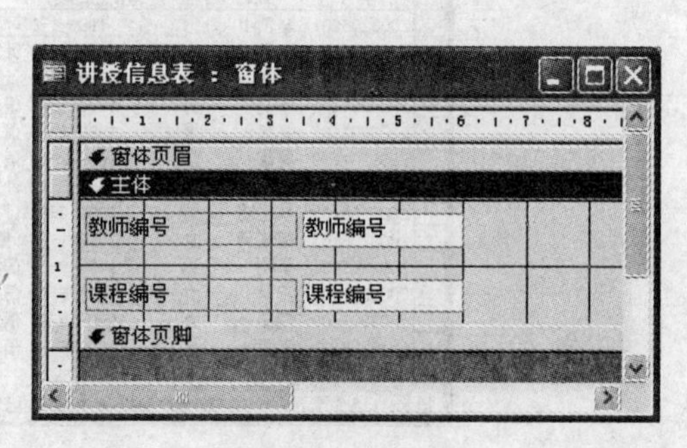

图 5-6　设计视图

（2）窗体视图

窗体视图就是窗体运行时的显示格式，用于查看在设计视图中所建立窗体的运行结果，同时可用于数据的显示和录入，如图 5-1 所示。

（3）数据表视图

数据表视图是以行和列的格式显示表、查询或窗体数据的窗口，如图 5-3 所示。

4．窗体的结构及各部分作用

Access 的窗体是由主体、窗体页眉/页脚和页面页眉/页脚 5 部分组成的。每一部分称为窗体的一“节”，所有窗体都必须具有主体节，其他节可根据情况设置其有无。窗体的结构如图 5-7 所示。

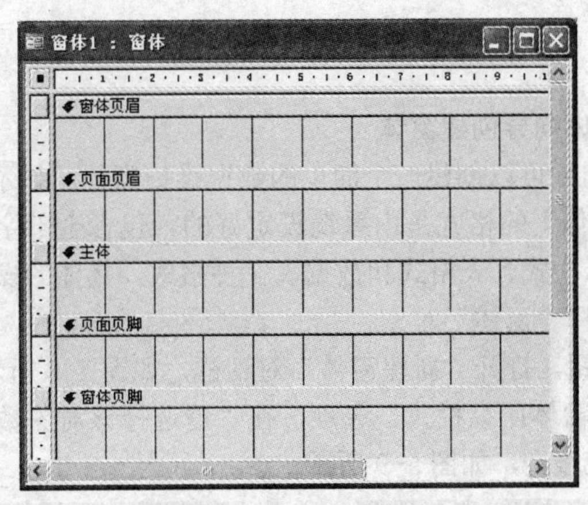

图 5-7　窗体的组成

提示

通常情况下，窗体只包含“主体”节，其中包含显示数据的控件。在窗体设计视图中，可通过“视图→窗体页眉/页脚”或“视图→页面页眉/页脚”命令为窗体添加其他可选节。

窗体各部分作用分别如下。

- 主体节：窗体的主要部分，绝大多数的控件及信息都在主体节中，通常用来显示记录数据，是数据库系统进行数据处理的主要工作界面。
- 窗体页眉：位于窗体的顶部，一般用于显示窗体标题、窗体使用说明或放置窗体任务按钮等。
- 页面页眉：只显示在应用于打印的窗体上，用于设置窗体在打印时的页头信息，如标题、图像、列标题、用户要在每一打印页上方显示的内容。
- 页面页脚：用于设置窗体在打印时的页脚信息，如日期、页码、用户要在每一打印页下方显示的内容。
- 窗体页脚：位于窗体底部，一般用于显示对记录的操作说明、设置命令按钮等。

5．窗体的功能

归纳起来，窗体具有以下几种功能。

（1）数据的显示与编辑

窗体可以显示来自多个数据表或查询的数据。此外，用户可以利用窗体对数据库中的相关数据进行添加、删除和更新，并可以设置数据的属性。窗体上的内容可以按照用户需求进行各种形式的排列、修饰，这样就可以营造一个更加舒适的视觉环境，这是数据表所无法媲美的。

（2）数据输入

用户可以将窗体作为数据库中数据输入的接口，这种方式可以节省数据录入的时间并提高数据输入的准确度。窗体的数据输入功能，是它与报表的主要区别。

（3）应用程序流控制

与 VB 中的窗体类似，Access 中的窗体页可以与函数、子程序、查询、宏相结合。在每个窗体中，用户可以使用 VBA 编写代码，并利用代码执行相应的功能。

（4）信息显示和数据打印

在窗体中可以显示一些系统提示或解释的信息。此外，窗体也可以用来打印数据库中的有关数据。

6．使用自动创建窗体向导创建窗体

使用自动创建窗体向导可以创建一个简单的数据维护窗体，显示选定表或查询中所有字段及记录。“自动创建窗体”的格式是由系统设定好的，包含全部字段，字段顺序保持表或查询的物理顺序，包括纵栏式、表格式和数据表 3 种格式。具体的操作步骤如下：

1）打开数据库，选择“窗体”对象。

2）单击“新建”按钮，打开“新建窗体”对话框，如图 5-8 所示。

3）选择“自动创建窗体：纵栏式”选项，在“请选择该对象数据的来源表或查询”列表中选择数据的来源表或查询，如图 5-9 所示。

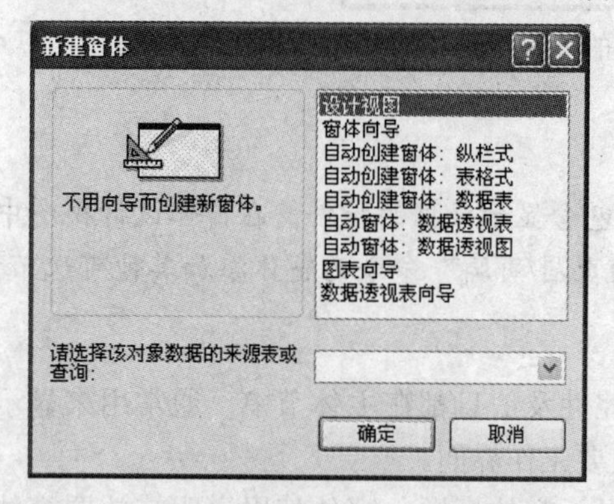

图 5-8 “新建窗体”对话框

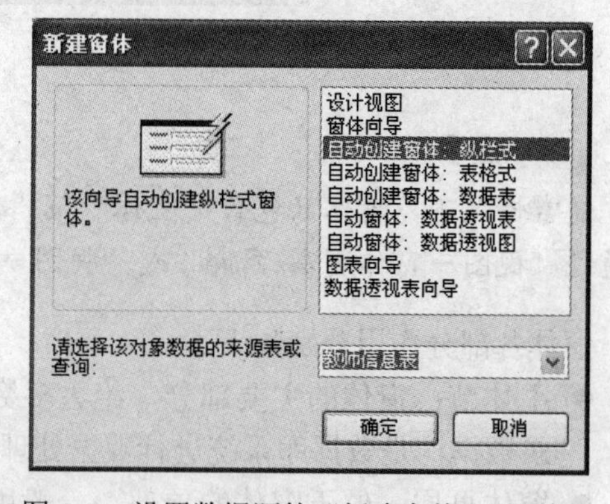

图 5-9 设置数据源的“新建窗体”对话框

4）单击“确定”按钮，系统自动生成一个纵栏式窗体，如图 5-10 所示。

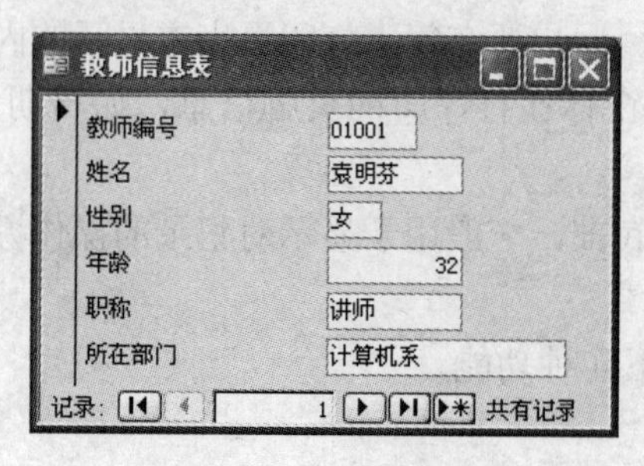

图 5-10 纵栏式窗体

5）单击“保存”按钮保存窗体。

在纵栏式窗体布局中，窗体运行时用户每次仅能查看一项源数据表的记录。文本框及所附标签并排显示在窗体界面的两栏，标签位于文本框的左边并标识文本框中的数据。

使用类似的方法，可以创建表格式窗体和数据表窗体。在表格式布局结构中，标签显示于窗体顶端，而各字段的值则出现在标签下方的栏里，而多条记录可同时显示，如图 5-2 所示。在数据表窗体格式布局中，以行和列的形式显示数据，类似于在数据表视图下显示的表格式，如图 5-3 所示。

7. 使用窗体向导创建窗体

在使用自动创建窗体向导创建窗体时，作为数据源的表或查询中的字段默认方式为全部选中，窗体的布局格式也已确定，灵活性较小。使用窗体向导可以创建比自动创建窗体格式更为丰富的窗体，窗体向导将带领用户完成创建窗体的所有任务，并可以让用户选择准备在窗体上显示的所需的字段，选择最适合的布局以及使用系统给窗体所提供的多种背景样式。

使用“窗体向导”创建窗体是创建窗体常用的方法。根据数据源的选择，一般把使用“窗体向导”创建窗体分为单数据源和多数据源两种情况。

（1）使用窗体向导创建基于一个表或查询的窗体

使用窗体向导创建基于一个表或查询的窗体的基本操作步骤如下：

1）打开数据库，选择“窗体”对象。

2）双击快捷按钮“使用向导创建窗体”，打开“窗体向导”窗口，如图 5-11 所示。

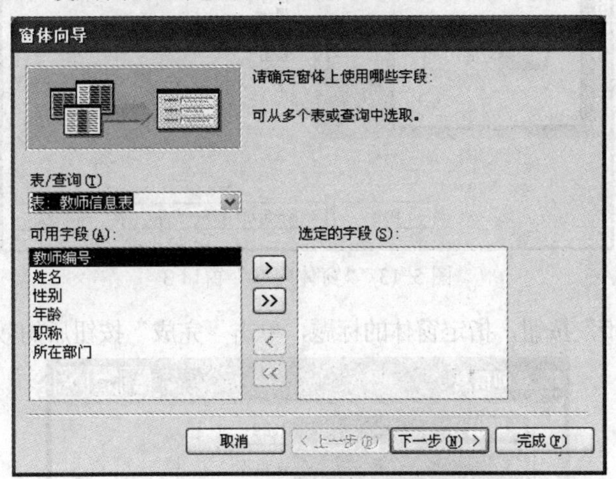

图 5-11 “窗体向导”窗口 1

 **提示**

单击“新建”按钮，在“新建窗体”对话框中选择“窗体向导”，单击“确定”按钮，也可以打开“窗体向导”窗口。

3）在“表/查询”下拉列表中选择所需的数据源，在“可用字段”列表中选择所需的字段，单击“>”按钮，添加到“选定的字段”列表中。

4）单击“下一步”按钮，进入选择窗体布局对话框，选择希望的布局，如图 5-12 所示。

5）单击“下一步”按钮，进入选择窗体样式对话框，选择希望的样式，如图 5-13 所示。

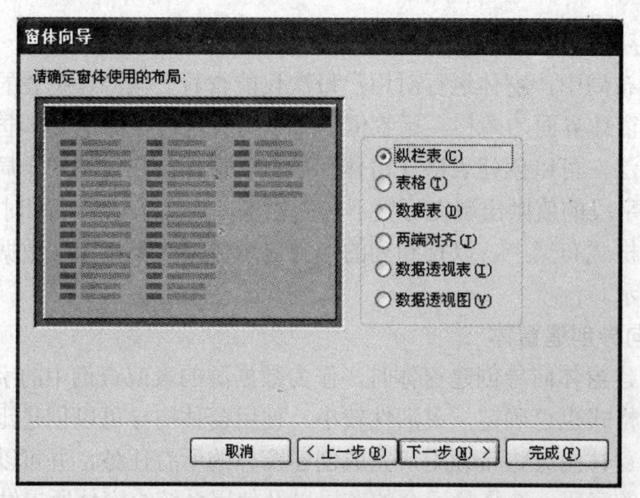

图 5-12 “窗体向导”窗口 2

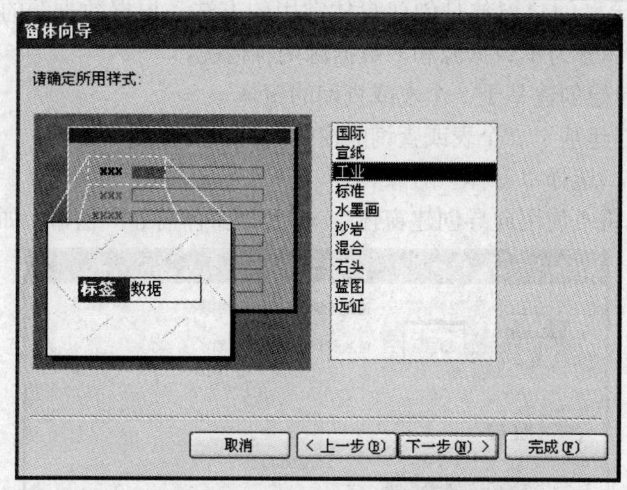

图 5-13 “窗体向导”窗口 3

6）单击“下一步”按钮，指定窗体的标题，单击“完成”按钮后的效果如图 5-14 所示。

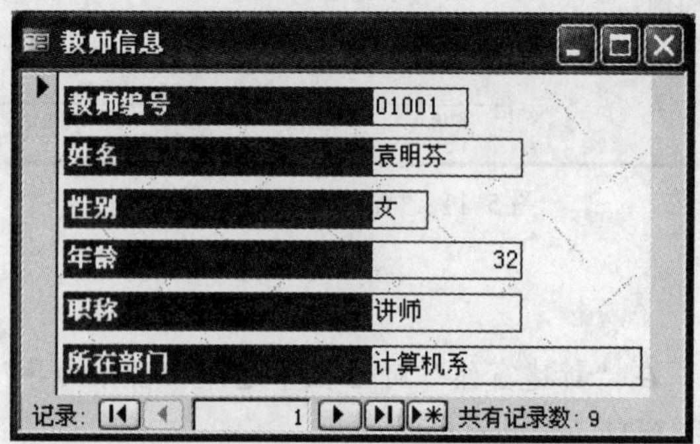

图 5-14 使用窗体向导创建的窗体

提示

向导完成的只是初步效果，要进一步加工，还要切换到“设计视图”进行修改完善。

（2）使用窗体向导创建基于多个表/查询的窗体

使用窗体向导可以创建基于多个表或查询的窗体，创建方法与基于一个表的窗体向导大致相同，区别主要是在选择数据源时要选择多个表或者查询。

使用窗体向导创建基于多个表或查询的窗体的基本操作步骤如下：

1）打开数据库，选择“窗体”对象。

2）双击快捷按钮“使用向导创建窗体”，打开“窗体向导”窗口。

3）在“表/查询”下拉列表中选择第一个数据源，在“可用字段”列表中选择所需的字段，单击“>”按钮，添加到“选定的字段”列表中，如图 5-15 所示。

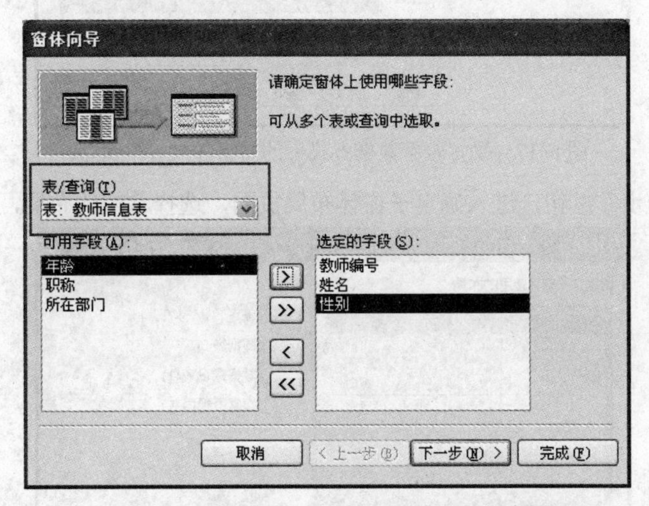

图 5-15　选定部分字段的“窗体向导”窗口

4）在“表/查询”下拉列表中选择第二个数据源，在“可用字段”列表中选择所需的字段，单击“>”按钮，添加到“选定的字段”列表中，如图 5-16 所示。

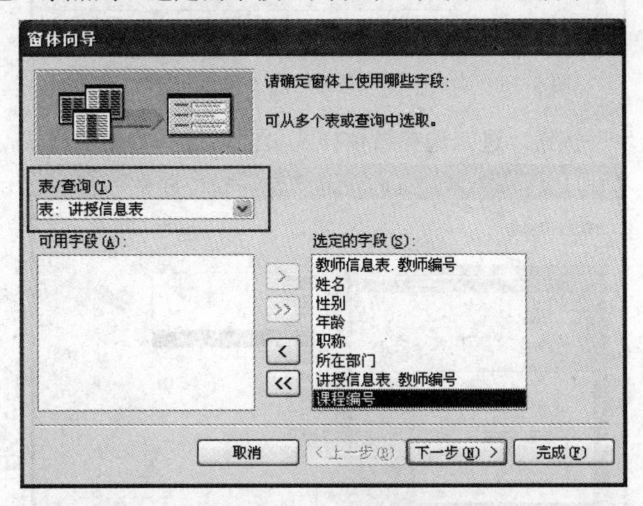

图 5-16　选定全部字段的“窗体向导”窗口

5）单击“下一步”按钮，进入确定查看数据方式页面，选择希望的查看数据方式，如图 5-17 所示。

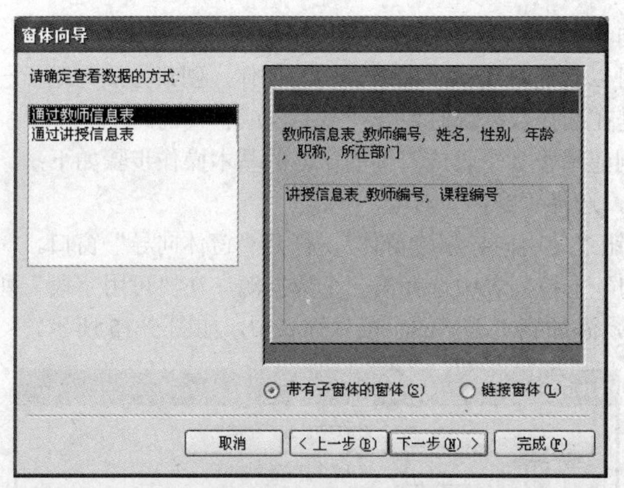

图 5-17　确定查看数据方式后的“窗体向导”窗口

6）单击“下一步”按钮，进入确定子窗体布局页面，选择希望的布局，如图 5-18 所示。

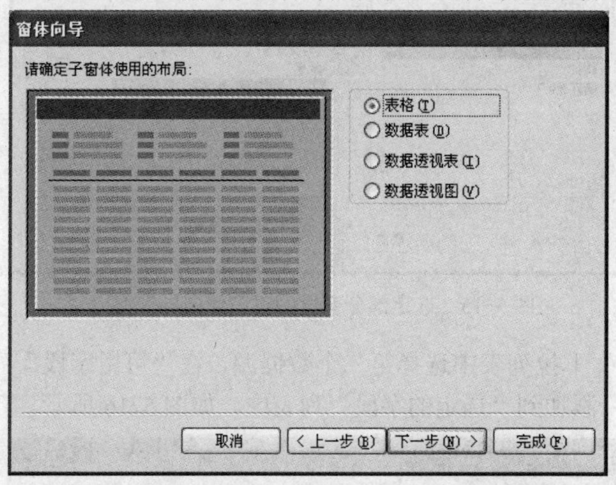

图 5-18　确定子窗体布局后的“窗体向导”窗口

7）单击“下一步”按钮，进入选择窗体样式页面，选择希望的样式，如图 5-19 所示。

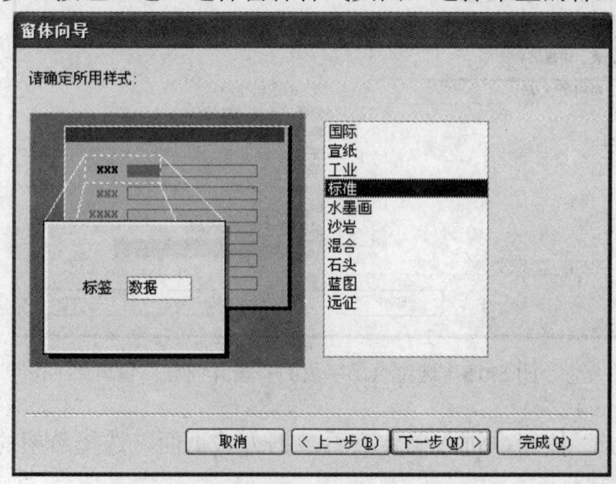

图 5-19　选择窗体样式后的“窗体向导”窗口

8）单击“下一步”按钮，指定窗体和子窗体的标题，如图 5-20 所示。

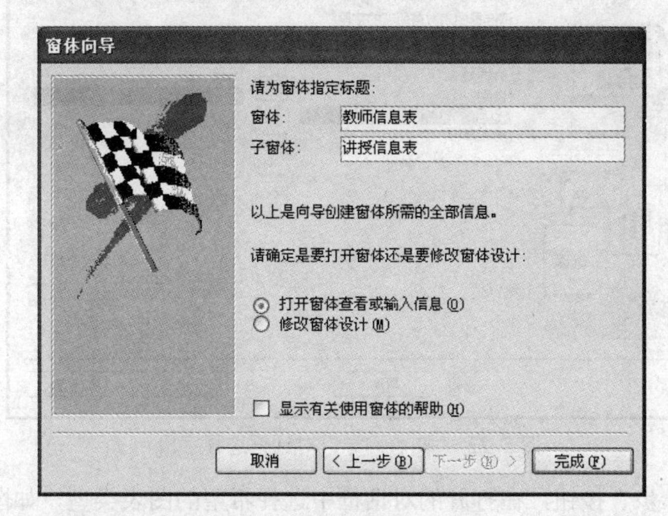

图 5-20　指定窗体和子窗体标题后的“窗体向导”窗口

9）单击“完成”按钮，效果如图 5-21 所示。

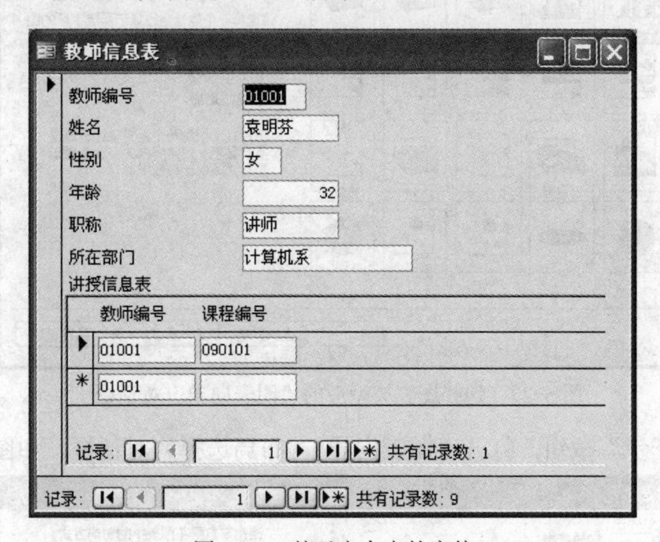

图 5-21　基于多个表的窗体

（3）使用“图表向导”创建窗体

以上所创建的窗体，都是表格或者数据表的数据形式。为了使窗体更形象，或为了特殊需要，可以使用图表向导来创建带有图表的窗体。操作步骤如下：

1）打开数据库，选择“窗体”对象。

2）单击“新建”按钮，打开“新建窗体”对话框。

3）选择“图表向导”选项，在“请选择该对象数据的来源表或查询”列表中选择数据的来源表或查询。

4）单击“确定”按钮，在打开的对话框中选择希望用于图表的字段，如图 5-22 所示。

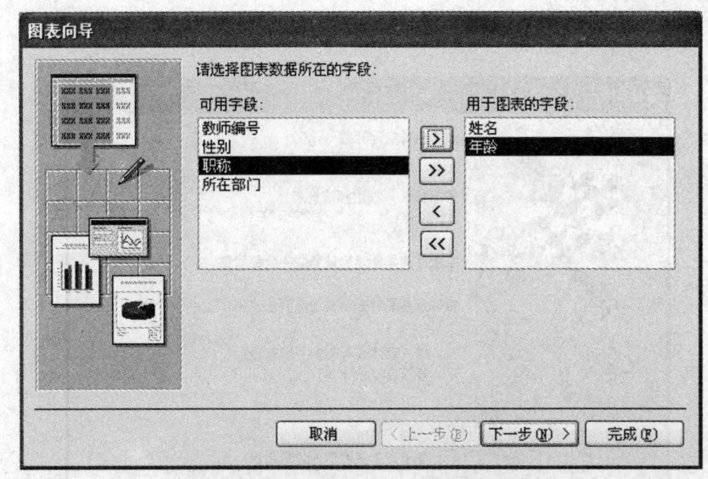

图 5-22 “图表向导”对话框选择字段

5）单击“下一步”按钮，在打开的对话框中选择希望的图表类型，如图 5-23 所示。

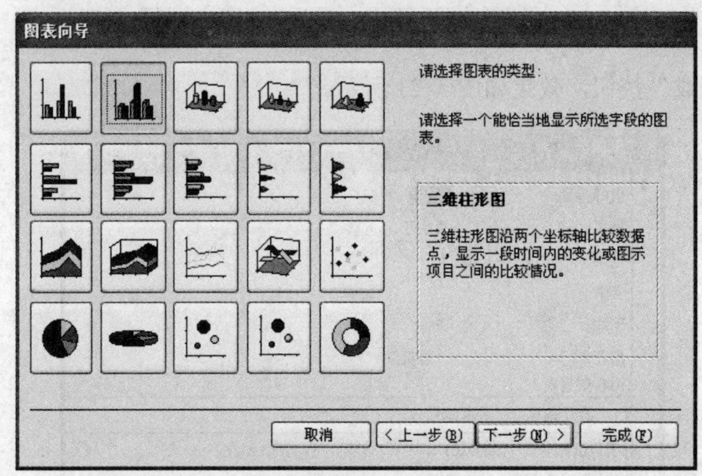

图 5-23 选择图表类型后的“图表向导”对话框

6）单击“下一步”按钮，打开“图表向导”（布局选择）对话框，如图 5-24 所示。

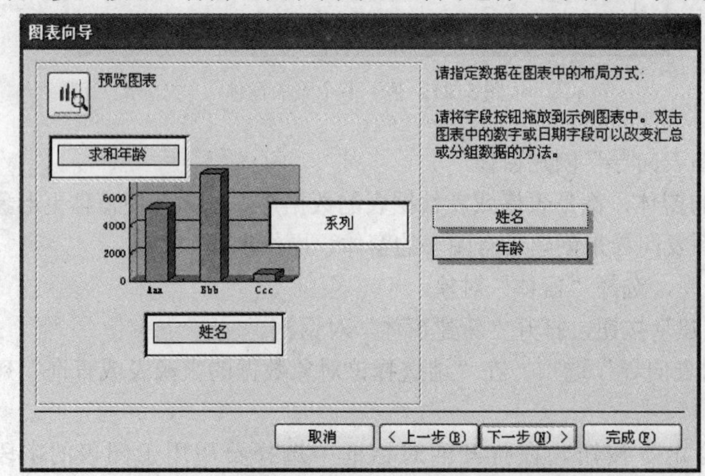

图 5-24 选择布局后的“图表向导”对话框

7）双击“求和年龄”字样的按钮，可以改变汇总方式，此时弹出“汇总”对话框，选择所需的汇总方式，如果不需要进行统计计算，则直接显示数据本身，可以选择“无”，如图 5-25 所示。

8）单击“确定”按钮，回到图表向导对话框，单击“下一步”按钮，指定图表的标题，单击“完成”按钮，显示最后的结果，如图 5-26 所示。

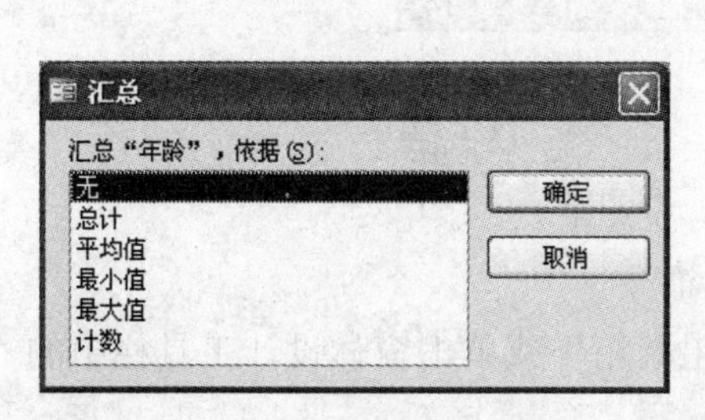

图 5-25 “汇总”对话框

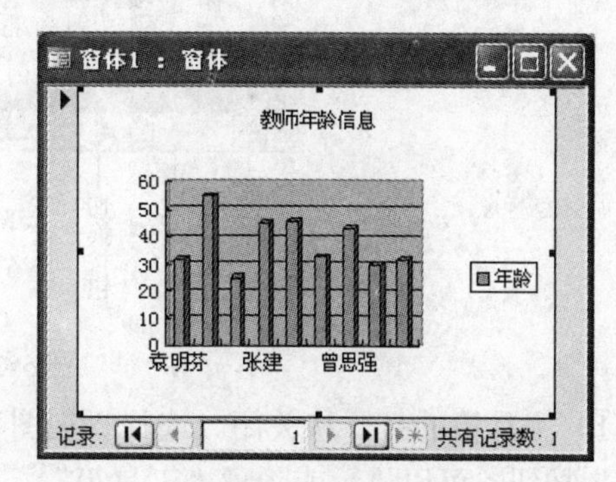

图 5-26 图表窗体

9）保存窗体。

技巧

这只是按照 Access 图表向导标准建立的一个图，如果还需要进一步装饰、美化，则可切换到它的设计视图进行处理。

8. 窗体设计器

Access 不仅提供了方便用户创建窗体的向导，还提供了窗体设计器。利用设计器进行窗体创建的核心工作是在窗体上放置合适的控件，并对各种控件进行属性设置。控件的设计主要是控制数据来源，而窗体的设计的着重点在于窗体的外观，包括窗体的背景图片、标题栏和边框样式等特性，对于含有子窗体的还必须设置主窗体和子窗体数据的链接方式。

（1）打开窗体设计器

窗体设计器又称窗体设计视图，窗体设计器可以从一个空白窗体开始设计，或者修改已创建的窗体。可用以下方式打开。

- 选择“窗体”对象，双击内容窗格中的“在设计视图中创建窗体”选项。
- 选择“窗体”对象，单击“新建”按钮，在“新建窗体”对话框中选择“设计视图”选项，单击“确定”按钮。

（2）工作区

在设计视图状态下，屏幕会显示一个用于创建窗体或对窗体进行修改、添加、删除控件等操作的工作区域，即窗体设计的工作区。

提示

在工作区中还有网格和标尺，这是为方便用户准确放置控件而设置的。用户可以使用拖拉操作，改变工作区各组成部分的大小。

（3）工具箱

在窗体设计过程中，工具箱提供多达 20 种控件，如图 5-27 所示。

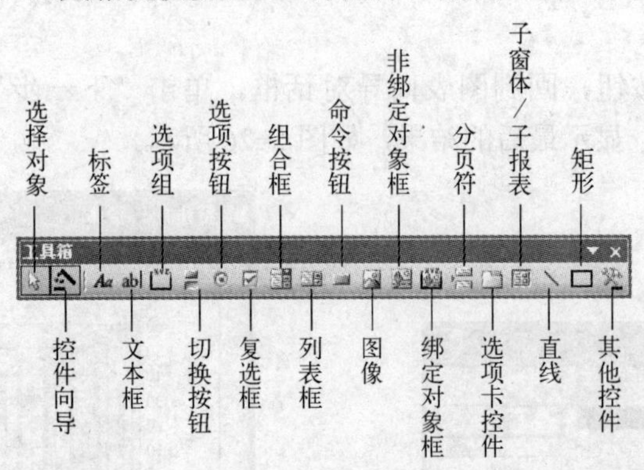

图 5-27　工具箱

1）工具箱的打开和关闭。选择“视图”→“工具箱”或单击窗体设计工具栏中的“工具箱”按钮，可以显示或隐藏“工具箱”。

2）工具箱的移动与锁定。将光标指向工具箱的标题栏，按下鼠标左键拖动，可将工具箱移动到目标位置。如果要重复使用工具箱中的某个控件，则可以锁定该控件，该控件被锁定后，重复使用时不必每次单击该控件，要锁定某控件，双击该控件即可。要解除锁定，按〈Esc〉键即可。

3）使用工具箱向窗体中添加控件。利用工具箱向窗体中添加控件时，先单击“工具箱”中相应的工具（即控件），然后在窗体上单击或拖动，如果所添加的控件具有向导且“控件向导”按钮已按下，Access 将自动启动相应的控件向导，用户可按照向导的提示进行操作来完成控件的添加。控件添加完成后，通过用鼠标右键单击相应控件，选择快捷菜单中的“属性”命令来设置控件的属性。

下面从左至右依次简单介绍各个按钮的基本功能。

- 选择对象：用来选择某一控件为当前控件，选中后所要做的操作，如改变大小、编辑、更改属性等均对这个控件起作用。
- 控件向导：单击该按钮，在使用其他控件时，即可在系统提供的向导引导下完成设计工作。
- 标签：在窗体报表或数据访问页上显示标题、说明等描述性的文字的控件。
- 文本框：用来在窗体、报表或数据访问页上显示输入或编辑的数据控件，也可以输出计算结果或接受用户的输入。
- 选项组：使用该控件，可以在窗体报表或数据访问页中显示一组的选项值。
- 切换按钮：当表格内数据参数具有逻辑性选项时，用户可以使用“切换按钮”来帮助数据的输入，使其更加直接。此外，切换按钮也可以作为定制对话框或选项组的一部分直接接受用户的输入。
- 选项按钮：与切换按钮类似，用于输入有逻辑性选项的参数，可以使得数据输入更加方便。此外，它也可以作为定制对话框或选项组的一部分使用。
- 复选框：适合于逻辑数据的输入。当它被设置时，值为 1；被重设时，值为 0。另外，也可以作为定制对话框或选项组的一部分使用。

- 组合框：包括了列表框和文本框的特性。用户可以在文本框中输入数据，也可以在列表框中选择输入，从而为制定域输入数据。
- 列表框：用来显示一个可滚动的数值列表。当窗体、数据访问页处于打开可编辑状态时，用户能从列表中做出选择，以在新记录中输入或更改现存的记录数据。
- 命令按钮：用来执行某些活动，例如打开另一个窗体或查询、查找记录、打印记录或使用窗体过滤器等。
- 图像：通过使用此按钮，可向窗体插入图片来美化窗体。
- 非绑定对象框：用来显示一些非绑定 OLE 对象，也就是说对象只属于表格一部分，不与某一表格或查询对象数据关联。
- 绑定对象框：用来在窗体或报表上显示一系列的图片等。所绑定的对象不但属于表格的一部分，也与某一表格或查询中的数据相关联。
- 分页符：用于定义多页数据表格的分页位置。
- 选项卡控件：通过这一控件，可使用页创建选项卡窗体或选项卡对话框。用户可以在选项卡控件上复制或添加其他控件。
- 子窗体/子报表：用于将其他数据表格放置在当前数据表格上，从而可在一个窗体或报表中显示多个表格。
- 直线：可以在窗体、报表、数据访问页中画直线。例如，它可以将一个窗体或访问页分成不同部分。
- 矩形：可以在表格上绘制方框或填满颜色的方块。它经常用于在窗体或数据访问页上分组相关控件。
- 其他控件：单击此按钮，Access 会显示所有已加载的控件。

4）属性窗口。窗体的每个部分或其中的每个控件，都有自己的属性，用户可以在窗体的属性窗口中方便地进行设置。属性窗口如图 5-28 所示，在每个选项卡中包含若干个属性，可以通过选择或直接输入进行属性设置。

9．使用窗体设计器设计窗体

使用设计视图创建窗体的一般步骤如下：

1）选择“窗体”对象，单击“新建”按钮，打开“新建窗体”对话框，选择“设计视图”选项，如图 5-29 所示。

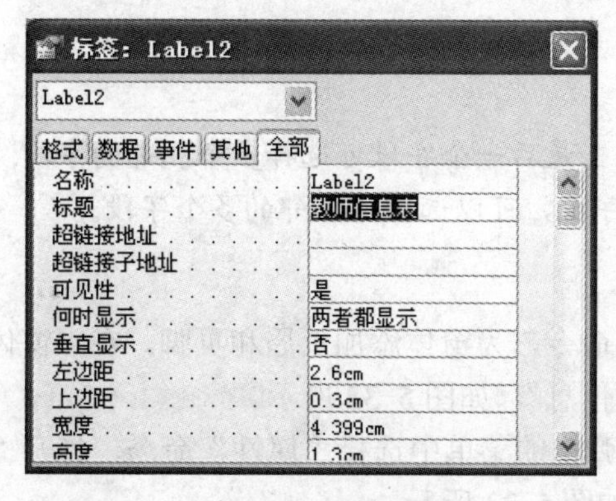

图 5-28　属性窗口

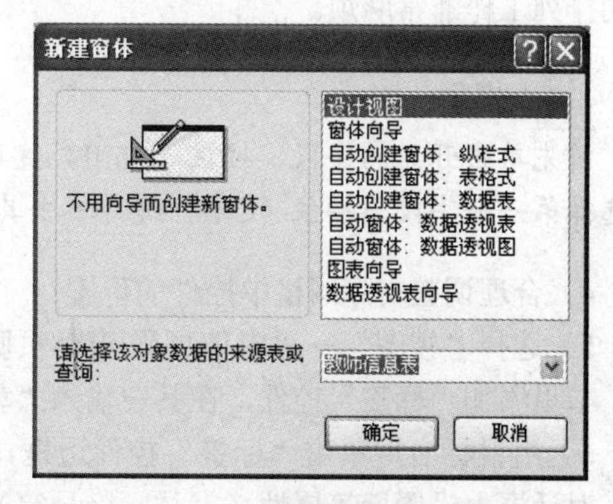

图 5-29　“新建窗体”对话框

2）打开窗体设计视图，如图 5-30 所示。

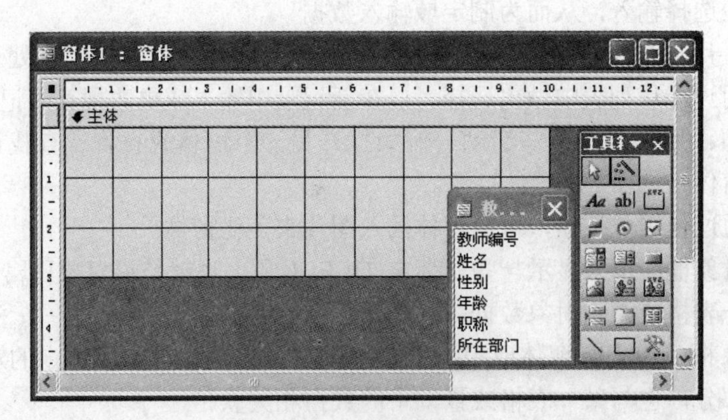

图 5-30　窗体设计视图

3）在打开的“字段列表”中选择需要显示的字段，然后将其拖动到设计网格中，如图 5-31 所示。

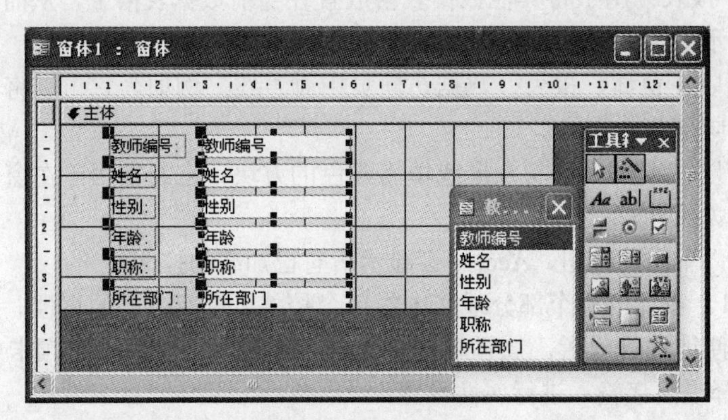

图 5-31　选择显示字段后的窗体设计视图

字段的拖动有两种方法：一种方法是拖动单个字段到设计网格中，另一种是成批（或全部）拖动字段到设计网格中。成批拖动字段，字段位置排列整齐，而单个拖动字段，字段位置的排列工作非常麻烦。

提示

首先单击开始的字段，按住〈Shift〉键再单击最后一个字段可选择多个相邻的字段；首先选择第一个字段，按住〈Ctrl〉键再单击其他字段，可以选择不相邻的多个字段。

4）合理调整实际网格中控件的位置。

5）选择“视图”→“窗体页眉/窗体页脚”命令，为窗体添加页眉和页脚。在“窗体页眉”节里添加“标签”控件，在其中输入“教师信息”，如图 5-32 所示。

6）用鼠标右键单击“标签”控件边框，在弹出的菜单中选择“属性”命令，打开“属性”对话框，设置标签属性（字体、字号等），如图 5-33 所示。

7）关闭“属性”对话框，单击“视图”按钮可以查看效果，如图 5-34 所示，满意后保存退出。

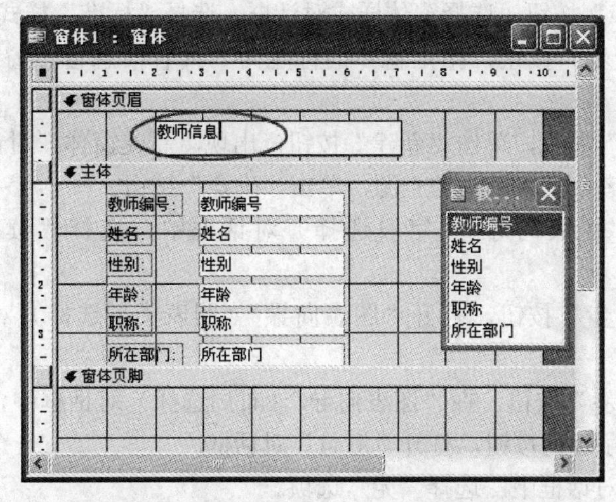

图 5-32　添加页眉和页脚后的窗体设计视图

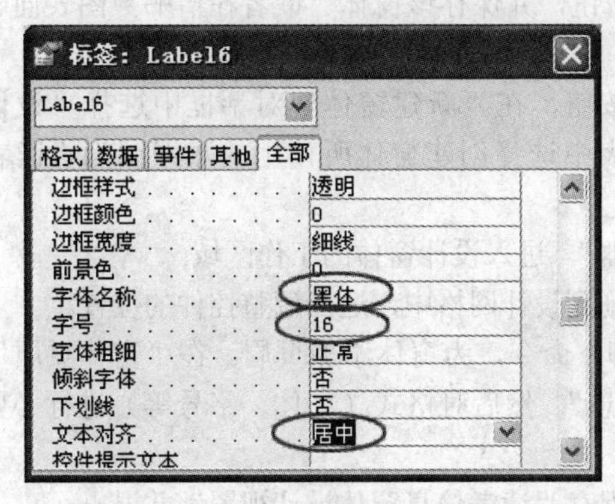

图 5-33　标签“属性”对话框

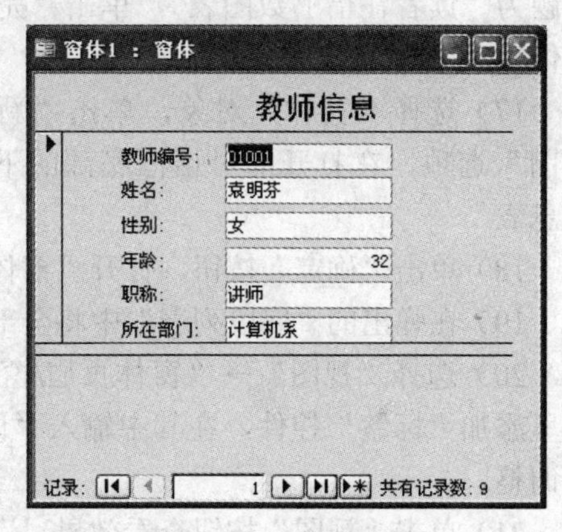

图 5-34　窗体视图

5.1.3　任务实现

1）打开“图书借阅”数据库。

2）在数据库窗口中选择“窗体”对象，单击工具栏中的“新建”按钮，打开“新建窗体”对话框。

3）在打开的“新建窗体”对话框中，选择“自动创建窗体：纵栏式”选项，并选择“读者信息表”为数据源，

4）单击“确定”按钮，将生成的窗体用名称“读者信息窗体纵栏式”保存。

5）按照相同的方法过程，创建表格式窗体和数据表窗体并保存为“读者信息窗体表格式”和“读者信息窗体数据表”。

6）选择“窗体”对象，单击“新建”按钮，在“新建窗体”对话框中选择“窗体向导”选项，单击“确定”按钮，打开“窗体向导”窗口。

7）在“表/查询”下拉列表中选择数据源“读者信息表”，选择全部字段。

8）单击“下一步”按钮，进入选择窗体布局对话框，选择“纵栏表”。

9）单击“下一步”按钮，选择窗体样式对话框，选择“标准”样式。

10）单击“下一步”按钮，指定窗体的标题为“读者信息窗体窗体向导创建”，单击“完成”按钮。

11）选择“窗体”对象，单击“新建”按钮，出现“新建窗体”对话框，选择“图表向导”选项，选择“读者信息表”为数据源，单击“确定”按钮。

12）在打开的“图表向导”（字段选择）对话框中，选择“读者姓名”、“在借书数”字段。

13）单击“下一步”按钮，打开“图表向导”（图表类型选择）对话框，选择“柱形图”类型。

14）单击“下一步”按钮，在“图表向导”（布局选择）对话框中，改变汇总方式，双击“求和在借书数”字样的按钮，打开“汇总”对话框。

15）在“汇总”对话框中，选择“无”选项。

16）单击“确定”按钮，回到“图表向导”对话框，单击“下一步”按钮，指定图表的标题为“读者在借书数图表”，单击“完成”按钮，并保存该窗体“读者在借书数图表向导窗体”。

17）选择“窗体”对象，单击“新建”按钮，在“新建窗体”对话框中选择“设计视图”选项，在打开的对话框底部的下拉列表中选择创建窗体所使用的数据源为“读者信息表”

18）单击“确定”按钮，打开“窗体设计器”，进入设计窗体的工作区域。

19）在弹出的“字段列表”中将全部字段拖到设计网格中，适当调整控件的位置。

20）选择“视图”→“窗体页眉/窗体页脚”命令，为窗体添加页眉。在“窗体页眉”节里添加“标签”控件，在其中输入“读者信息”，然后对格式（字体、字号等）进行必要的调整。

21）单击“视图”按钮查看效果，满意后保存“读者信息窗体设计视图”并退出。

22）保存数据库文件。

任务 5.2　调整与修饰窗体

5.2.1　任务目标

- 进一步掌握添加窗体控件的基本方法；
- 掌握调整窗体布局的基本方法；
- 掌握修饰窗体的基本方法。

5.2.2　相关知识与技能

1．使用命令按钮

使用命令按钮的基本方法如下：

1）打开需要修改窗体的设计视图，确保“控件向导”按钮处于选中状态，在工具箱中选择“命令按钮”控件，在窗体的合适位置上按下鼠标左键拖动绘制矩形，将打开“命令按钮向导”对话框，如图 5-35 所示。

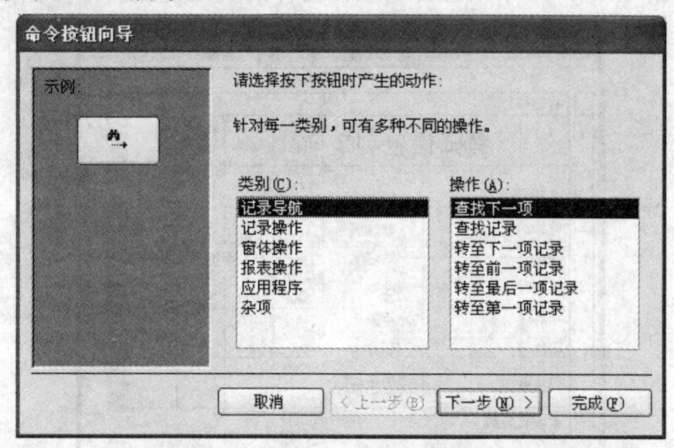

图 5-35 “命令按钮向导”对话框 1

2）在类别列表框中选择“记录操作”选项，在操作列表框中选择“添加新记录”选项，如图 5-36 所示。

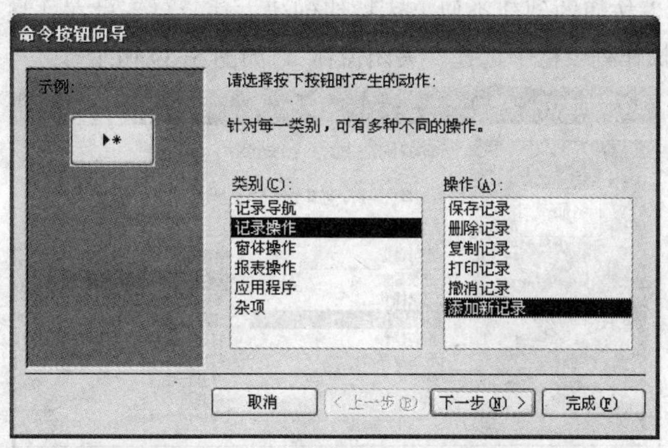

图 5-36 “命令按钮向导”对话框 2

3）单击“下一步”按钮，在打开的对话框中，设置按钮上所需显示的文本或图片。单击“文本”选项，在对应文本框内输入“添加记录”字样，如图 5-37 所示。

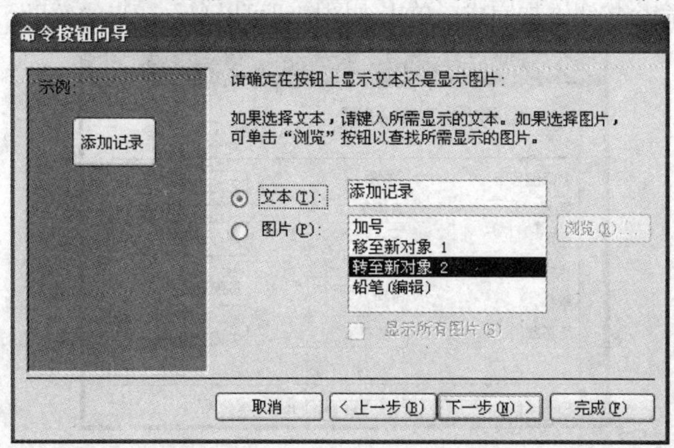

图 5-37 “命令按钮向导”对话框 3

4）单击“完成”按钮，命令按钮会出现在窗体的实际视图内，如图 5-38 所示。

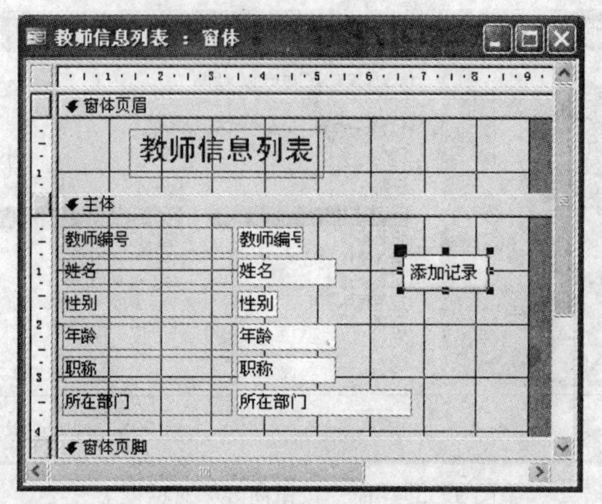

图 5-38　窗体设计视图

5）按照同样的操作方法为窗体添加“保存记录”、“删除记录”按钮。

6）“退出窗体”按钮的创建类似上述按钮创建方法，只不过在选择命令类型中应选择“窗体操作”，并在操作列表框中选择“关闭窗体”，如图 5-39 所示。

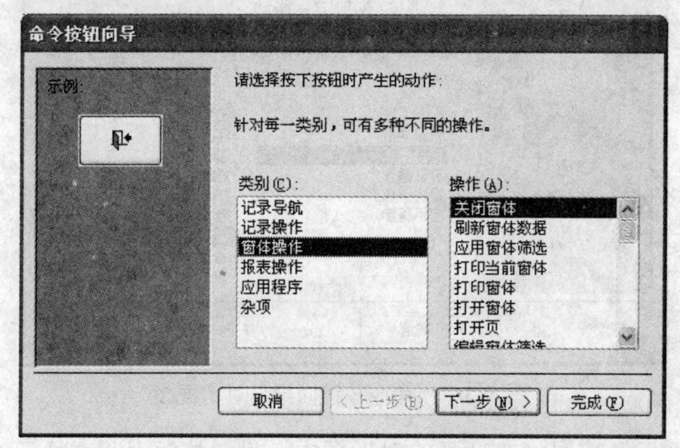

图 5-39 “命令按钮向导”对话框

7）至此，4 个命令按钮添加完成，单击视图按钮可以观看初步的效果，如图 5-40 所示。

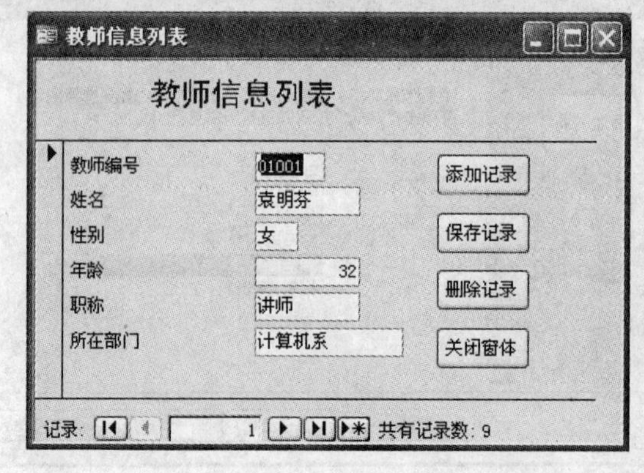

图 5-40　窗体视图

2．调整控件的布局

1）调整单个控件的位置。用鼠标选中需要调整位置的控件，直接拖动鼠标来移动控件到合适位置。也可以选中控件后利用键盘上的光标键来调整，直接按光标键，控件移动步长较大，如果按光标键的同时按住〈Ctrl〉键则可以减小移动步长，实现微调。

2）调整多个控件的位置。用鼠标拉出一个矩形框来选中多个需要调整的控件后，在选中的任一控件上单击鼠标右键，在快捷菜单中选择“对齐”命令，在次级菜单中选择 5 种对齐方式之一即可。

- 靠左：以选中控件中最左边的控件为基准，使其他选中控件与该控件的左边界对齐；
- 靠右：以选中控件中最右边的控件为基准，使其他选中控件与该控件的右边界对齐；
- 靠上：以选中控件中最上边的控件为基准，使其他选中控件与该控件的上边界对齐；
- 靠下：以选中控件中最下边的控件为基准，使其他选中控件与该控件的下边界对齐；
- 对齐到网格：将选中控件的左上角与最近的网格点对齐。

3）调整控件的大小。选择“格式”→“大小”菜单中的命令也可调整控件大小，这些命令可基于数据、网格或其他控件来调整控件大小，分别如下。

- 正好容纳：调整控件的高度和宽度以适合控件所显示的文本字体；
- 对齐网格：调整控件的高度和宽度以适合网格上最近的点；
- 至最高：使选中控件的高度为其中最高控件的高度；
- 至最短：使选中控件的高度为其中最低控件的高度；
- 至最宽：使选中控件的宽度为其中最宽控件的宽度；
- 至最窄：使选中控件的宽度为其中最窄控件的宽度。

4）删除控件。在设计窗体时，若要删除某个控件，可先选中该控件，然后按〈Delete〉键，或选择“编辑”→“剪切”命令，也可以选择“编辑”→“删除”命令。

3．更改文本的外观

为了让窗体达到更好的视觉效果，可更改窗体控件的文本外观。选中需要修改文本外观的控件，然后单击工具栏上的“属性”按钮，或者单击鼠标右键在快捷菜单中选择“属性”命令，在弹出的对话框中修改“格式”选项卡中相应的项目（如字体、字号、字体粗细等）即可，如图 5-41 所示。

4．添加直线和矩形

当窗体中的内容较多时，合理地组织信息就非常必要了。可以通过在适当的区域中添加直线或矩形来分割不同类型的内容，如图 5-42 所示。

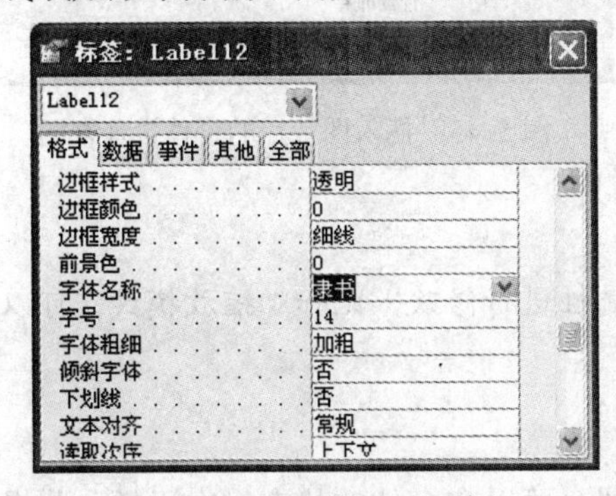

图 5-41 “属性”对话框

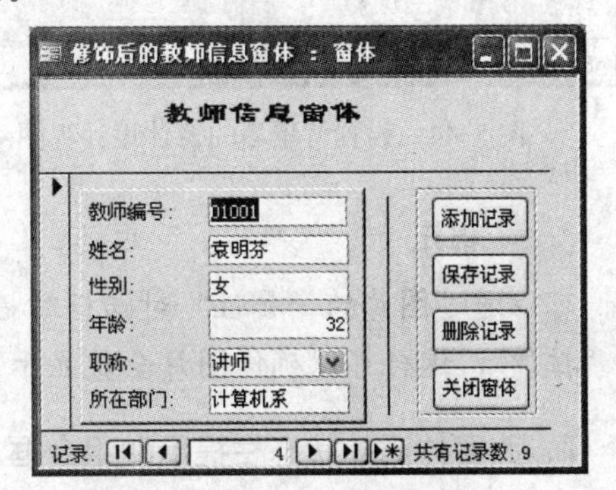

图 5-42 窗体设计视图

将左半部分教师基本信息用一个矩形框圈起来，并将效果设为“凸起”。矩形常用的属性主要是“特殊效果”，有平面、凸起、凹陷、蚀刻、阴影和凿痕 6 种选项，如图 5-43 所示。右半部分命令按钮区域也可用一个矩形圈起来，“特殊效果”为蚀刻形式。在窗体中添加直线和矩形的方法类似。

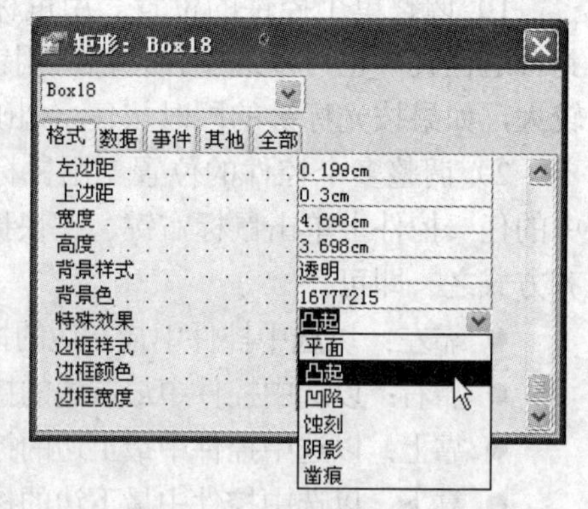

图 5-43 “属性”对话框

5. 为窗体添加背景

将窗体切换到设计视图，在确定未选定任何对象的情况下，在工具栏中单击“属性”按钮，打开窗体的“属性”对话框，选择“格式”选项卡，选择窗体的“图片”属性，单击文本框后边的按钮[...]，打开“插入图片”对话框，选择需要的图片文件，单击“确定”按钮，这时图片图案会出现在窗体的背景上，效果如图 5-44 所示。

注意

图片类型属性有嵌入和链接两种。“嵌入”是指将图片复制保存为窗体的一部分，这种方式使数据库变大。而“链接”方式则仅仅保存了图片的存储位置，相当于建立了到该图片的链接。

6. 为窗体添加图片

为窗体添加图片是另一种美化窗体常用的方法。进入窗体的设计视图，选中工具箱中的“图像”控件，并确保“控件向导”按钮处于选中状态，在窗体中需要插入图片的位置拖出一个适当大小的矩形后放开鼠标，系统会弹出“插入图片”对话框。选择要插入图片的路径及文件名，然后单击“确定”按钮即可，效果如图 5-45 所示。

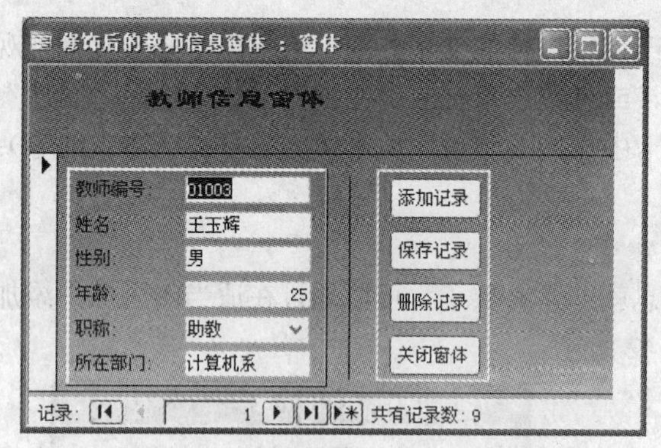

图 5-44 设置背景后的窗体设计视图

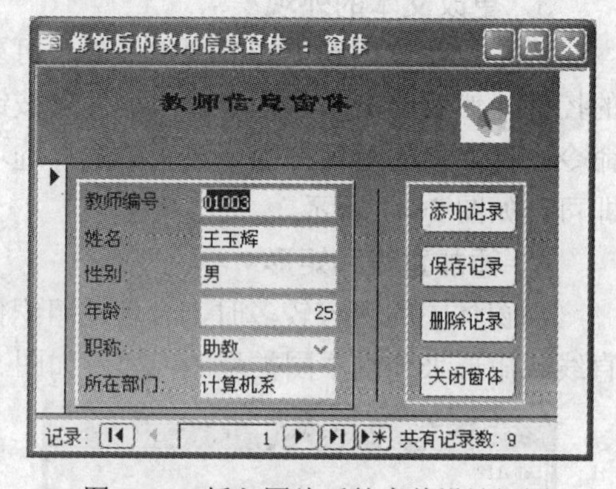

图 5-45 插入图片后的窗体设计视图

提示

可以通过图片的“属性”对话框对插入图片的属性进行修改，比如“缩放模式”可以改成“拉伸”，这样可以确保图片全貌显示。

7. 为窗体添加状态栏提示和组合框

为了使界面更加人性化，便于用户的使用与理解，可以在窗体的状态栏中添加一些提示性的信息。例如将教师信息窗体中的“职称”文本框改为组合框，当用户定位到职称时，可以提醒用户从下拉列表中选择所需项目，具体的步骤如下：

1）在设计视图下，选择要添加状态栏提示的字段控件“职称”，将其改为组合框。（将职称的文本框选中，单击鼠标右键，在快捷菜单中选择“更改为组合框”）。

2）单击工具栏中的“属性”按钮，或单击鼠标右键，选择快捷菜单中的“属性”命令，打开职称组合框的“属性”对话框。

3）选择属性对话框中的“其他”选项卡，在其中的“状态栏文字”项目中输入提示信息，如“请从下拉列表中选择教师的职称”，如图 5-46 所示。

4）选择属性对话框中的“数据”选项卡，在其中的“行来源类型”项目中选择“值列表”，在行来源中输入“教授; 副教授; 讲师; 助教”，如图 5-47 所示。

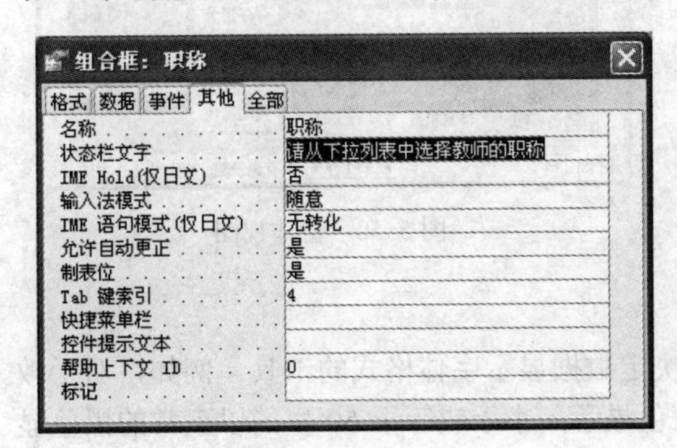

图 5-46　职称组合框的“属性”对话框

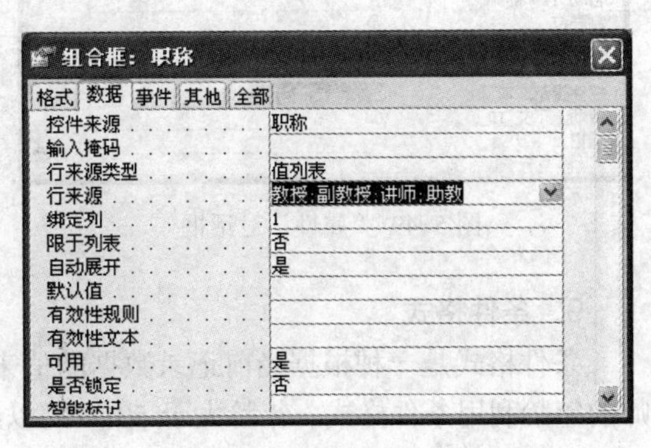

图 5-47　“数据”选项卡

5）保存对窗体所做的修改，切换到窗体视图中，当选中/定位到“职称”字段时，状态栏将出现一条提示信息“请从下拉列表中选择教师的职称”，同时从下拉列表框中可选择相应的职称，如图 5-48 所示。

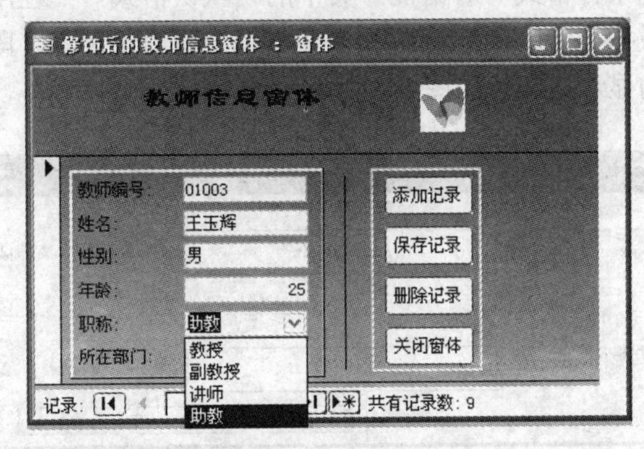

图 5-48　窗体视图

8. 控件提示文本

利用控件属性对话框中的“控件提示文本”属性来制定该控件的提示信息。（即当鼠标箭头放在设置了提示性文本的控件上时，将出现一条提示信息）。在 Access 环境中工具栏上的快捷按钮就采用了这种提示方式。添加控件提示信息的具体步骤如下：

1）在设计视图下，选择要添加“提示文本”的字段控件，（如“教工编号”），单击鼠标右键，在快捷菜单中选择“属性”，打开“属性”对话框。

2）选择“属性”对话框中的“其他”选项卡，在其中的“控件提示文本”项目中输入希望的提示信息（如“教工编号为 5 位！”），如图 5-49 所示。

3）保存对窗体所做的修改，切换到窗体视图中，当输入焦点位于已添加控件提示信息的控件上时，将出现一条提示信息，如图 5-50 所示。

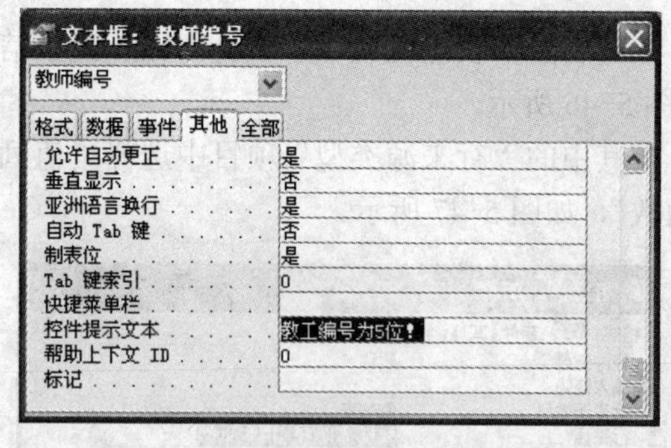

图 5-49 “属性”对话框

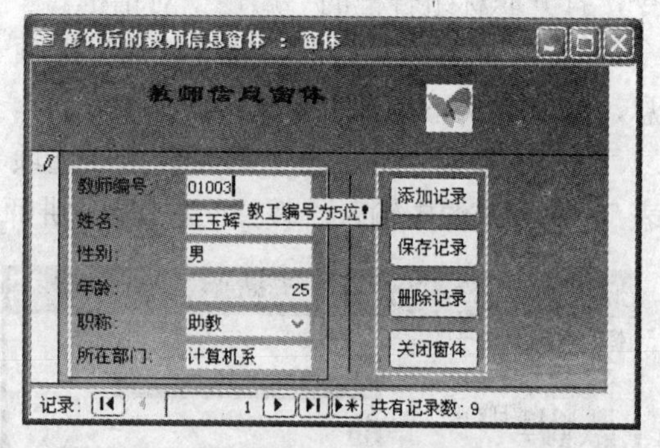

图 5-50 窗体视图

9. 条件格式

条件格式是一种根据当前记录数据的值来决定数据显示字体格式的工具。例如，对于教师的年龄利用条件格式，年龄大于 50 岁的以红色显示，小于或等于 50 岁的以正常的黑色显示，具体操作步骤如下：

1）在设计视图中打开“教师信息窗体”，选中要添加条件格式的字段控件“年龄”文本框。

2）选择“格式”→“条件格式”命令，或单击鼠标右键，在快捷菜单中选择“条件格式”命令，打开“设置条件格式”对话框。其中的“默认格式”一栏用于指定当前字段值不满足下面设定条件时数据显示的格式，而“条件 1”一栏用于设置字段的第一个条件，及满足该条件时字段数据的显示格式。如图 5-51 所示。

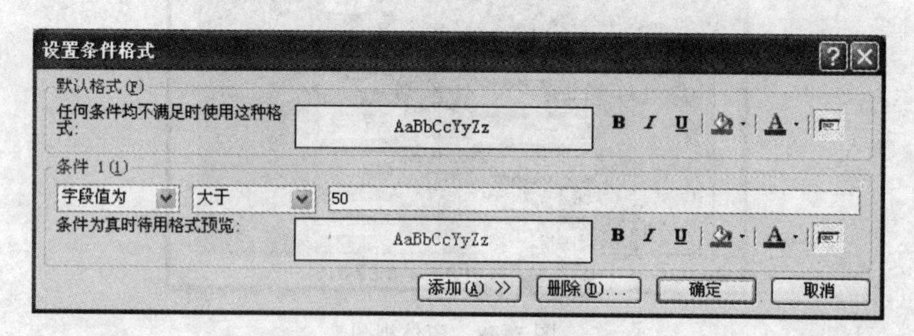

图 5-51 “设置条件格式”对话框

3）如果还需要设定新的条件，则可以单击“添加”按钮，设置对话框将显示“条件 2”一栏，如果要删除已经设定好的条件，则可单击“删除”按钮，系统会弹出对话框询问要删除的条件，选中要删除的条件前的复选框后单击“确定”按钮即可。

4）关闭“设置条件格式”对话框，进入窗体视图，查看设置的结果，如图 5-52 所示。

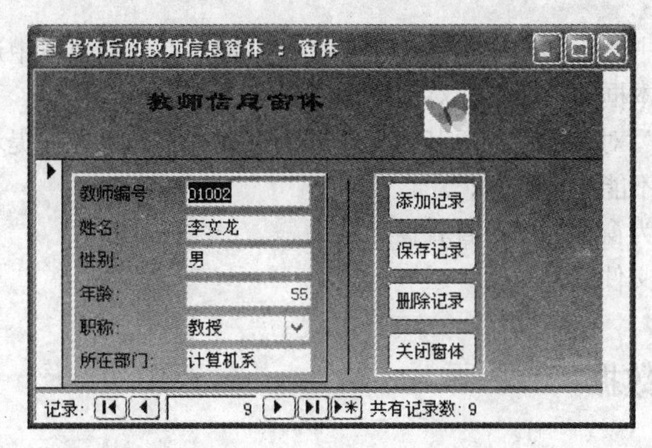

图 5-52　设置完成后的结果

5.2.3　任务实现

1）打开“图书借阅”数据库。

2）打开“读者信息窗体设计视图”的设计视图，在工具箱中选择“命令按钮”控件，在窗体的合适位置上拖放，激活“命令按钮向导”对话框。

3）单击类别列表框中的“记录操作”选项，在操作列表框中单击“添加新记录”选项，然后单击“下一步”按钮。

4）单击“文本”选项，在对应文本框内输入“添加记录”字样，然后单击“完成”按钮。

5）按照同样的操作方法为窗体添加“保存记录”和“删除记录”按钮。

6）添加新按钮，在类别列表中选择“窗体操作”选项，在操作列表框中选择“关闭窗体”选项。

7）单击“下一步”按钮，选择“文本”选项。

8）将左半部分读者基本信息用一个矩形框圈起来，并将效果设为“平面”。右半部分命令区域也用一个矩形圈起来，“特殊效果”为“平面”。在窗体中添加直线。

9）将窗体切换为设计视图，打开窗体的“属性”对话框，选择“格式”选项卡，在窗体的“图片”属性文本框中单击鼠标右键，在弹出菜单中选择“生成器”选项，在打开的“插入图片”对话框中，选择需要的图片文件，单击“确定”按钮。

10）选中工具箱中的“图像”控件，并确保“控件向导”按钮处于选中状态，在窗体中需要插入图片的位置拖出一个适当大小的矩形后放开鼠标，打开“插入图片”对话框。

11）选择要插入图片的路径及文件名，单击“确定”按钮。

12）打开图片控件的“属性”对话框，选择缩放模式为“拉伸”。

13）选择“性别”的字段控件，在“性别”文本框中单击鼠标右键，在快捷菜单中选择“更改为组合框”选项。

14）单击工具栏中的“属性”按钮，打开“性别”组合框的“属性”对话框，选择“其他”选项卡，在其中的“状态栏文字”项目中输入提示信息“性别只能输入男或女”。

15）选择“属性”对话框中的“数据”选项卡，在其中的“行来源类型”项目中选择“值列表”，在行来源中输入“男;女”。

16）选择“在借书数”的字段控件，单击鼠标右键，在快捷菜单中选择“属性”选项，打开“在借书数”文本框的“属性”对话框。

17）选择“属性”对话框中的“其他”选项卡，在其中的“控件提示文本”项目中输入提示信息“在借书数不能超过5本！”。

18）将窗体切换为窗体视图，查看设计结果。

19）保存数据库文件。

任务5.3 操纵数据

5.3.1 任务目标

- 掌握浏览数据的基本方法；
- 掌握修改记录的基本方法；
- 掌握对数据进行的排序和筛选的方法。

5.3.2 相关知识与技能

通过窗体可以方便地浏览记录、添加记录、复制记录、删除记录以及对数据进行排序、查找和筛选等。

1．浏览记录

打开当前窗体时，只能显示一条记录。如果希望浏览多条记录，则可以通过窗体下方的记录选择器（见图5-53）中相关的按钮来定位数据。

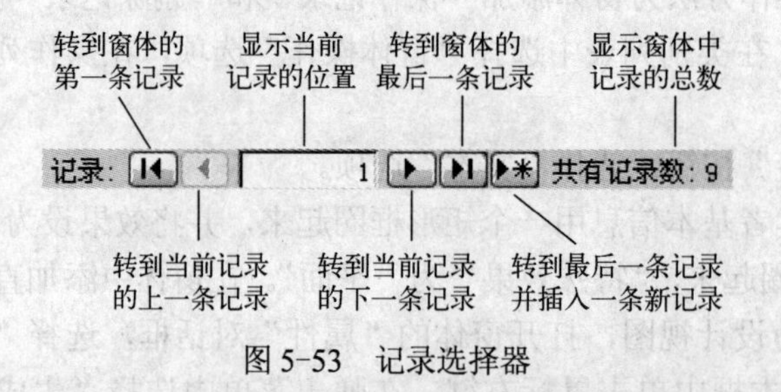

图5-53　记录选择器

2．添加记录

当需要在数据库窗体中添加一条新记录时，可在记录选择器中单击“转到最后一条记录并插入一条新记录”按钮▶*，将转到最后一条记录的末尾，如图5-54所示，此时输入新记录的数据即可。

3．复制记录

当要插入的新记录与窗体中原有的记录相似时，可以利用复制记录的功能来提高工作效率。切换到需要复制的记录上，在窗体左侧的控制条上单击鼠标右键，在弹出的快捷菜单中选择“复制”命令，如图5-55所示。

然后单击记录选择器中的“转到最后一条记录并插入一条新记录”按钮，并在窗体左侧的控制条上单击鼠标右键，从弹出的快捷菜单中单击“粘贴”命令即可完成记录复制，修改部分字段值（特别如主键的值）后，从记录显示器中可以看到记录增加了一条。

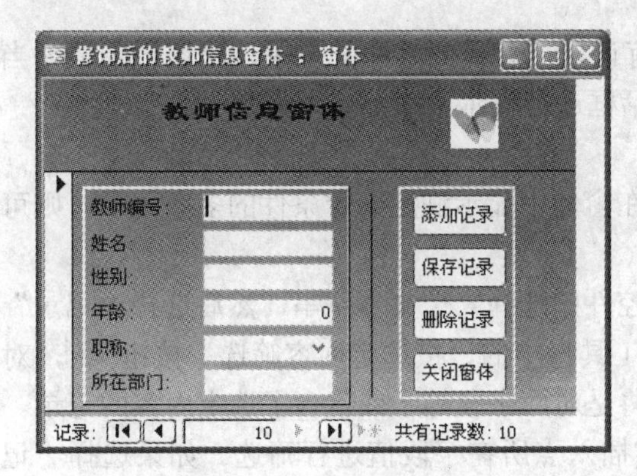

图 5-54　添加新记录

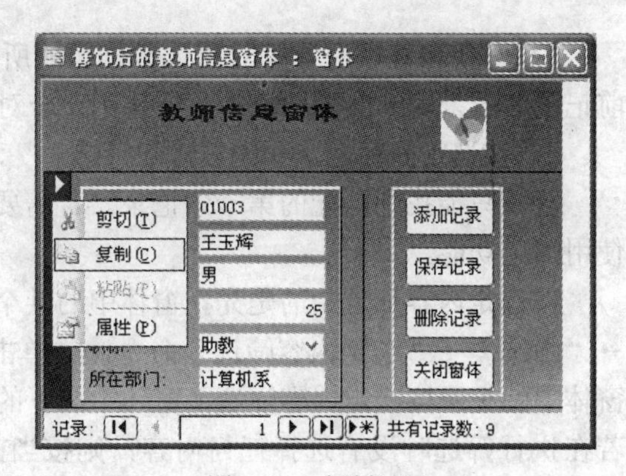

图 5-55　复制记录

4. 删除记录

若要删除窗体中的某条记录，则切换到需要删除的记录上，在窗体左侧的控制条上单击以选中该条记录，然后单击工具栏中的“删除记录”按钮 或按键盘上的〈Delete〉键，此时将打开提示框，提示是否删除，单击“是”按钮即可。

5. 对数据进行排序和查找

在窗体中对数据进行排序可以加快查看速度，即先将光标定位到窗体中需要进行排序的字段上，然后单击工具栏中的“升序”按钮或“降序”按钮，即可按选定字段对记录进行排序。

对窗体数据进行查找可选择“编辑”→“查找/替换”命令，打开“查找和替换”对话框，如图 5-56 所示。

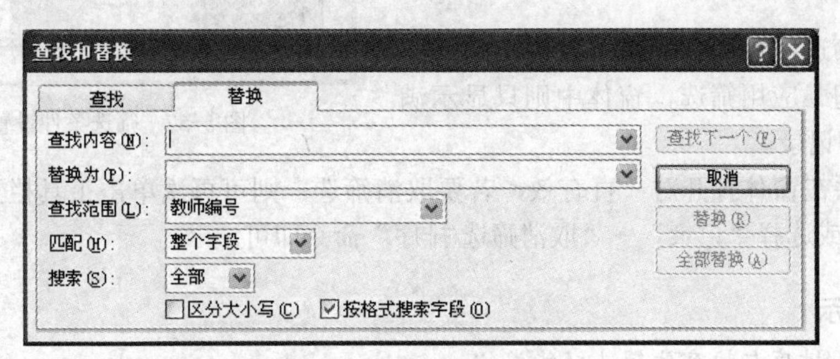

图 5-56　“查找和替换”对话框

说明：

1）在“查找内容”文本框中可输入需要查找的内容。在“查找范围”下拉列表框中可以选择在当前插入点所在字段或是整个窗体内查找。

2）“查找和替换”对话框始终处于其他窗体的最前面。若需要对某个字段查找，则可在窗体中单击该字段控件，查找范围自动变为对应的字段。

3）在对话框中的“匹配”下拉列表框中可选择查找时的比较方式，包括“字段开头”、“整个字段”和“字段任何部分”3 种方式。

4）“查找”选项卡只能用于查找记录，而“替换”选项卡则可在进行查找的同时用指定内容替换找到的记录数据。

5）查找和替换总是针对窗体数据源的所有记录，若找到匹配的记录，则该记录成为当前记录。若未找到匹配的记录，则显示一个对话框进行提示。

6．按选定内容筛选和内容排除筛选

查找只能找到匹配的第一条记录。若需要在窗体中显示满足一定条件的多条记录，则可使用筛选功能。

按选定内容筛选指的是先在窗体中的某个控件中选择一个文本字串，然后选择“记录”→“筛选”→“选定内容筛选”命令，或单击工具栏中的“按选定内容筛选”按钮，对窗体中的记录按选定内容筛选，窗体中剩下的将是对应字段等于或包含了选定内容的记录。若在执行筛选时没有选择任何内容，则按当前插入点所在字段值进行筛选。如果选择“记录”→“筛选”→“内容排除筛选”命令，则筛选后剩下的是对应字段不包含选定了内容的记录。

7．按窗体筛选与高级筛选/排序

选择“记录”→“筛选”→“按窗体筛选”命令或单击工具栏中的“按窗体筛选”按钮，可打开筛选条件设置窗体，如图5-57所示。

在窗体中可以设置一个或多个筛选准则，例如，在“姓名”文本框中输入“Like“王*””，即可筛选姓王的教师记录。如果需要设置多个“或”条件，则可单击图中窗口底部的“或”，打开另一个准则设置窗体。进行筛选时，只有满足一个窗体中设置的准则的记录才会显示在窗体中。

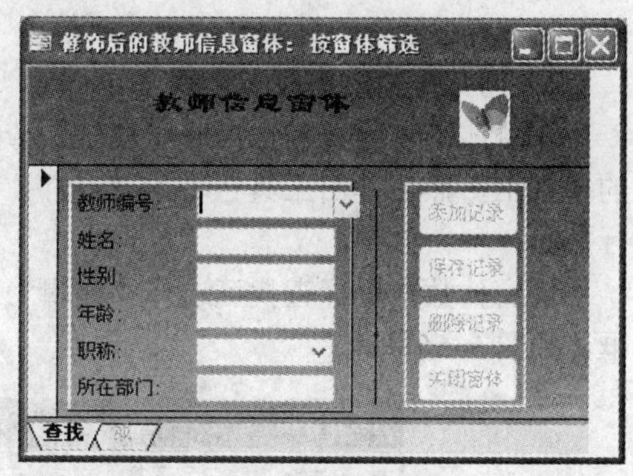

图5-57　筛选条件设置窗体

设置了筛选准则后，单击工具栏上的“应用筛选”按钮应用筛选，窗体中则只显示满足筛选条件的记录。

筛选条件在窗体打开时一直有效，若要取消筛选，则可再次单击工具栏上的“应用筛选”按钮，或选择“记录”→“取消筛选/排序”命令即可。

提示

高级筛选/排序与按窗体筛选功能类似。

5.3.3　任务实现

1）打开“图书借阅”数据库。

2）打开“读者信息窗体设计视图”的窗体视图，通过记录选择器浏览记录。

3）在记录选择器中单击“转到最后一条记录并插入一条新记录”按钮，转到最后一条记录的末尾，输入一条新记录。

4）任选择一条需要复制记录，在窗体左侧的控制条上单击鼠标右键，在弹出的快捷菜单中选择“复制”命令。

5）在记录选择器中选择“转到最后一条记录并插入一条新记录”按钮，在窗体左侧的控制条上单击鼠标右键，从弹出的快捷菜单中单击“粘贴”命令。

6）修改主键字段的值，输入一条新记录。

7）选择新建的记录，在窗体左侧的控制条上单击以选中该条记录，然后单击工具栏上的“删除记录”按钮，删除该记录。

8）将光标定位到窗体中某一字段中，单击工具栏上的“降序”按钮，对记录进行降序排列。

9）选择“记录”→“筛选”→“按窗体筛选”命令，打开筛选条件设置窗体。

10）在“读者性别”字段设置筛选条件为“男”。

11）单击工具栏上的“应用筛选”按钮，查看筛选结果。

12）保存数据库文件。

技能提高训练

1．训练目的

- 进一步掌握创建窗体的方法；
- 进一步掌握调整与修饰窗体的方法。

2．训练内容

1）打开“固定资产管理”数据库。

2）以“供应商信息表”为数据源，创建“供应商信息”纵栏式窗体。

3）以“供应信息表”为数据源，创建“供应信息”窗体。

4）以“资产信息表”为数据源，创建“资产信息”窗体。

5）以“职工信息表”为数据源，创建“职工年龄图表浏览”窗体。

6）使用设计视图，以“职工信息表”为数据源，创建“职工信息”窗体。

7）为“职工信息”添加“添加记录”、“保存记录”、“删除记录”和“退出窗体”命令按钮。

8）调整与修饰窗体，效果如图 5-58 所示。

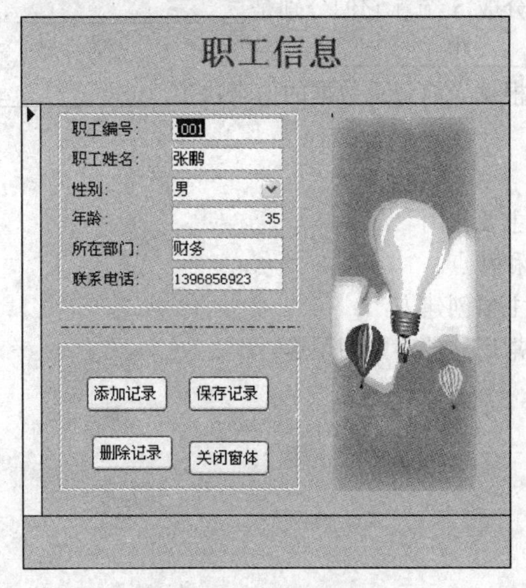

图 5-58　窗体视图

9）保存数据库文件。

习题

一、选择题

1．窗体是由不同种类的对象所组成的，每一个对象都有自己独特的（　　）。

A．字段　　B．属性

C．节　　D．工具栏

2．只可显示数据，无法编辑数据的控件是（　　）。

A．文本框　　B．标签

C．选项组　　D．组合框

3．自动窗体向导不包括（　　）。

A．纵栏式　　B．数据表

C．递阶式　　D．表格式

4．下列不属于未绑定控件的是（　　）。

A．直线　　B．矩形

C．按钮　　D．文本框

5．以下（　　）不是窗体的组成部分。

A．主体　　B．窗体页眉

C．页面页脚　　D．窗体设计器

二、填空题

1．按应用功能的不同，可将 Access 的窗体对象分为＿＿＿＿＿＿和＿＿＿＿＿＿。

2．窗体的数据来源可以是＿＿＿＿＿＿或＿＿＿＿＿＿。

3．使用“自动创建窗体”可以创建＿＿＿＿＿＿、＿＿＿＿＿＿和＿＿＿＿＿＿的窗体。

4．窗体由上而下被分成 5 节，它们分别是＿＿＿＿＿＿、＿＿＿＿＿＿、＿＿＿＿＿＿、＿＿＿＿＿＿和＿＿＿＿＿＿。

5．条件格式是一种根据当前记录数据的值来决定＿＿＿＿＿＿的一种工具。

三、简答题

1．简要总结窗体的主要作用。

2．简述窗体的类型和特点。

3．简要总结窗体的主要创建方法。

4．简要总结工具箱常用控件对象的用途。

第6章 制作报表

报表是以打印格式展示数据的一种有效方式。报表的输出可在屏幕上查看，也可打印为纸质文档。报表是一种自定义的数据视图，数据可以分组和排序，然后按分组次序显示。它还可对数值型字段进行计算或统计汇总，并能用图形的方式显示数据。

【学习目标】

✧ 理解报表的构成与功能；
✧ 掌握创建报表的基本方法；
✧ 掌握对数据进行统计汇总的基本方法；
✧ 掌握打印报表的技巧。

任务6.1 创建报表

6.1.1 任务目标

- 理解报表的视图及功能；
- 掌握使用向导创建报表的基本方法；
- 掌握使用设计器创建报表的基本方法。

6.1.2 相关知识与技能

1. 报表

报表是数据库的一个重要对象，是展示数据的一种有效方式。一个数据库应用系统的最终目的就是输出报表，报表是数据库中的数据通过打印机输出的特有形式，它能将数据源（表或查询）中的数据按照用户设计的格式在屏幕或打印机上输出。

报表对象的主要功能就是将数据库中需要的数据萃取出来，再加以整理和计算，并且以打印格式来输出数据。报表的用途很广，如可以在大量数据中进行比较、小计和汇总等。在实际应用中可以将报表设计成美观的目录、实用的发票、购物订单和标签等，极大地提高了处理业务的效率。

2. 报表的类型

报表分为表格式报表、纵栏式报表、标签式报表和图表式报表4种基本类型。

（1）表格式报表

表格式报表以行和列的格式打印数据，一个记录的所有字段显示在一行，如图6-1所示。可对一个或多个字段数据进行分组，在每个分组中执行汇总计算。

（2）纵栏式报表

纵栏式报表以列的方式显示记录源的每个记录，记录中的每个字段占一行，如图6-2所示。可在纵栏式报表中插入子报表，显示与当前记录有关的其他数据。

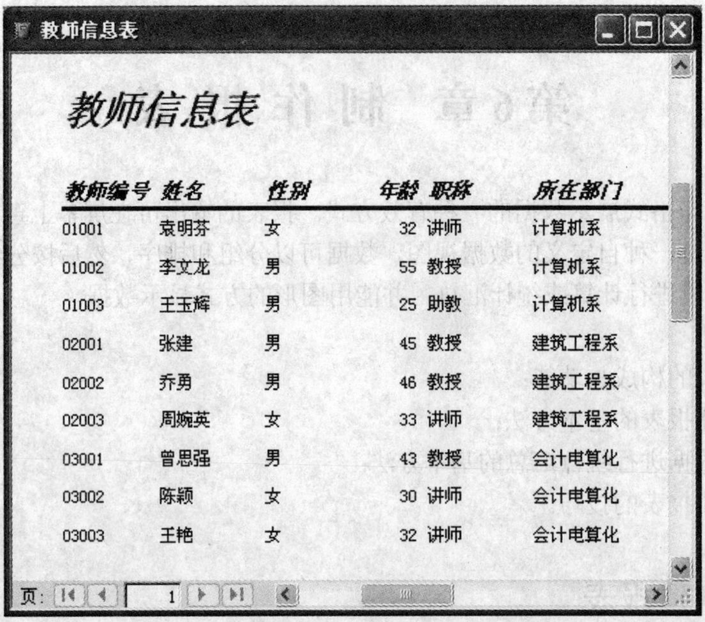
教师信息表
教师信息表
教师编号 姓名 性别 年龄 职称 所在部门
01001 袁明芬 女 32 讲师 计算机系
01002 李文龙 男 55 教授 计算机系
01003 王玉辉 男 25 助教 计算机系
02001 张建 男 45 教授 建筑工程系
02002 乔勇 男 46 教授 建筑工程系
02003 周婉英 女 33 讲师 建筑工程系
03001 曾思强 男 43 教授 会计电算化
03002 陈颖 女 30 讲师 会计电算化
03003 王艳 女 32 讲师 会计电算化
页: 1

图 6-1　表格式报表

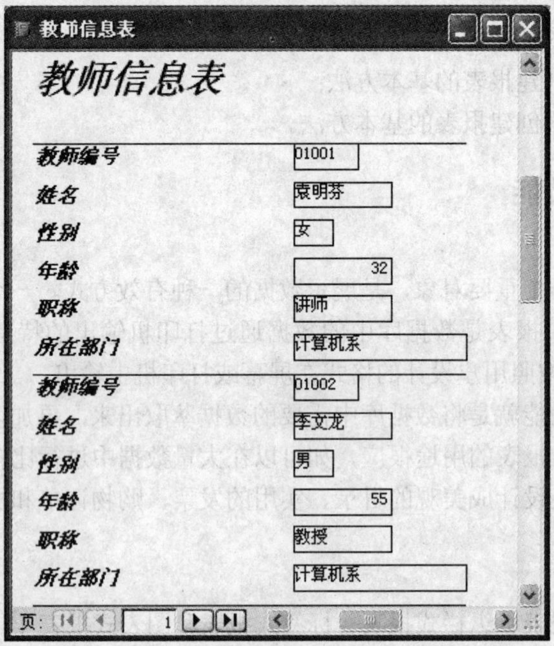
教师信息表
教师信息表
教师编号 01001
姓名 袁明芬
性别 女
年龄 32
职称 讲师
所在部门 计算机系
教师编号 01002
姓名 李文龙
性别 男
年龄 55
职称 教授
所在部门 计算机系
页: 1

图 6-2　纵栏式报表

（3）标签式报表

“标签”的概念与日常生活中购买的商品上所贴的“标签”相似。Access 利用标签式报表可以很轻松地创建这种标签，如图 6-3 所示。

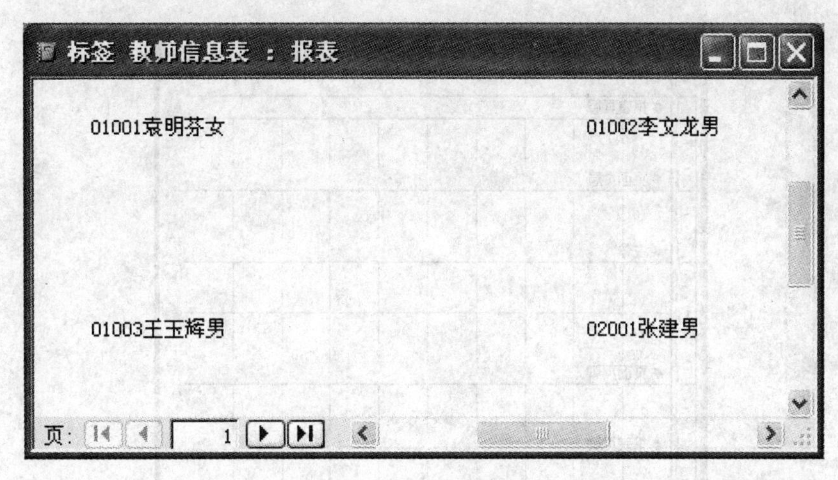

图 6-3　标签式报表

（4）图表式报表

图表式报表是指在报表中以图表的方式显示数据，如图 6-4 所示。Access 提供了 20 多种不同类型的图表。

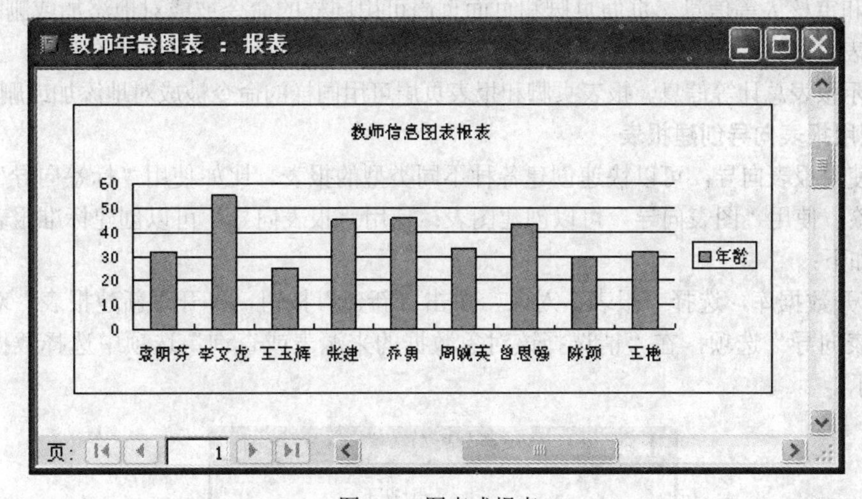

图 6-4　图表式报表

3．理解报表的结构及各部分的作用

报表和窗体的结构相似，通常由报表页眉、报表页脚、页面页眉、页面页脚和主体五部分构成，每个部分称为报表的一节，如图 6-5 所示。

所有的报表除了必须有一个主体节外，其他节都是可选的，报表中各节的作用分别如下。

- 报表页眉：整个报表的页眉，只出现在报表第一页的页面页眉的上方，主要用来输出单位的徽章、报表标题、制作单位等信息。单击“视图”→“报表页眉页脚”命令，可添加或删除报表的页眉及页脚。
- 页面页眉：显示和打印在报表每一页的头部，在表格式报表中用来显示报表每一列的标题。单击“视图”→“页面页眉/页脚”命令，可添加或删除页面页眉及页脚。
- 主体：是整个报表的核心部分。数据源中的每一条记录都放置在主体节中。

图 6-5 “报表”编辑窗口

- 页面页脚：显示和打印在报表每一页的底部，利用页面页脚来显示报表页码、制作者和审核人等信息。页面页脚和页面页眉可用同样的命令被成对地添加或删除。
- 报表页脚：是整个报表的页脚，仅出现在报表最后一页的页面页脚的下方。主要用来显示报表总计等信息。报表页脚和报表页眉可用同样的命令被成对地添加或删除。

4. 使用报表向导创建报表

通过使用报表向导，可以快速创建各种不同类型的报表。比如使用“标签向导”可以创建邮件标签；使用“图表向导”可以创建图表；使用“报表向导”可以创建标准报表。具体操作步骤如下：

1）打开数据库，选择“报表”对象，单击“新建”按钮，打开“新建报表”对话框，选择“报表向导”选项，在“请选择该对象数据的来源表或查询”选项中选择数据源，如图 6-6 所示。

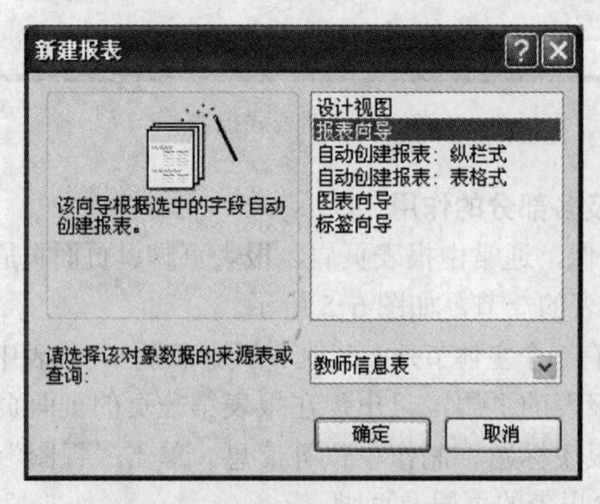

图 6-6 “新建报表”对话框

2）单击“确定”按钮，打开“报表向导”对话框，在“可用字段”列表中选择需要的字段，添加到“选定字段”列表中，如图 6-7 所示。

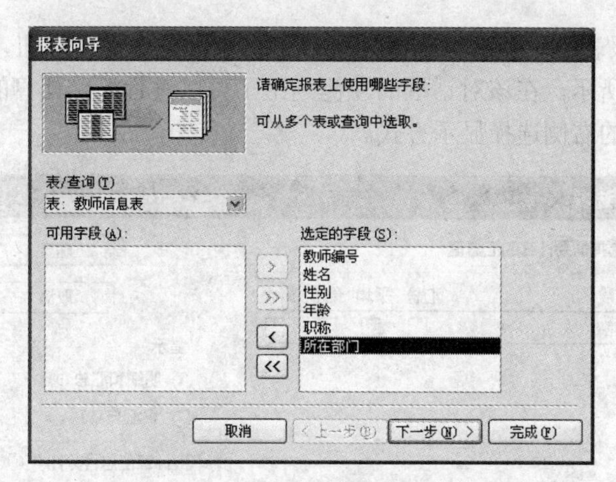

图 6-7 “报表向导”对话框

3）单击“下一步”按钮。确定是否添加、删除或修改分组级别，如图 6-8 所示。

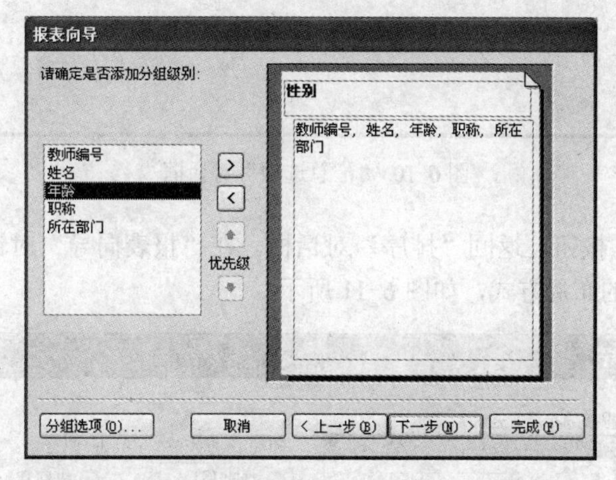

图 6-8 设置分组级别后的“报表向导”对话框

4）单击“下一步”按钮，确定排序字段与方式，最多可以按 4 个字段对记录排序，如图 6-9 所示。

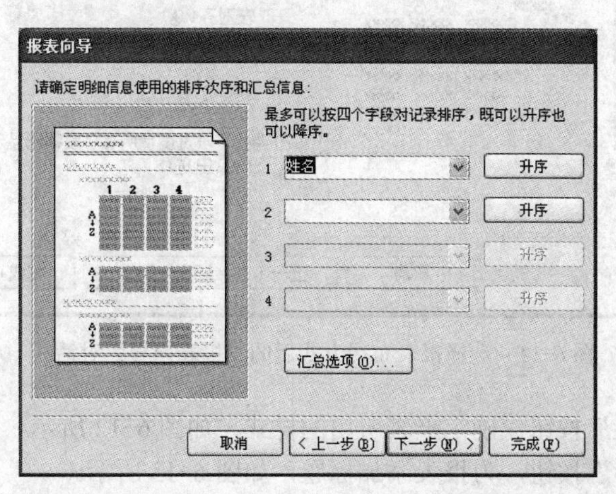

图 6-9 确定排序字段与方式后的“报表向导”对话框

5）如果希望在报表中添加汇总信息，可以单击“汇总选项”按钮，打开“汇总选项”对话框，如图 6-10 所示。在该对话框的左侧列出了可以进行汇总计算的字段，选中希望汇总的类型，在对话框的右侧选择显示方式。

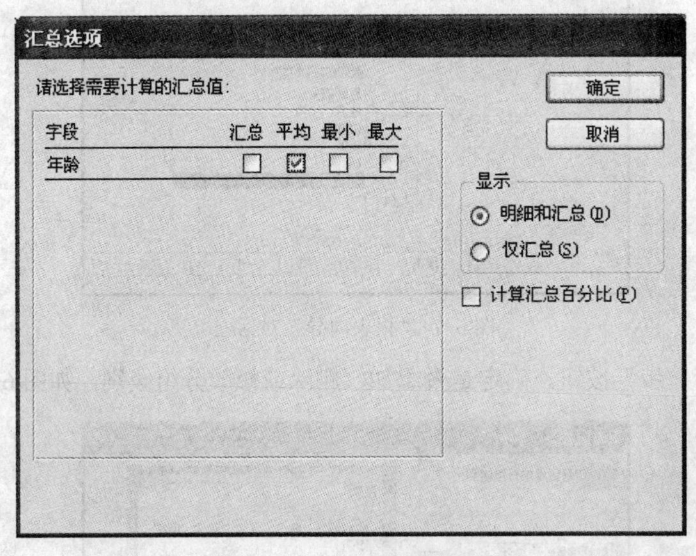

图 6-10 “汇总选项”对话框

6）单击“确定”按钮，返回“排序”对话框。在“报表向导”对话框中，单击“下一步”按钮，选择报表的布局方式，如图 6-11 所示。

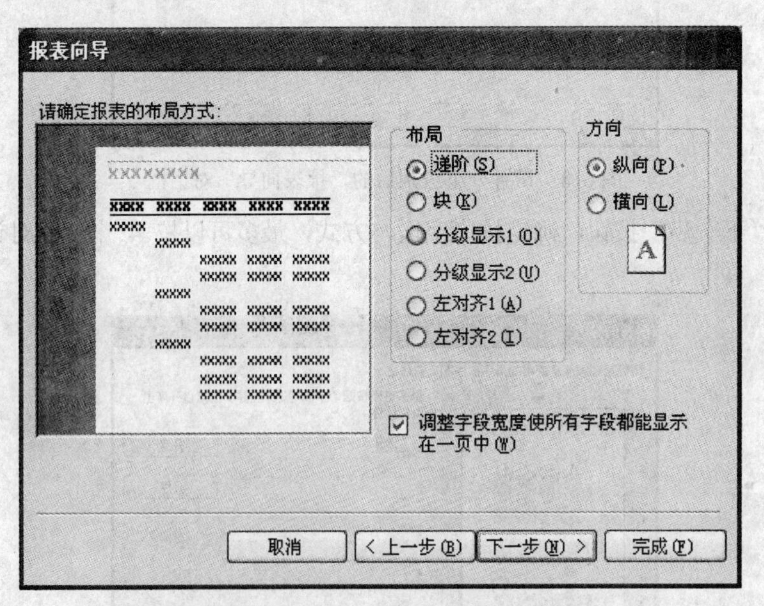

图 6-11 选择报表布局方式后的“报表向导”对话框

7）单击“下一步”按钮，确定报表所用的样式，如图 6-12 所示。

8）单击“下一步”按钮，为报表添加标题，如图 6-13 所示。

9）单击“完成”按钮，即可看到具体的报表，如图 6-14 所示。

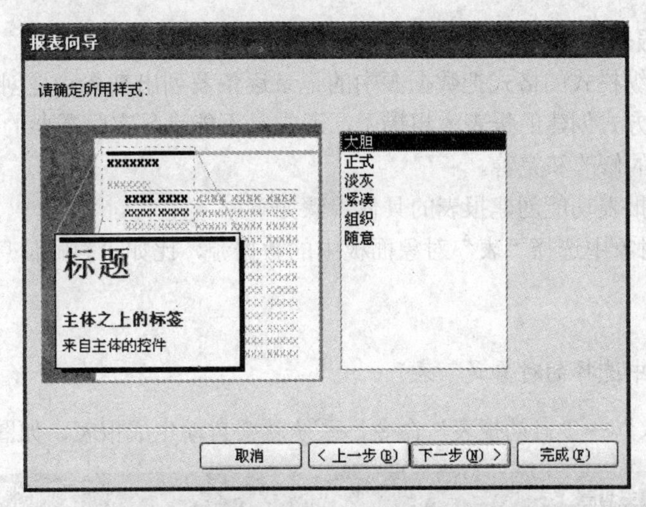

图 6-12　确定报表样式后的“报表向导”对话框

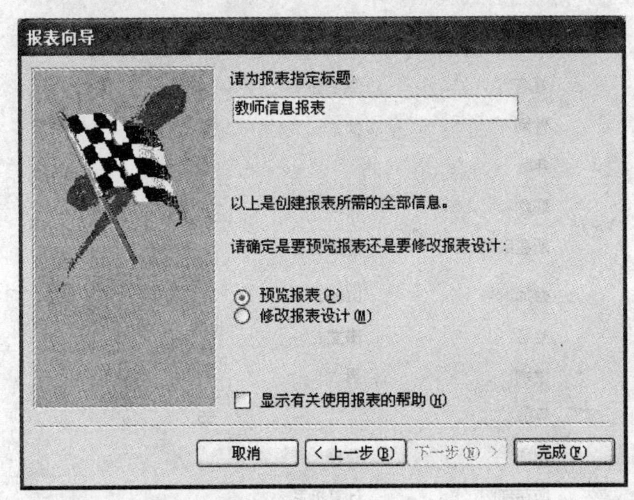

图 6-13　添加标题后的“报表向导”对话框

教师信息报表向导创建

性别	姓名	教师编号	年龄	职称	所在部门
男					
	李文龙	01002	55	教授	计算机系
	乔勇	02002	46	教授	建筑工程系
	王玉辉	01003	25	助教	计算机系
	曾思强	03001	43	教授	会计电算化
	张建	02001	45	教授	建筑工程系
汇总 '性别' = 男 (5 项明细记录)					
平均值			42.8		
女					
	陈颖	03002	30	讲师	会计电算化
	王艳	03003	32	讲师	会计电算化
	袁明芬	01001	32	讲师	计算机系
	周婉英	02003	33	讲师	建筑工程系
汇总 '性别' = 女 (4 项明细记录)					
平均值			31.75		

图 6-14　报表

5．使用自动报表功能创建报表

自动报表是以纵栏式的格式把数据源中的记录逐条罗列出来，它是创建报表最简单快捷的方式。但是这种方式创建的报表太粗糙了，通常是不能满足实际需要的，但可以在设计视图中对其作进一步的修改和完善。

利用自动创建报表功能创建报表的具体步骤如下：

1）在数据库对象中选择“表”对象面板中的数据源，比如“教师信息表”。

注意

在数据库对象中选择的对象是“表”。

2）选择“插入”→“自动报表”命令，系统就会自动生成报表，如图 6-15 所示。

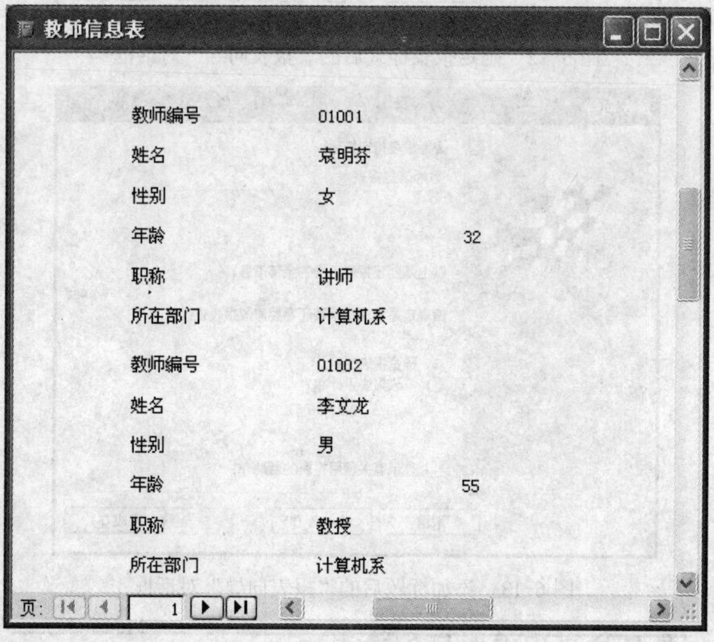

教师信息表

教师编号	01001
姓名	袁明芬
性别	女
年龄	32
职称	讲师
所在部门	计算机系
教师编号	01002
姓名	李文龙
性别	男
年龄	55
职称	教授
所在部门	计算机系

页：1

图 6-15　自动生成的报表

3）单击“文件”→“保存”按钮，输入报表名称后保存报表即可。

6．使用设计视图创建报表

设计视图可以用来创建或修改报表，通常用来弥补报表向导的不足。如要修改报表向导建立的报表，就可以进入该报表的设计视图中进行修改。使用设计视图创建报表的具体步骤如下：

1）打开数据库，选择“报表”对象，单击“新建”按钮，打开“新建报表”对话框，选择“设计视图”选项，并在“请选择该对象数据的来源表或查询”选择框中选择数据源，如图 6-16 所示。

2）单击“确定”按钮，打开“报表”编辑窗口，将“字段列表”中希望显示的字段拖到主体节中，调整控件的位置。再利用格式菜单中的对齐命令，设置定义报表的整体布局，并在“页面页眉”节添加标签，输入报表标题，并设置其格式，如图 6-17 所示。

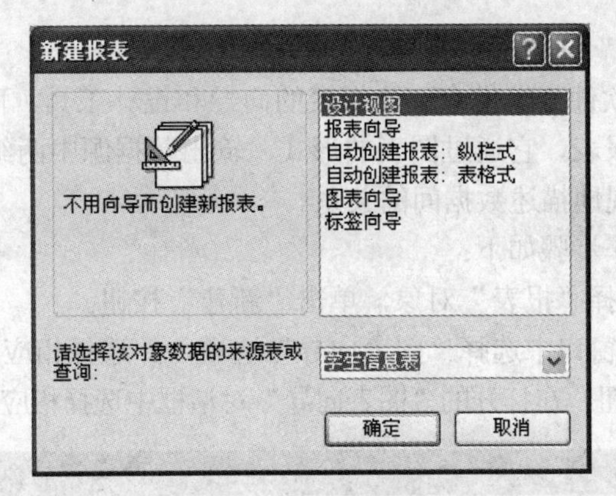

图 6-16 “新建报表”对话框

图 6-17 “报表”编辑窗口

3）保存并预览报表，效果如图 6-18 所示。

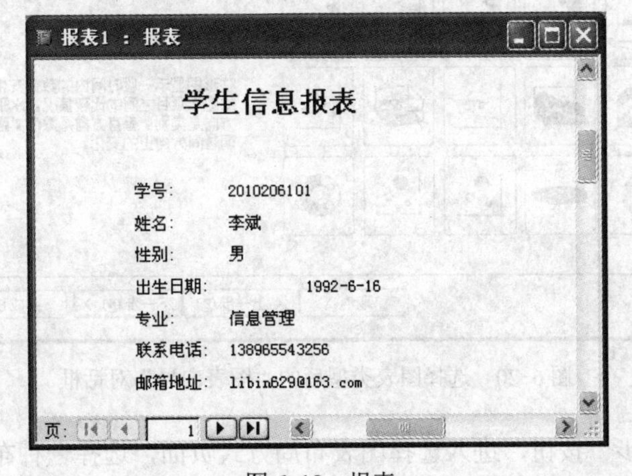

图 6-18 报表

7．利用“图表向导”创建图表报表

一般的数据库系统软件都提供有创建报表的向导和设计工具，而图表报表是 Access 中特有的一种特殊格式的报表，它通过图表的形式，输出数据源中两组数据间的关系。用图表形式可以更方便、更直观地描述数据间的关系。

创建图表报表的操作步骤如下：

1）打开数据库，选择“报表”对象，单击“新建”按钮。

2）在“新建报表”窗口中选择“图表向导”选项，并选择相应的“数据源”。

3）单击“确定”按钮，在打开的“图表向导”对话框中选择相应字段，如图 6-19 所示。

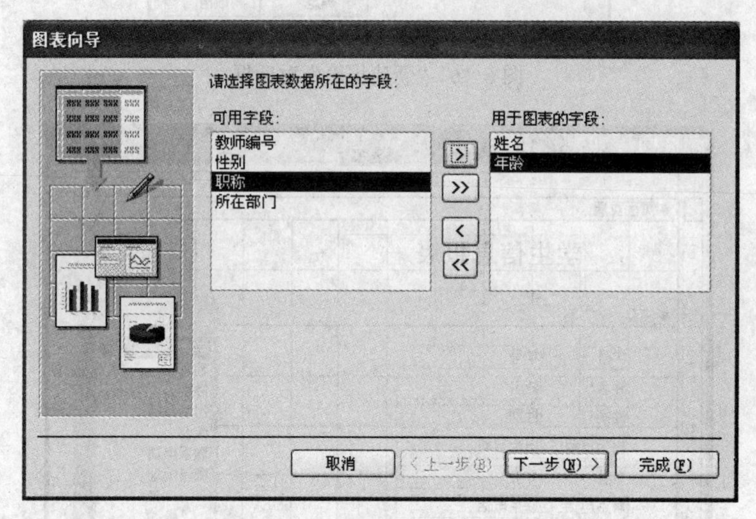

图 6-19 “图表向导”对话框

4）单击“下一步”按钮，进入选择图表类型页面，选择需要的图表类型，如图 6-20 所示。

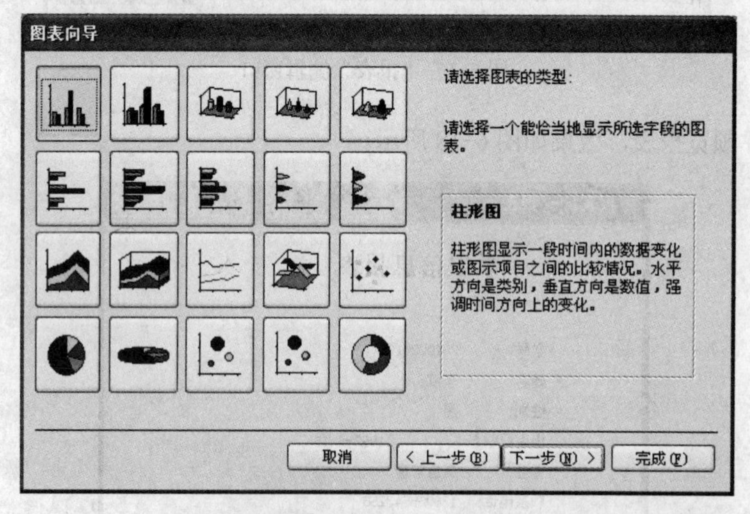

图 6-20 选择图表类型后的“图表向导”对话框

5）单击“下一步”按钮，进入选择图表布局方式页面，选择一种布局方式，如图 6-21 所示。

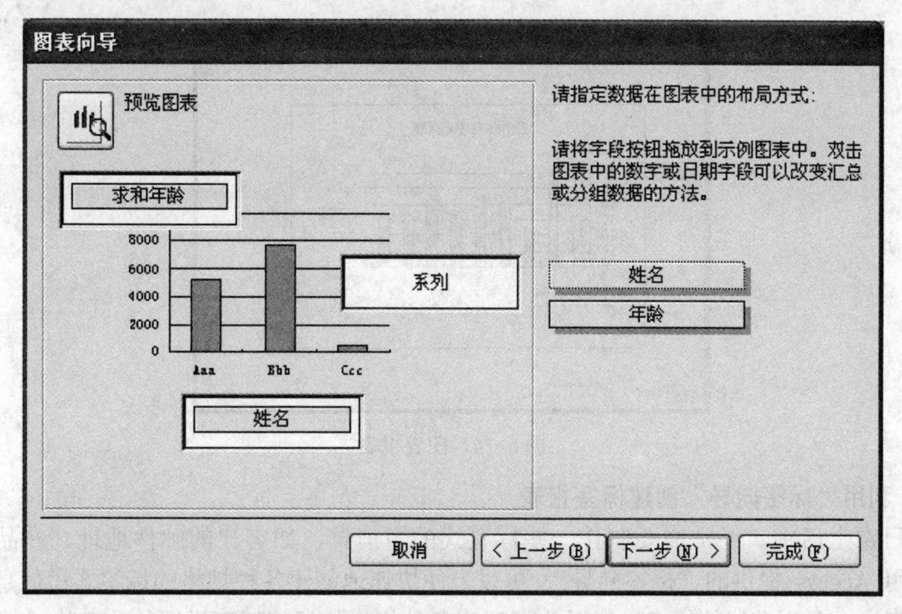

图 6-21 选择图表布局方式“图表向导”对话框

6）双击图表的数值型字段（如“求和年龄”），可打开“汇总”对话框，选择汇总依据，如图 6-22 所示。

7）单击“确定”按钮，返回“图表向导”对话框。单击对话框左上角的“预览图表”按钮，可预览所设计的图表报表结果，如图 6-23 所示。单击“关闭”按钮，返回“图表向导”对话框。

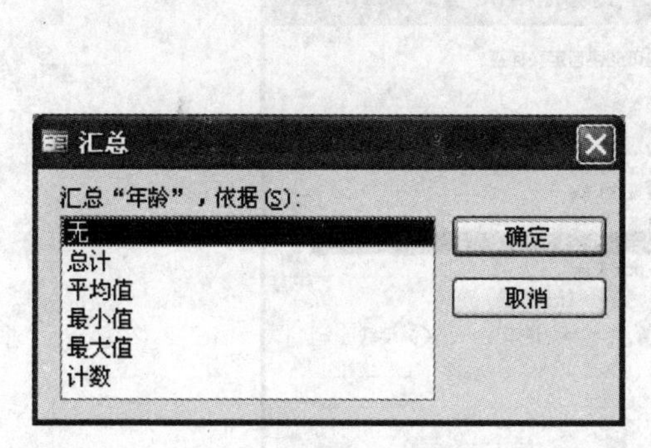

图 6-22 “汇总”对话框

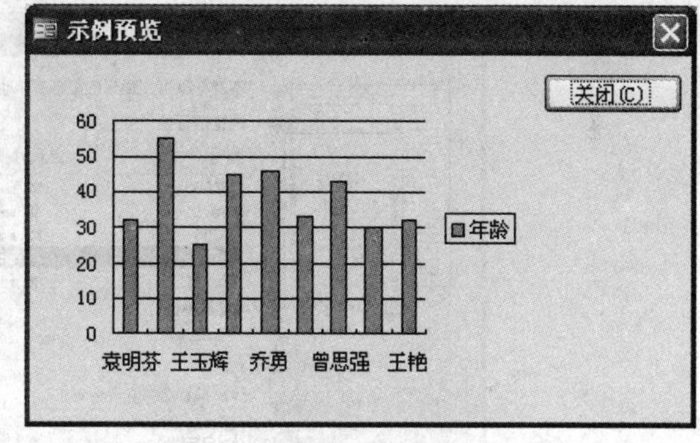

图 6-23 预览图表报表

注意

如果对预览到的图表不满意，可切换到“设计视图”，再双击主体节上的图表区，进入类似于 Excel 的图表设计窗口，直接对图表进行修改即可，如果想改变图表的类型，只需右击该图表，选择快捷菜单中的图表类型后，在弹出的类型选择对话框中重新选择即可。

8）单击“下一步”按钮，设置图表的标题等参数。

9）单击“完成”按钮，即可看到设计结果，如图 6-24 所示。

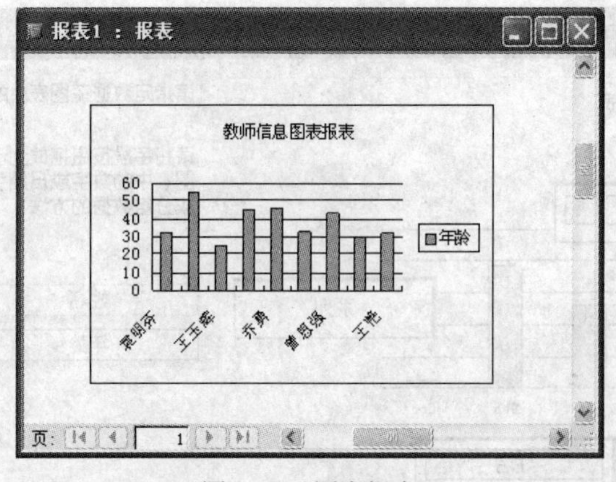

图 6-24　图表报表

8. 利用“标签向导”创建标签报表

在日常生活中，经常需要制作一些标签式的短消息，如客户的邮件地址、产品的标签等。利用 Access 提供的“标签向导”，可以方便快速地创建各种规格的标签式短信息报表。标签报表属于多列布局的报表，它是为了适应各种规格的标签纸而设置的特殊格式的报表。

创建标签报表的基本操作步骤如下：

1）打开数据库，选择“报表”对象，单击“新建”按钮，打开“新建报表”对话框。

2）选择“标签向导”，并选择数据源。

3）单击“确定”按钮，在“标签向导”对话框中选择标签的尺寸及类型，如图 6-25 所示。如果在标签的尺寸列表框中找不到所需要的尺寸类型，可以单击“自定义”按钮自行设计。

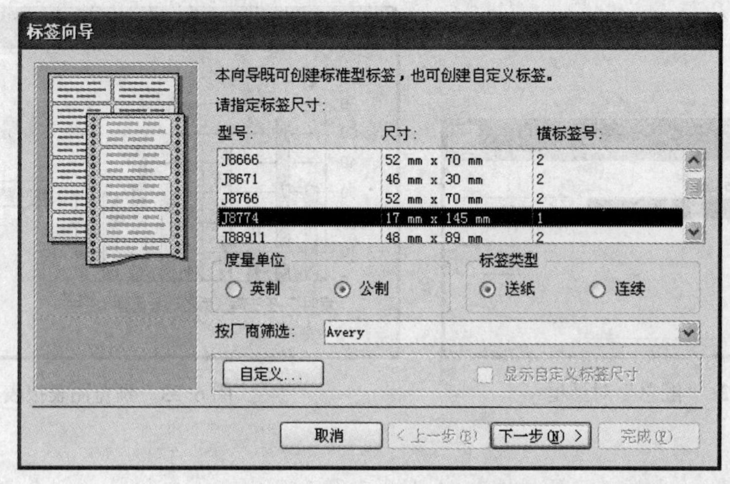

图 6-25 “标签向导”对话框

4）单击“下一步”按钮，在图 6-26 所示页面中设置标签中需要文本的字体、字号、颜色和粗细等参数。

5）单击“下一步”按钮，在图 6-27 所示页面中选择标签中希望显示的字段。

6）单击“下一步”按钮，在图 6-28 所示页面中选择每个标签记录的排序依据，可按单个字段进行排序，也可依据多个字段进行排序。

图 6-26　设置格式后的“标签向导”对话框

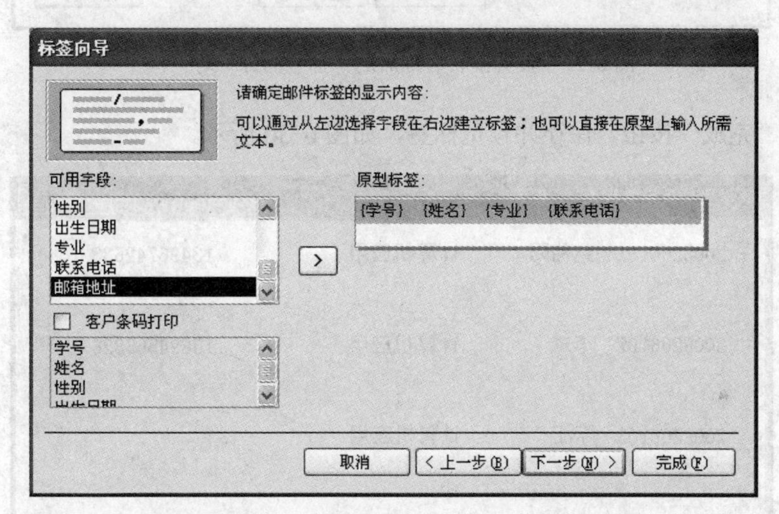

图 6-27　设置显示字段后的“标签向导”对话框

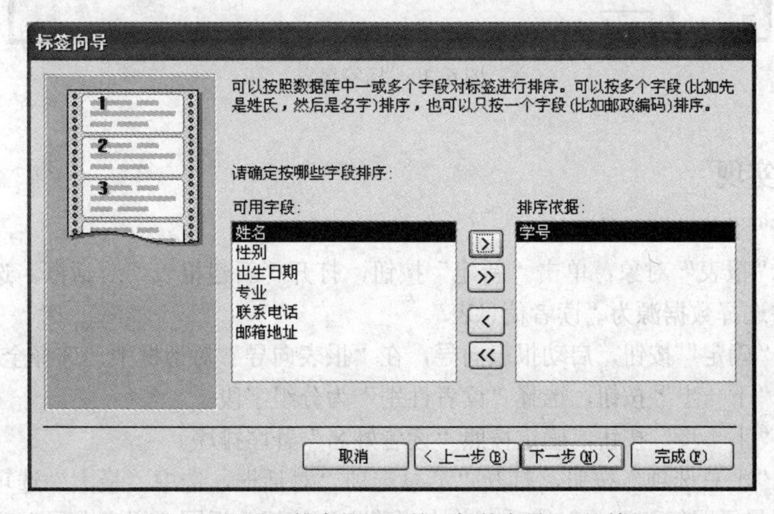

图 6-28　设置排序依据后的“标签向导”对话框

7）单击“下一步”按钮，在图 6-29 所示页面中设定报表的名称等。

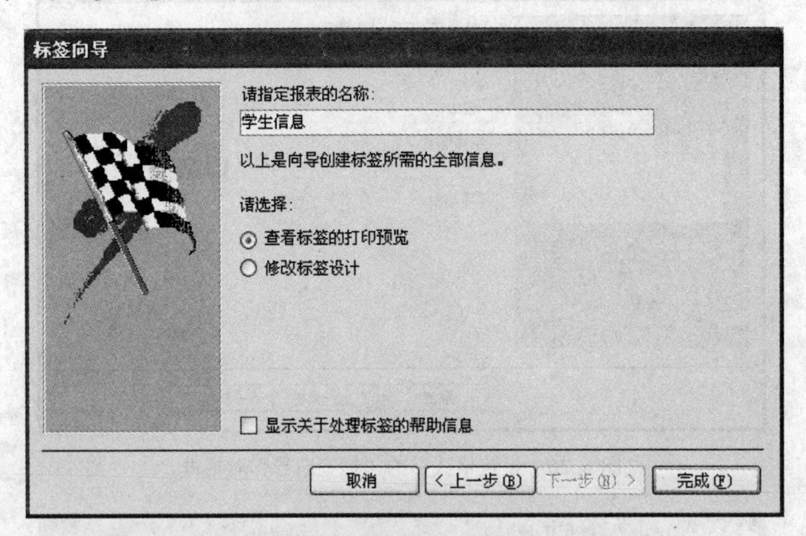

图 6-29　设置报表名称后的“标签向导”对话框

8）单击“完成”按钮，保存并预览标签，如图 6-30 所示。

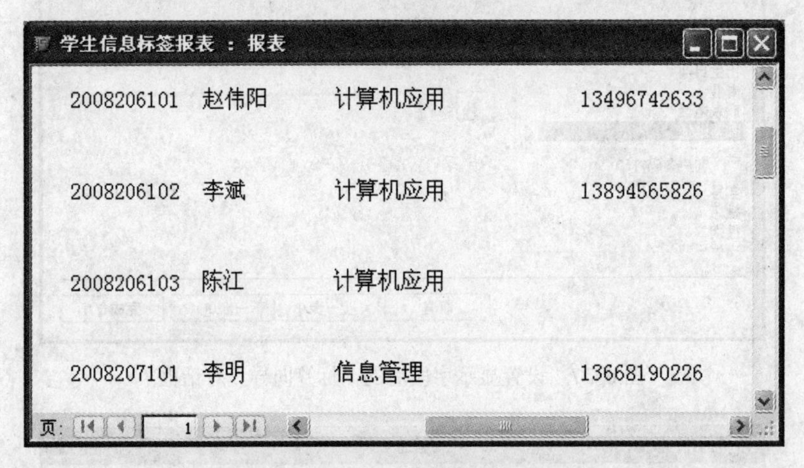

图 6-30　标签报表

6.1.3　任务实现

1）打开“图书借阅”数据库。

2）选择“报表”对象，单击“新建”按钮，打开“新建报表”对话框。选择“报表向导”选项，并选择数据源为“读者信息表”。

3）单击“确定”按钮，启动报表向导，在“报表向导”对话框中，选择全部字段。

4）单击“下一步”按钮，选择“读者性别”为分组字段。

5）单击“下一步”按钮，确定按照“读者姓名”升序排序。

6）单击“汇总选项”按钮，打开“汇总选项“对话框，选中“最大”选项，在对话框的右侧选择“显示明细和汇总”选项，单击“确定”按钮，返回“报表向导”对话框。

7）在“报表向导”对话框中，单击“下一步”按钮，选择报表的布局方式为“递阶”。

8）单击“下一步”按钮，确定报表所用的样式为“正式”。

9）单击“下一步”按钮，为报表添加标题“读者信息报表”。

10）单击“完成”按钮，查看报表。

11）在数据库窗口中单击“表”对象，选择数据源“图书信息表”。

12）选择“插入”→“自动报表”命令，系统就会自动生成报表，保存并命名“图书信息报表”。

13）在数据库窗口中选择“报表”对象，单击“新建”按钮，打开“新建报表”对话框，选择“设计视图”选项，并选择“借阅信息表”作为数据源。

14）单击“确定”按钮，打开报表设计视图，将“字段列表”中全部字段拖到主体节中，调整各个控件的位置，再利用格式菜单中的对齐命令，设置定义报表的整体布局，并在“报表页眉”节添加标签，输入报表标题“借阅信息报表”，并设置其格式。

15）保存为“借阅信息报表”，预览报表。

16）在数据库窗口中切换到“报表”对象，单击“新建”按钮，在“新建报表”窗口中选择“图表向导”选项，选择“数据源”为“读者信息表”。

17）单击“确定”按钮，在打开的“图表向导”对话框中，选择字段“读者姓名”和“在借书数”。

18）单击“下一步”按钮，选择“柱形图”图表类型。

19）单击“下一步”按钮，在“图表向导”对话框中双击“求和在借书数”按钮，打开“汇总”对话框，选择“无”选项。

20）单击“确定”按钮，返回“图表向导”对话框，单击“下一步”按钮，设置图表的标题“读者借阅信息”。

21）单击“完成”按钮，保存报表为“读者在借书数图表”。

22）保存数据库文件。

任务 6.2　编辑报表

6.2.1　任务目标

- 掌握报表的排序和分组方法；
- 掌握为报表添加页码和日期的方法。

6.2.2　相关知识与技能

报表创建之后，经过一段时间的使用，可能会由于需求的改变而要做适当的改动，这时候就可能要对原来保存的报表进行编辑和修改。报表的编辑必须在报表的设计视图中进行，具体包括添加控件（可参照窗体中的描述）、对数据的排序与分组、添加分页符和页码、日期和时间等。通过编辑，可以设计出功能更强大、外观更和谐的报表。

1．报表的排序和分组

在报表中最多可以按 10 个字段或表达式进行排序。具体操作步骤如下：

1）打开需要修改的报表的“设计视图”，单击“视图”→“排序和分组”命令，打开“排序与分组”对话框，如图 6-31 所示。

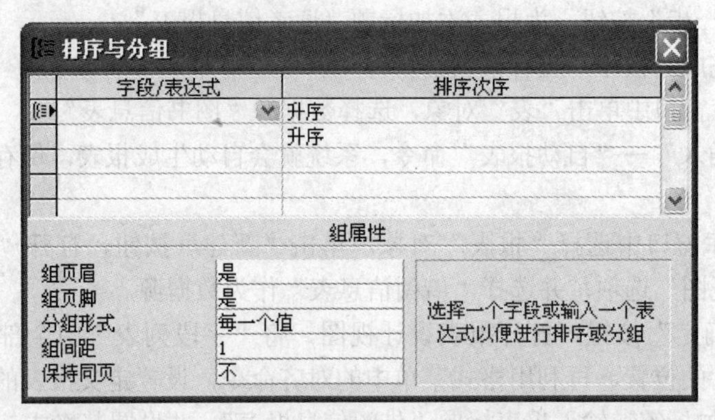

图 6-31 “排序与分组”对话框

提示

也可以单击工具栏上的“排序与分组”按钮，打开“排序与分组”对话框。

2）在“字段/表达式”列的第一行，选择一个字段名称（或直接键入一个表达式）。第一行的字段或表达式具有最高的排序优先级，第二行具有次高的排序优先级，依次类推，例如选择按照“性别”升序排序后再按照年龄排序。

3）在“排序与分组”对话框下部的“组属性”栏中设置相应的组属性，如果只排序不分组，则“组页眉”和“组页脚”属性都设置为“否”，其他属性则为默认。例如采用按照性别分组，在性别字段的组属性的组页眉或组页脚的属性设置为“是”，如图 6-32 所示。

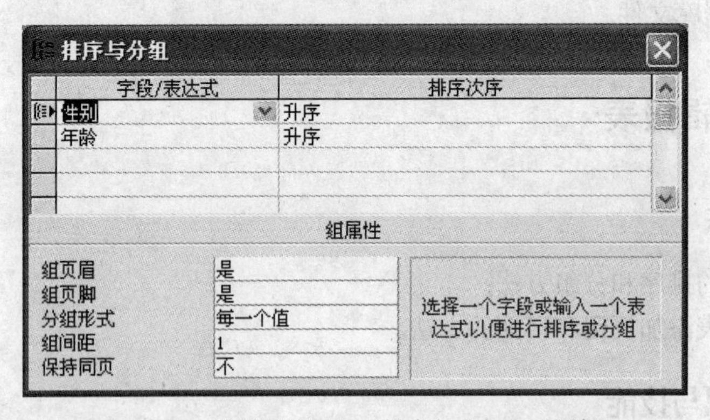

图 6-32 设置属性后的“排序与分组”对话框

4）保存后预览结果，如图 6-33 所示。

2．添加页码和日期时间

在输出报表时，通常要包含“第几页，共几页”等页码信息，或者生成报表的日期时间。Access 也可以在报表中加入这些内容，而这些通常都是放在报表的“页面页脚”或“页面页眉”中的。

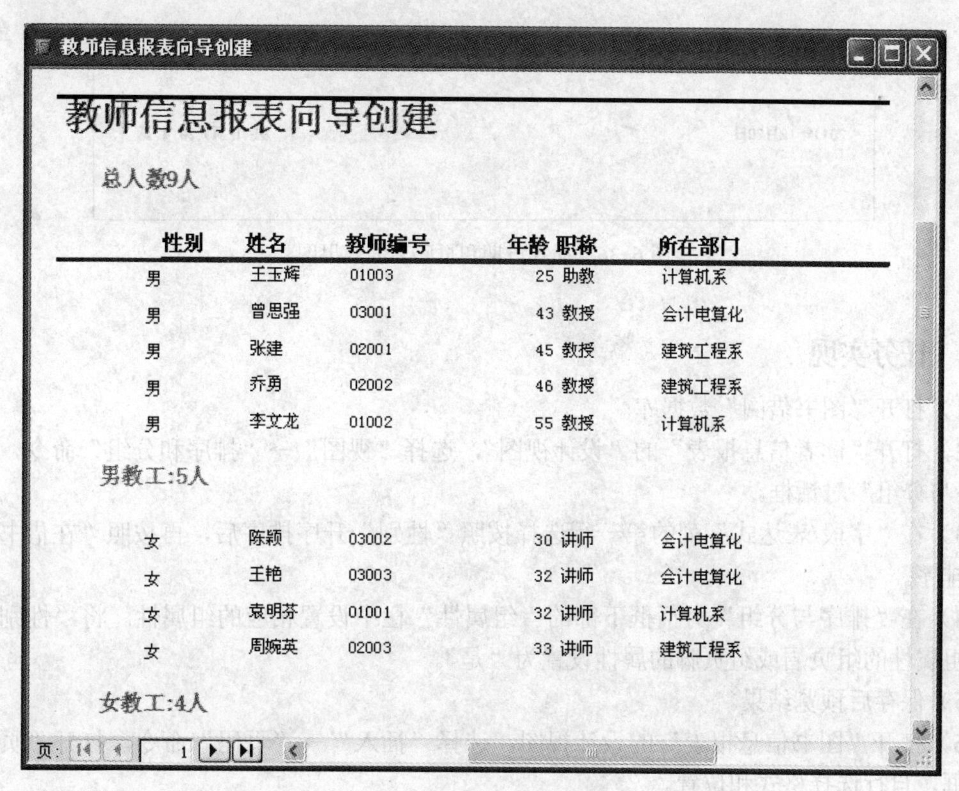

图 6-33　排序和分组报表

在报表中添加页码和日期时间的操作步骤如下：

1）在设计视图中打开报表，选择“插入”→“页码”命令，打开“页码”对话框，在该对话框中，可以设置页码的格式、页码所处的位置以及对齐方式等，如图 6-34 所示。

2）设置完成后，单击“确定”按钮，即可在报表中插入页码。

3）选择“插入”→“日期和时间”命令，打开“日期和时间”对话框，选择格式，根据需要选中“包含时间”选项，如图 6-35 所示。

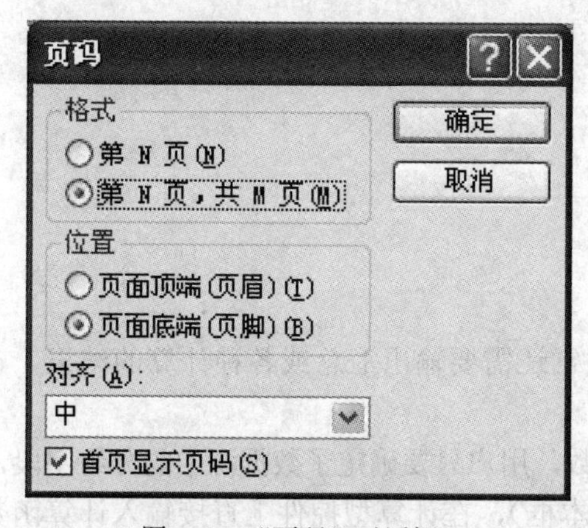

图 6-34 “页码”对话框

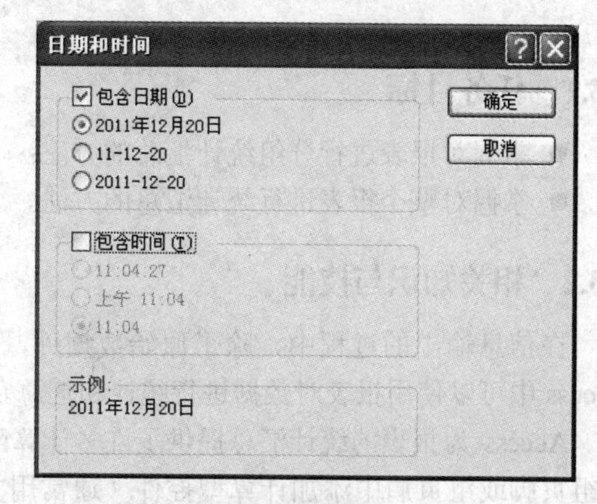

图 6-35 “日期和时间”对话框

4）保存后页面底部效果如图 6-36 所示。

2011年12月20日　　共 1 页，第 1 页

图 6-36　插入日期和页码后的效果图

6.2.3　任务实现

1）打开“图书借阅”数据库。

2）打开“读者信息报表”的“设计视图”，选择“视图”→“排序和分组”命令，打开“排序与分组”对话框。

3）在“字段/表达式”列的第一行选择按照“性别”升序排序后，再按照“在借书数”升序排序。

4）在“排序与分组”对话框下部的“组属性”栏中设置相应的组属性。将“性别”字段的组属性的组页眉或组页脚的属性设置为“是”。

5）保存后预览结果。

6）打开“图书信息报表”的设计视图，选择“插入”→“页码”命令，打开“页码”对话框，自行选择格式和位置。

7）单击“确定”按钮，关闭对话框。

8）选择“插入”→“日期和时间”命令，打开“日期和时间”对话框，自行选择格式。

9）单击“确定”按钮，关闭对话框。

10）保存并预览报表效果。

11）保存数据库文件。

任务 6.3　报表的统计与汇总

6.3.1　任务目标

- 掌握对报表进行分组统计汇总的方法；
- 掌握对整个报表进行统计汇总的方法。

6.3.2　相关知识与技能

在信息输出的过程中，除了原始数据外，通常还需要输出汇总或各种计算的结果。在 Access 中可以使用报表对数据进行统计和汇总。

Access 为报表的统计汇总提供了许多计算函数，用户只要确定了数据源中的分组字段，在组页脚或组页眉中添加计算型控件（通常用文本框），在计算型控件上直接输入计算函数（也可以利用表达式生成器输入函数），就可以得到各组记录的统计汇总值。如果对数据源中的全部记录进行总的统计汇总，则计算型控件必须放在报表页眉或报表页脚上。

注意

在函数或表达式的前面一定要加上“=”。

1. 对报表进行分组统计汇总

对报表进行分组统计汇总的步骤如下：

1）打开要进行分组统计汇总的报表的设计视图，如果该报表还没有分组，先执行分组操作。

2）在组页脚中添加文本框控件，用来统计，如统计男女教职工的人数。

3）在文本框控件中输入显示标题和统计汇总计算函数或表达式，如图 6-37 所示。

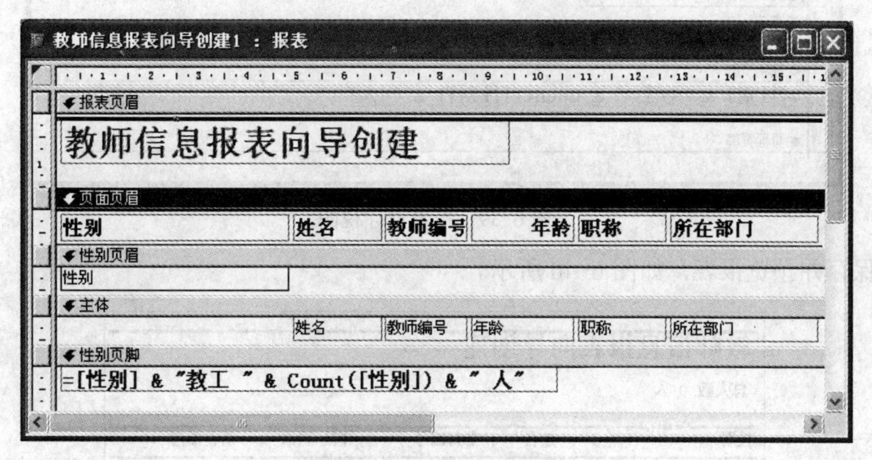

图 6-37　报表设计视图

4）保存并预览报表，效果如图 6-38 所示。

教师信息报表向导创建

性别	姓名	教师编号	年龄	职称	所在部门
男					
	曾思强	03001	43	教授	会计电算化
	乔勇	02002	46	教授	建筑工程系
	张建	02001	45	教授	建筑工程系
	李文龙	01002	55	教授	计算机系
	王玉辉	01003	25	助教	计算机系
男教工 5 人					
女					
	王艳	03003	32	讲师	会计电算化
	陈颖	03002	30	讲师	会计电算化
	周婉英	02003	33	讲师	建筑工程系
	袁明芬	01001	32	讲师	计算机系
女教工 4 人					

图 6-38　分组统计汇总报表

2. 对整个报表进行统计汇总

对整个报表进行统计汇总的步骤如下：

1）打开要进行统计汇总的报表的设计视图。

2）在“报表”窗口的组页脚或组页眉处，根据需要添加若干个文本框控件，输入显示标题和统计汇总计算函数或表达式，如图 6-39 所示。

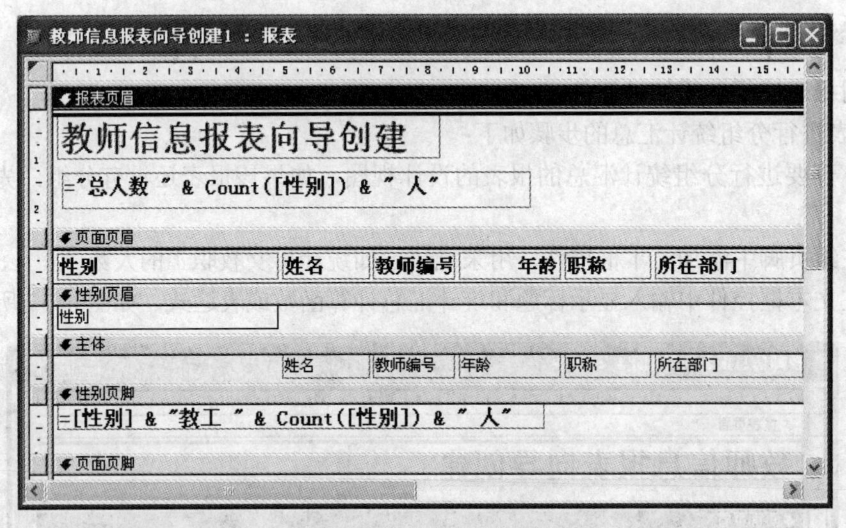

图 6-39　报表设计视图

3）保存并预览报表，如图 6-40 所示。

教师信息报表向导创建

总人数 9 人

性别	姓名	教师编号	年龄	职称	所在部门
男					
	曾思强	03001	43	教授	会计电算化
	乔勇	02002	46	教授	建筑工程系
	张建	02001	45	教授	建筑工程系
	李文龙	01002	55	教授	计算机系
	王玉辉	01003	25	助教	计算机系
男教工 5 人					
女					
	王艳	03003	32	讲师	会计电算化
	陈颖	03002	30	讲师	会计电算化
	周婉英	02003	33	讲师	建筑工程系
	袁明芬	01001	32	讲师	计算机系
女教工 4 人					

图 6-40　对整个报表进行统计汇总的报表

6.3.3　任务实现

1）打开“图书借阅”数据库。

2）打开“读者信息报表”的设计视图（前边已经按照性别分组）。

3）在组页脚中添加文本框控件，统计男女读者的人数。格式设置为“加粗”、“10 号”、“宋体”和“蓝色”。在文本框中输入内容“=[性别] & "读者:" & Count([性别]) & "人"”。

4）在报表页眉中添加控件，计算读者的总人数。格式设置为“加粗”、“10 号”、“黑体”和“红色”。在文本框中输入内容为“="总人数" & Count([性别]) & "人"”。

5）保存并预览报表。

6）保存数据库文件。

任务 6.4 打印输出报表

6.4.1 任务目标

- 掌握对报表进行预览的方法；
- 掌握对报表打印的方法。

6.4.2 相关知识与技能

1. 使用预览视图工具栏

在报表预览视图下，工具栏的“打印预览”工具栏如图 6-41 所示。

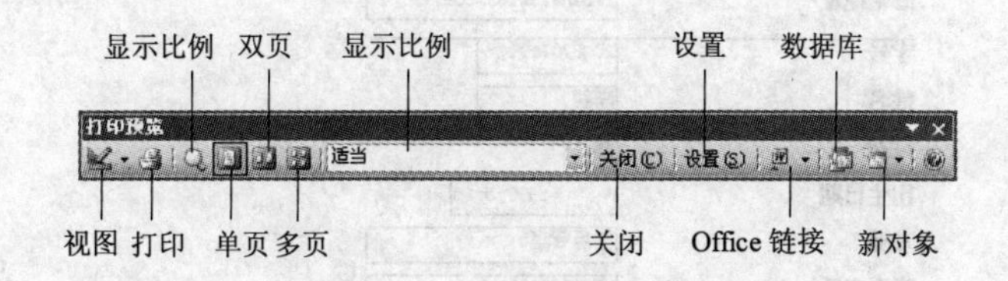

图 6-41 “打印预览”工具栏

按照从左到右的顺序，工具栏中各按钮的功能如下。

- 视图：显示当前窗口的可用视图。
- 打印：打印选定的报表。
- 显示比例：在“适当”和当前选择的显示比例之间切换。
- 单页：预览一页报表。
- 双页：预览两页报表。
- 多页：预览多页报表。
- 显示比例：下拉框中选择合适的预览显示比例。
- 关闭：退出报表预览状态。
- 设置：对报表的页面进行设置。
- Office 链接：可以将报表合并到 Word 中，或者通过 Word 进行发布，或用 Excel 进行分析。
- 数据库：显示“数据库”窗口，列出当前数据库中的全部对象。可以利用拖放等方法将对象从“数据库”窗口移动到当前窗口。
- 新对象：利用向导创建数据库对象。

2. 预览报表的版面布局

报表设计过程中，设计者往往需要对该报表进行预览，以观察报表的输出是否符合设计要求，如果不符合要求则需要返回设计视图进行修改，修改完成后再对其进行预览，如此反复直到符合设计要求为止。

报表的“版面预览”视图方式主要用于查看报表的版面布局，通过版面预览可以加速查看报表的页面布局。具体的步骤如下：

1）在“设计”视图中打开需要预览版面的报表。选择“视图”菜单中的“版面预览”命令，或者单击工具栏中的“视图”按钮右边的下拉箭头，从下拉列表中选择“版面预览”命令，进入“版面预览”视图。如图 6-42 所示。

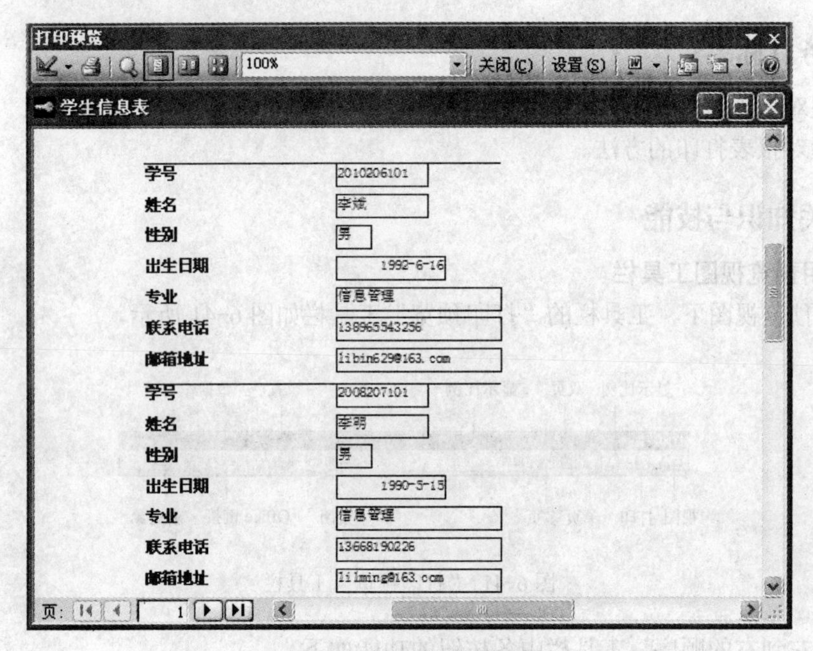

图 6-42 “版面预览”视图

2）在“版面预览”视图下，用户可以进行如下操作：

● 单击“打印预览”工具栏中的“显示比例”文本框，可以选择或输入所需的缩放比例。

● 如果要同时浏览多页报表内容，可以单击工具栏中的“两页”或“多页”按钮。

● 如果要浏览其他页，可以单击窗口底部的记录浏览按钮。

● 单击“打印预览”工具栏中的“关闭”按钮，可以返回到报表的设计视图。

3. 预览报表

如果用户不仅要查看报表的版面布局，而且还需要同时以报表页的方式预览报表中的所有数据，可以在“打印预览”视图中打开相应的报表，具体的操作步骤如下：

1）在“数据库”窗口中，选择“报表”对象。

2）单击要预览的报表名。

3）单击工具栏中的打印“预览”按钮，或者选择“文件”菜单下的“打印预览”命令，在“打印预览”视图中显示报表的布局和数据。

4. 打印报表

单击工具栏中的“打印”按钮可以直接打印报表。如果要打开“打印”对话框进行相应的设置，则在“数据库”窗口中选择报表，或者在“设计视图”、“打印预览”或“版面预览”下打开相应的报表，然后选择“文件”→“打印”命令，打开如图 6-43 所示对话框。

在“打印”对话框中可以进行以下设置：

● 在“打印机”选项组中，指定打印机的型号。

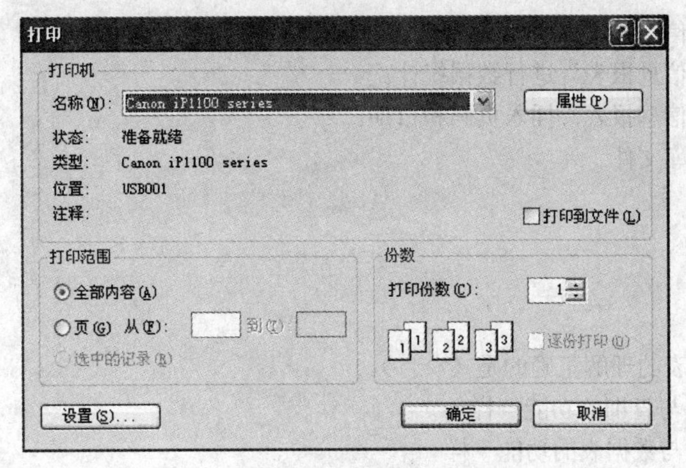

图 6-43 “打印”对话框

● 在“打印范围”选项组中，指定打印所有页或打印页的范围。

● 在“份数”选项组中，指定打印的份数以及是否需要对其进行分页。

设置完成后，单击“确定”按钮，即可启动打印机打印报表。

6.4.3 任务实现

1）打开“图书借阅”数据库。

2）在“数据库”窗口中，选择“读者信息报表”报表。

3）选择“文件”菜单下的“打印预览”命令，在“打印预览”视图中预览报表的布局和数据。

4）选择“文件”→“打印”命令，打开打印对话框。

5）在“打印机”选项组中，指定打印机的型号，在“打印范围”选项组中，将打印页的范围设为“全部内容”，在“份数”选项组中，指定打印的份数为“1”。

6）单击“确定”按钮，打印报表。

技能提高训练

1. 实训目的

● 进一步掌握创建报表的方法；

● 进一步掌握调整与修饰报表方法；

● 进一步掌握对报表中数据统计汇总。

2. 实训内容

1）打开“固定资产管理”数据库。

2）以“职工信息表”为数据源，创建“职工信息报表”

3）以“资产信息表”为数据源，创建“资产信息报表”。

4）以“职工信息表”为数据源，创建图表报表“职工年龄图表”。

5）以“资产信息表”为数据源，创建标签报表“资产信息标签报表”。

6）对“资产信息报表”用“资产类型”分组。

7）对“资产信息报表”进行数据统计。

8）为“资产信息报表”插入页码和日期。

9）保存数据库文件。

习题

一、选择题

1．以下对报表的理解正确的是（　　）。

A．报表与查询的功能一样

B．报表与数据表的功能一样

C．报表只能输入/输出数据

D．报表能输出数据和实现一些计算

2．要实现报表的分组统计，其操作区域是（　　）。

A．报表页眉或报表页脚区域

B．页面页眉或页面页脚区域

C．主体节区域

D．组页眉或组页脚区域

3．要在报表的每一页的底部都输出信息，需要设置的区域是（　　）。

A．报表页眉　　B．报表页脚

C．页面页眉　　D．页面页脚

4．新建报表的记录来源是（　　）。

A．数据表　　B．查询

C．数据表和查询　　D．数据表和窗体

5．要计算报表中所有学生的英语成绩的平均成绩，在报表页脚节内对应英语字段列的位置添加一个文本框计算控件，应该设置其控件的来源属性为（　　）。

A．=Avg（[英语]）　　B．Avg（[英语]）

C．=Sum（[英语]）　　D．Sum（[英语]）

二、填空题

1．报表的主要作用是__________和____________。

2．报表分为纵栏式报表、__________、图表报表和__________4 种类型。

3．报表的____________________部分是报表不可缺少的关键内容。

4．报表的数据源可以是__________和____________。

5．报表页眉的内容只能在报表的__________输出。

三、简答题

1．简述报表的组成和每部分的主要功能。

2．简要总结报表的创建方法。

3．分组的主要目的是什么？

4．如何在报表中插入日期、时间和页码？

第 7 章　使用数据访问页

随着 Internet 的广泛普及和应用，Web 应用已经成为当今各种应用程序的一种重要功能，网页已经成为越来越重要的信息发布手段。Access 从 2000 版本开始增加了“数据访问页”功能，支持将数据库中的数据通过 Web 页发布，以求信息共享。

【学习目标】

✧ 掌握创建数据访问页的方法；
✧ 掌握编辑数据访问页的方法；
✧ 掌握发布和访问数据访问页的方法。

任务 7.1　创建数据访问页

7.1.1　任务目标

- 了解数据访问页的概念和作用；
- 了解数据访问页的分类；
- 掌握创建访问页的方法。

7.1.2　相关知识与技能

1．数据访问页（DAP）

数据访问页是直接与数据库中的数据联系的 Web 页，是 Access 数据库中的一个基本对象，但与其他对象不同，它不保存在数据库中，而是保存在外部的独立文件中，在数据库中看到的是创建数据访问页后该文件的一个快捷方式。

数据访问页的作用有 3 个方面。

1）远程发布数据：可以将数据库中的数据以网页的形式发布到 Internet 上。

2）远程维护信息：对于拥有修改权限的用户，可以远程登录到数据访问页上，对数据库中的数据进行修改维护。

3）随时更新：在浏览数据访问页时，利用“刷新”命令，可以随时查看数据库中最新的数据。

2．数据访问页的分类

按照功能，数据访问页可分为交互报表页、数据输入页、数据分析页 3 种类型。

1）交互式报表类型：交互式报表类型的数据访问页用来对数据库中的信息进行展开，折叠分组。前者显示详细信息，后者显示汇总信息。可以在此类数据访问页中对数据进行交互排序和筛选，但只能用来查看数据，不能编辑数据库中的数据。

2）数据输入类型：数据输入类型的数据访问页可用于浏览、添加和编辑数据库中的记录，类似于窗体，可对数据库中的数据进行输入、编辑、删除操作。但与窗体不同的是数据访问页在 Access 中只保存一个快捷方式，访问页本身保存在 Access 之外。

3）数据分析类型：数据分析类型的数据访问页与数据透视表窗体相似，包含一个数据透视表，可重新组织数据并用不同的方法分析数据。也可以包含图表、电子表格等。

3．数据访问页的视图

数据访问页使用的视图有设计视图和页视图两种。

（1）设计视图

设计视图是可对数据访问页进行修改的一种视图，用于对数据访问页进行修改，如图 7-1 所示。

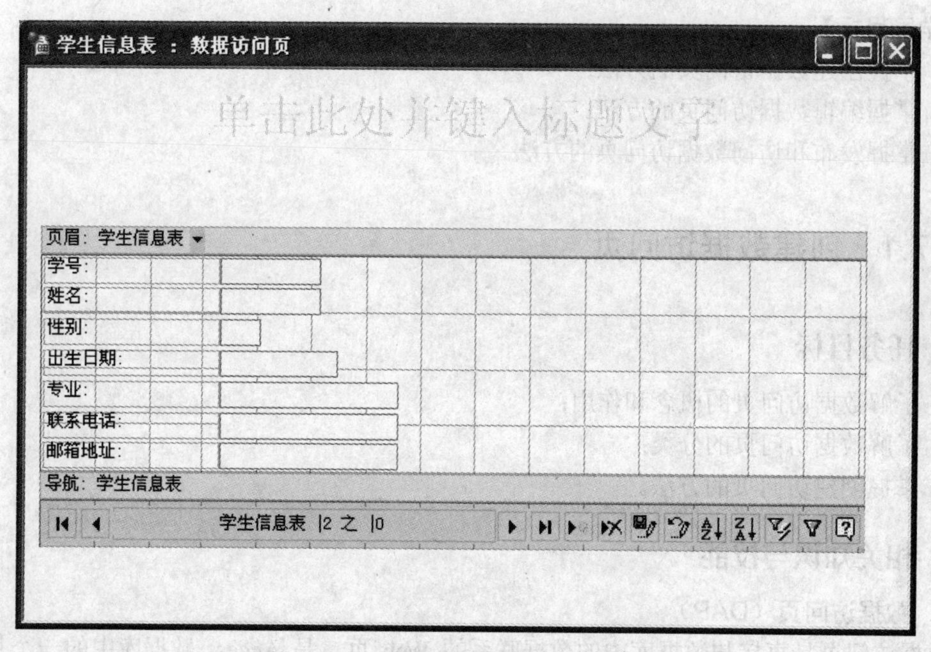

图 7-1　数据访问页设计视图

打开数据访问页“设计视图”有两种方法：

- 单击要打开的数据访问页，然后选择“设计”按钮，即可打开数据访问页的设计视图。
- 用鼠标右键单击页名，从弹出的快捷菜单中选择“设计视图”命令也可以打开数据访问页的设计视图。

（2）页视图

页视图是查看所生成的数据访问页样式的一种视图，用来浏览所创建的数据访问页，如图 7-2 所示。

当通过上述方法打开了设计视图后，可通过工具栏中的“切换”按钮转换成相应的页视图。

4．创建数据访问的方法

Access 为数据访问页提供了一系列创建和设计的方法。打开数据库窗口，单击“页”对象，单击“新建”按钮便会看到如图 7-3 所示“新建数据访问页”对话框。其中提供了 4 种创建数据访问页的方法。

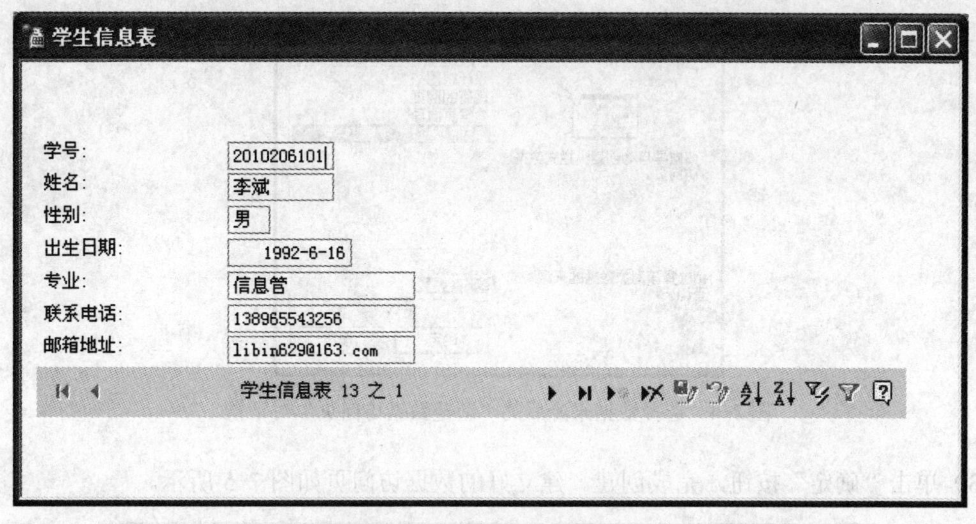

图 7-2　数据访问页页视图

- 设计视图：不使用向导而由用户自行创建数据访问页。
- 现有的网页：利用已经存在的网页来创建数据访问页。实际是在现有网页的基础上进行修改，它的操作与修改数据访问页的方法一样。
- 数据页向导：利用向导根据所选数据源和字段自动建立数据访问页。
- 自动创建数据页：最简单快捷的一种建立数据访问页的方法。

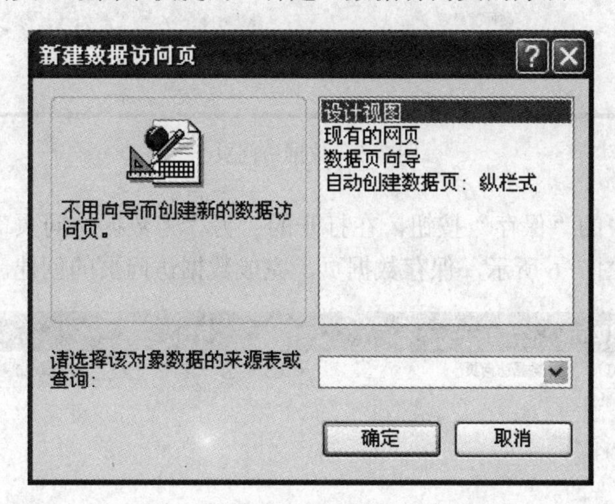

图 7-3　“新建数据访问页”对话框

5. 使用“自动创建数据页”创建数据访问页

自动创建数据页只需要指定某个表或查询作为数据访问页的数据来源就可以了，它是最快捷的一种方法。具体创建步骤如下：

1）打开数据库，在数据库窗口中单击“页”对象，单击工具栏中的“新建”按钮。打开如图 7-3 所示的“新建数据访问页”对话框。

2）在右侧列表中选择“自动创建数据页：纵栏式”选项，并在“请选择该对象数据的来源表或查询”右侧列表框中选择数据来源，如图 7-4 所示。

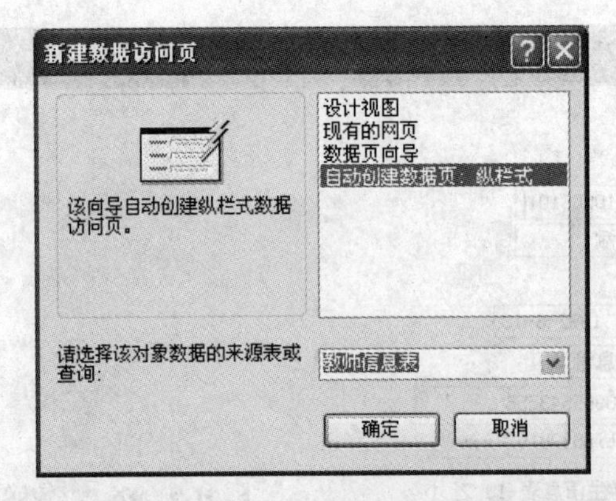

图 7-4　选择数据来源后的“新建数据访问页”对话框

3）单击“确定”按钮，完成创建。建立好的数据访问页如图 7-5 所示。

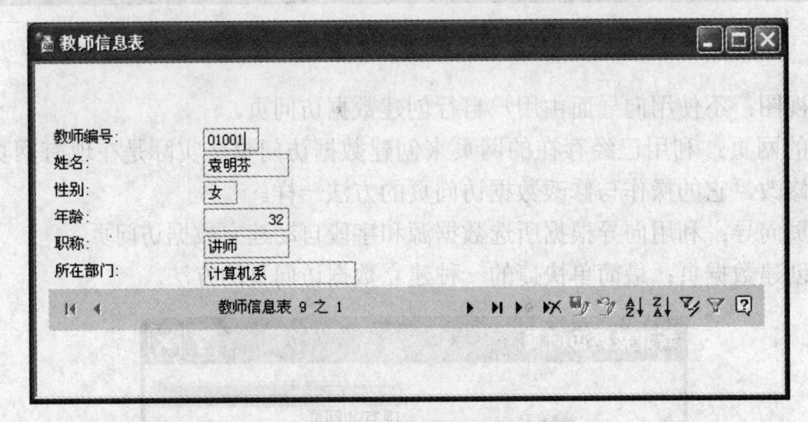

图 7-5　数据访问页

4）单击工具栏中的“保存”按钮，在打开的“另存为数据访问页”对话框中，指定保存位置与文件名，如图 7-6 所示，保存数据页，完成数据访问页的创建。

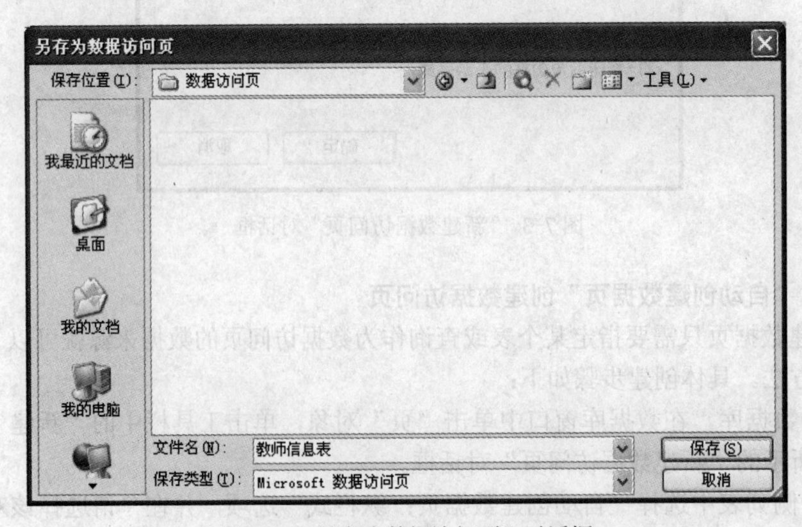

图 7-6　“另存为数据访问页”对话框

6．使用向导创建数据访问页

使用“自动创建数据页”创建数据访问页方便快捷，但它不能满足用户的一些具体需要，如数据的分组和排序等。在这种情况下可以选择使用向导创建数据访问页。利用向导来创建的数据访问页的基本步骤如下：

1）打开数据库，在数据库窗口中单击“页”对象，然后在右侧列表中双击“使用向导创建数据访问页”，打开“数据页向导”对话框，如图 7-7 所示。

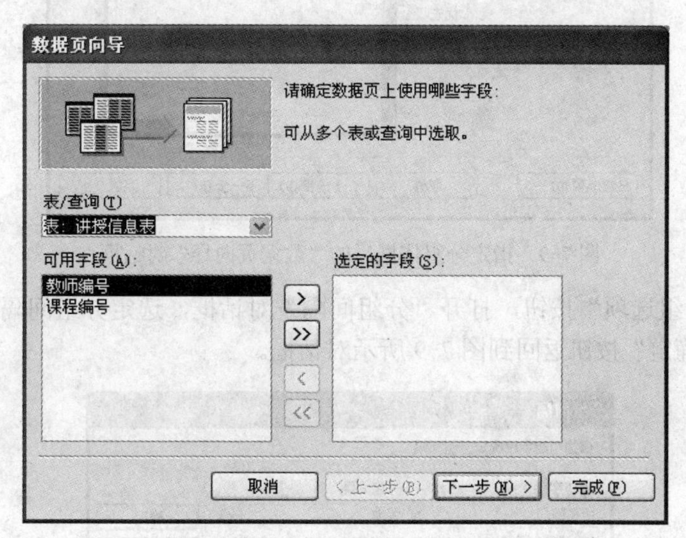

图 7-7 “数据页向导”对话框

2）在“表/查询”下拉列表框中选择需要显示的数据表或查询，在“可用字段”列表中选中需要显示的字段，单击 [>] 图标，将其导入“选定的字段”列表中，如图 7-8 所示。

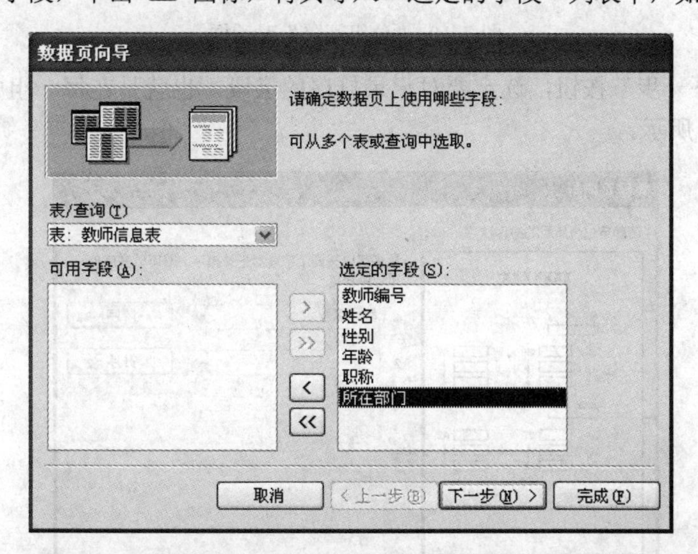

图 7-8 选择显示数据表和字段后的“数据页向导”对话框

3）单击“下一步”按钮，指定一个或多个字段作为分组的依据，这与报表向导类似，如图 7-9 所示。

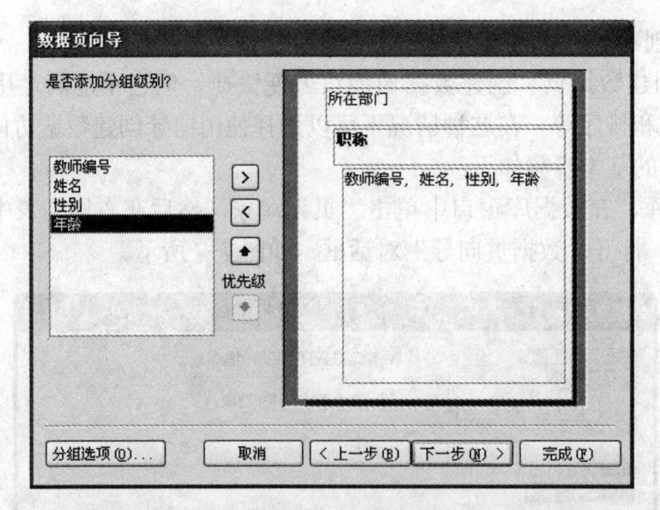

图 7-9　指定分组依据后的“数据页向导”对话框

4）单击“分组选项”按钮，打开“分组间隔”对话框，选定分组间隔，如图 7-10 所示，然后单击“确定”按钮返回到图 7-9 所示对话框。

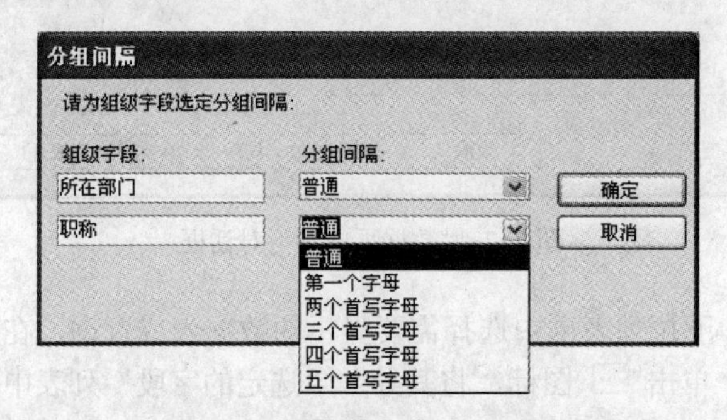

图 7-10　“分组间隔”对话框

5）单击“下一步”按钮，选定要对记录排序的字段，也就是在每一组中对记录排序的字段，如图 7-11 所示。

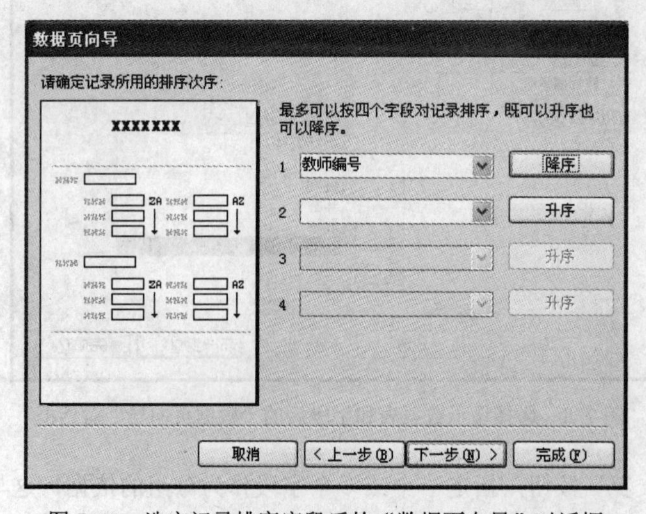

图 7-11　选定记录排序字段后的“数据页向导”对话框

6）单击“下一步”按钮，在“请为数据页指定标题”下的文本框中输入标题，同时选择“打开数据页”或“修改数据页的设计”选项，如图 7-12 所示。

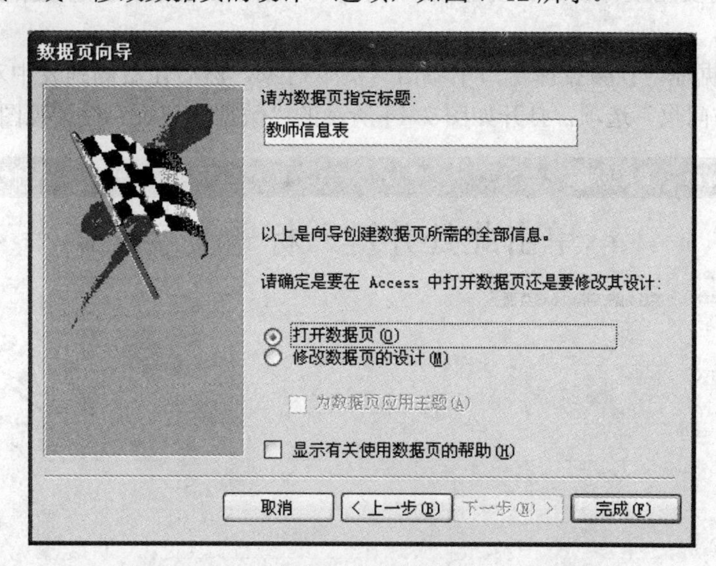

图 7-12　输入标题后的“数据页向导”对话框

7）单击“完成”按钮，打开如图 7-13 所示的数据访问页视图。

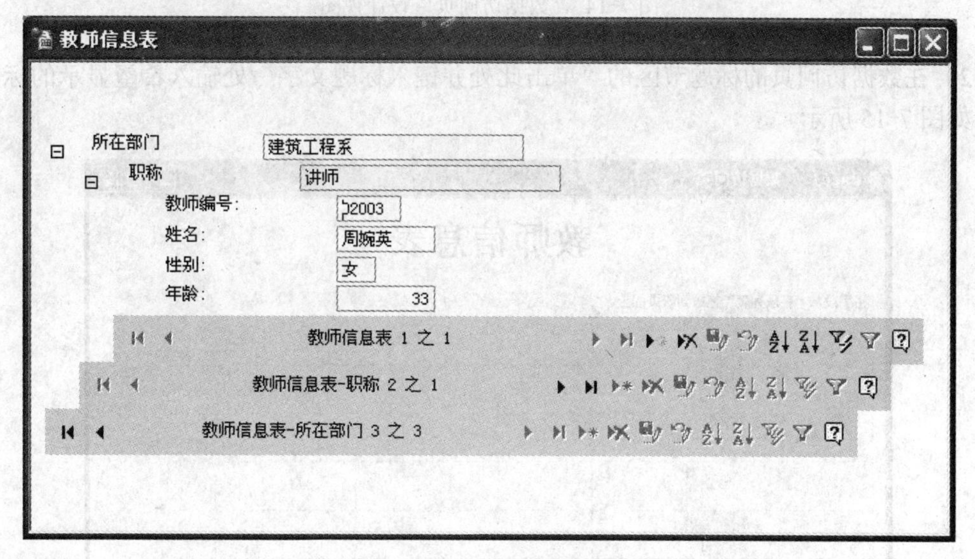

图 7-13　数据访问页视图

8）单击工具栏中的“保存”按钮，打开“另存为数据访问页”对话框，指定保存位置与文件名，保存数据页，完成数据访问页的创建。

返回 Access 数据库窗口，可发现在“页”对象右边的列表中多了一个相应的快捷方式图标。

7. 使用设计视图创建数据访问页

用向导创建的数据访问页基本能满足用户的要求，但界面显得不友好，尤其是用户希望在数据页中显示标题，插入一些标志图片、文本等，这些都必须在设计视图中去修改。所以很多时候需要用设计视图去创建数据访问页。利用设计视图创建数据访问页的基本步骤如下：

1）打开数据库，在数据库窗口中单击“页”对象，然后在右侧列表中双击“在设计视图中创建数据访问页”选项，打开如图 7-14 所示的“数据访问页”设计视图。

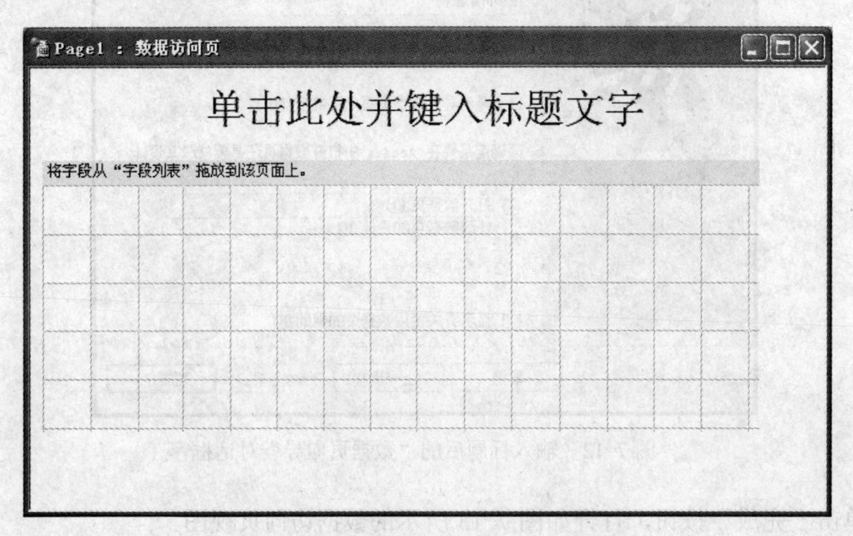

图 7-14 “数据访问页”设计视图

2）在数据访问页的标题节区的“单击此处并键入标题文字”处输入希望显示的标题文字，如图 7-15 所示。

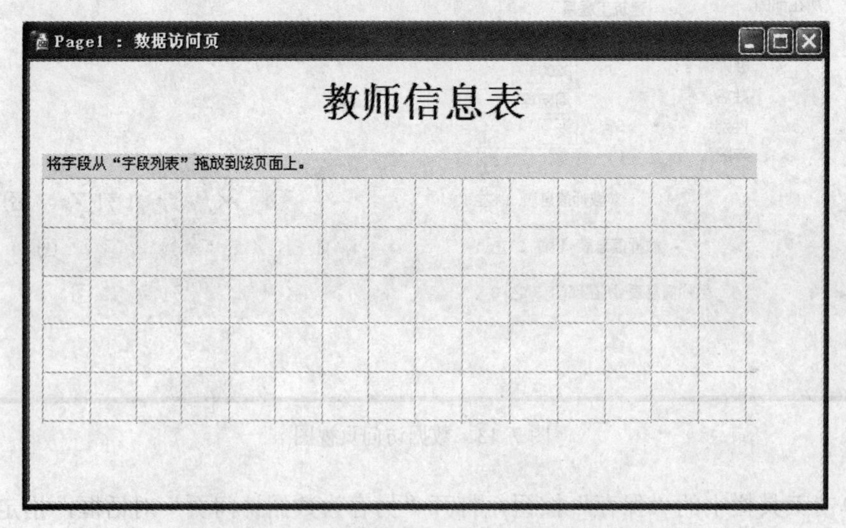

图 7-15 输入标题后的“数据访问页”设计视图

3）在右侧“字段列表”任务窗格中，选择需要显示的数据源，如图 7-16 所示。如果“字段列表”任务窗格没有显示，可在工具栏上单击“字段列表”按钮 ，打开“字段列表”任务窗格。

4）如果拖动数据表或查询，Access 将打开“版式向导”对话框，如图 7-17 所示，来设置字段布局。

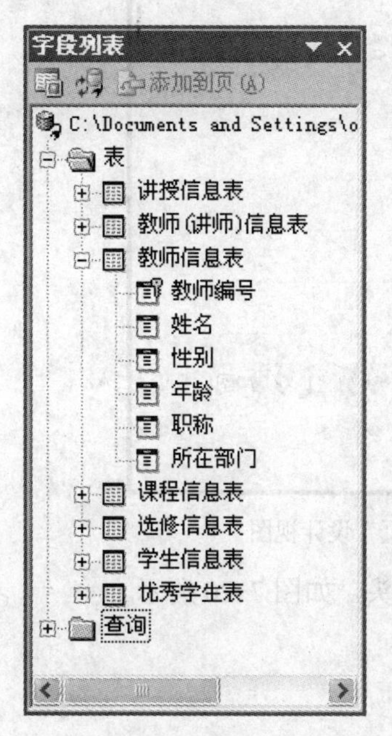

图 7-16 “字段列表”任务窗格

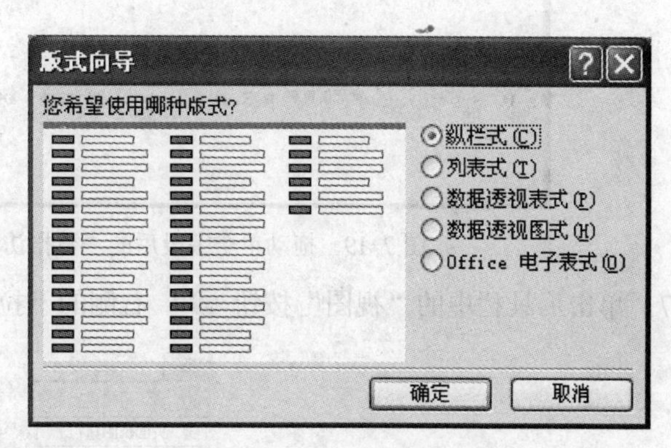

图 7-17 “版式向导”对话框

5）选择希望的版式，单击“确定”按钮，返回设计视图，如图 7-18 所示。

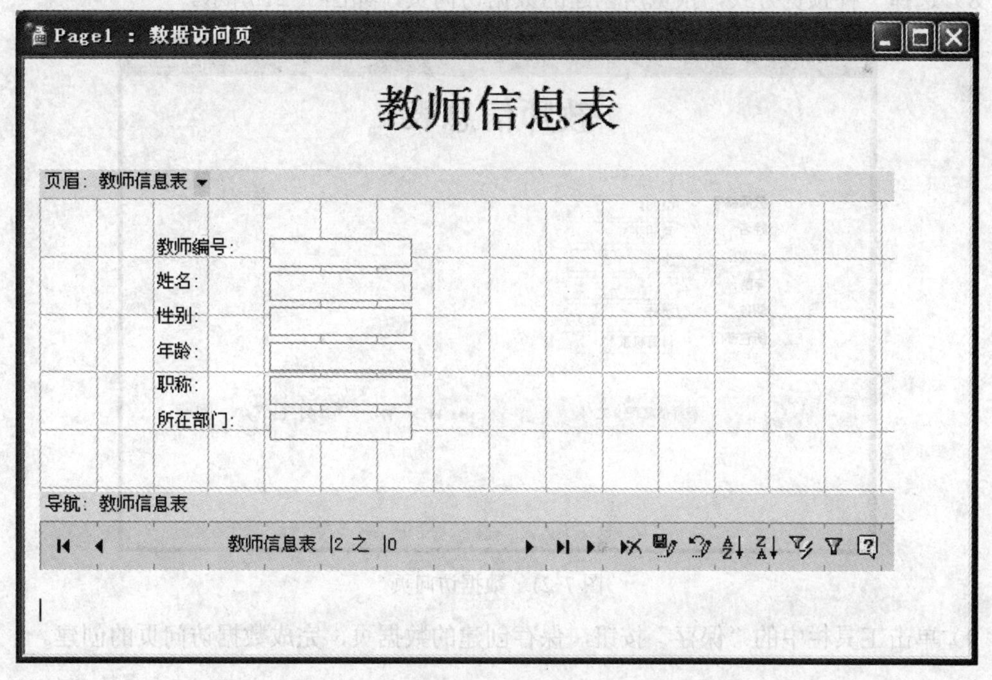

图 7-18 选择版式后的“数据访问页”设计视图

6）如果在第 4）步拖动的是单个字段，可根据需要指定其显示位置，如图 7-19 所示。

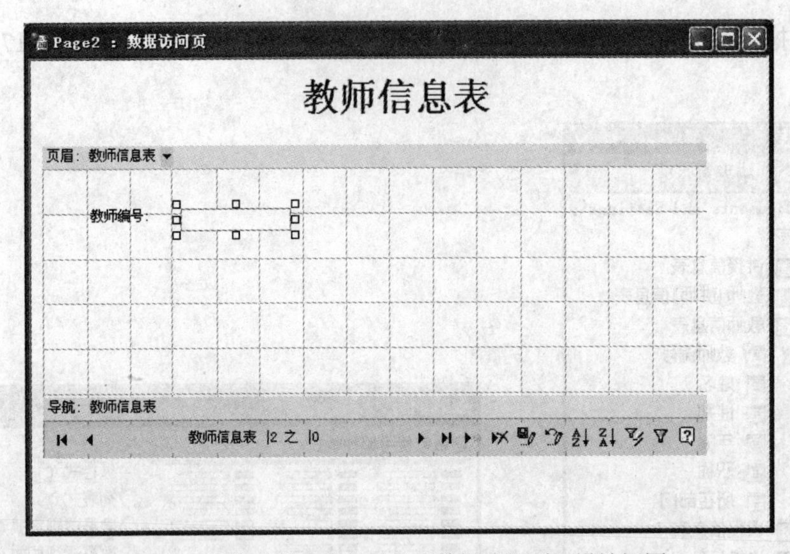

图 7-19　拖动单个字段后的“数据访问页”设计视图

7）单击工具栏中的“视图”按钮 右侧的下拉箭头，如图 7-20 所示。

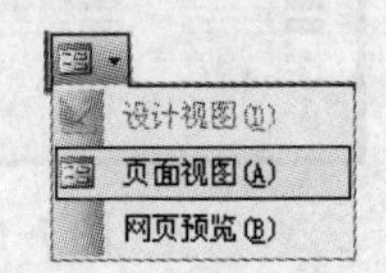

图 7-20　“视图”列表

8）选择一种预览方式，预览所创建的数据访问页，如图 7-21 所示。

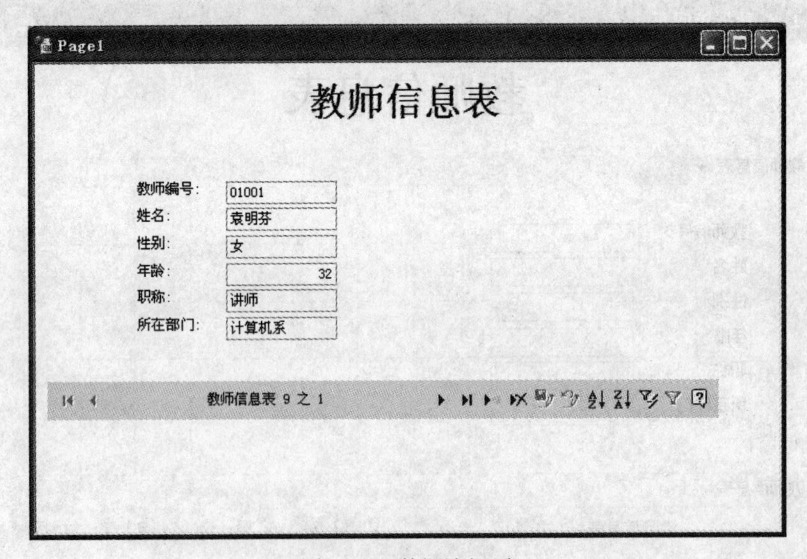

图 7-21　数据访问页

9）单击工具栏中的“保存”按钮，保存创建的数据页，完成数据访问页的创建。

7.1.3　任务实现

1）打开“图书借阅”数据库。

2）在数据库窗口中单击“页”对象，然后双击右边栏中的“使用向导创建数据访问页”选项，打开 “数据页向导”对话框。

3）在“表/查询”下拉列表框中选择“借阅信息表”，将“可用字段”中所有的字段导入“选定的字段”中。

4）单击“下一步”按钮，指定“图书类型”和“出版机构”字段作为分组的依据。

5）单击“下一步”按钮，选择以“读者编号”作为排序依据进行升序排序。

6）单击“下一步”按钮，在弹出对话框中指定“借阅信息”为数据页标题，同时选择“修改数据页的设计”单选框。

7）单击“完成”按钮。在打开的“数据访问页”设计视图中，在“单击此处并键入标题文字”处输入标题文字“图书借阅详情表”。

8）用文件名“图书借阅访问页”保存所建数据访问页。

9）预览“图书借阅访问页”。

10）关闭预览，在数据库窗口中双击“在设计视图中创建数据访问页”选项，打开“数据访问页”设计视图。

11）在数据访问页的标题节区输入标题文字“读者信息统计表”。

12）在右侧“字段列表”任务窗格中，分别拖动字段“读者编号”、“读者姓名”、“读者性别”和“在借书数”到数据页设计区中，并适当调整位置。

13）单击工具箱中的图像图标，在设计区，绘制一个矩形图像区，插入一张图片文件。

14）保存并通过“网页预览”模式预览。

15）保存数据库文件。

任务 7.2　编辑数据访问页

7.2.1　任务目标

- 掌握在数据页中添加控件的方法；
- 掌握修饰数据页的布局的方法；
- 掌握使用超链接的方法。

7.2.2　相关知识与技能

数据访问页创建后，还可以根据需要在其中添加标签、命令按钮、文本框等各种控件，利用这些控件可以方便地对数据库的数据进行访问和编辑。并且利用“主题”、“背景”等设计修饰数据访问页，达到美化页面的效果。

1．添加标签

在数据访问页中，标签主要用于标题和字段内容说明等文本。向数据访问页中添加标签的操作步骤如下：

1）在数据访问页的设计视图中，单击工具箱中的“标签”按钮 Aa 。

2）单击数据访问页上需要添加标签的位置，然后在标签中输入文本信息，可以利用“格式”工具栏的相关选项，设置文本字体、字号等。

3）用鼠标右键单击标签，在弹出的快捷菜单中选择“元素属性”命令，对标签的属性进行设置。

技巧

当对标签中的文字选择居中对齐后，向右拖动标签，使标签长度增加，可以实现标签文字在数据访问页中居中。

2. 添加命令按钮

向数据访问页中添加命令按钮，可以实现记录导航和操作记录两种操作。添加命令按钮的操作步骤如下：

1）在数据访问页的设计视图中，单击工具箱中的“命令按钮”。

2）单击数据访问页上需要添加按钮的位置，系统自动打开“命令按钮向导”对话框，如图 7-22 所示。

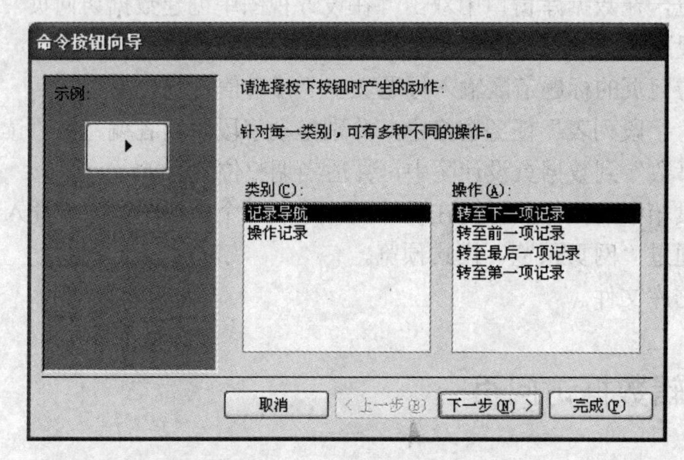

图 7-22 “命令按钮向导”对话框

3）根据需要选择一种类别和操作。

4）单击“下一步”按钮，选择在按钮上显示文本还是图片，如图 7-23 所示。

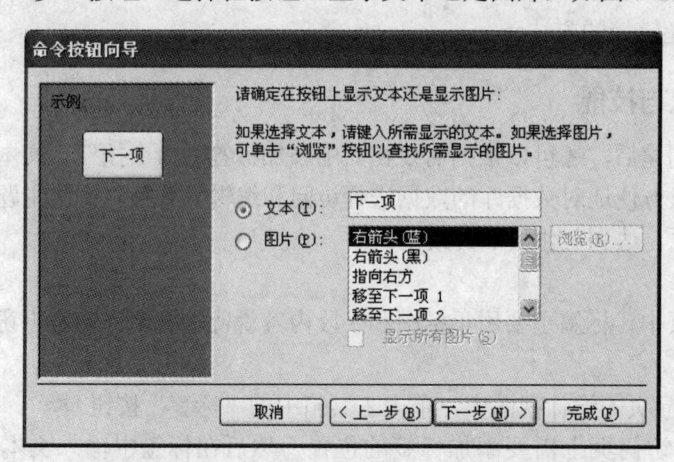

图 7-23 指定按钮文本后的“命令按钮向导”对话框

5）单击“下一步”按钮，指定按钮的名称，如图 7-24 所示。

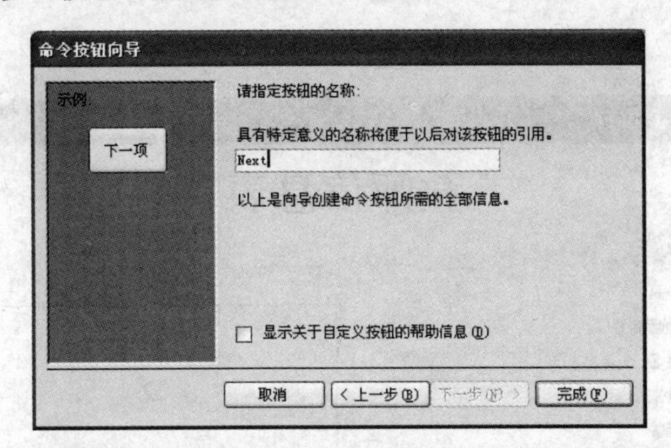

图 7-24　指定按钮名称后的“命令按钮向导”对话框

6）单击“完成”按钮，结束添加过程。

3. 添加滚动文字

在网页设计中，滚动文字是一种修饰网页的常用方法，它可以使数据访问页显得生动，更吸引人的注意。向数据访问页中添加滚动文字的步骤如下：

1）在数据访问页的设计视图中，单击工具箱中的“滚动文字”按钮 。

2）单击数据访问页上希望显示滚动文字的位置，然后在控件框中输入要滚动显示的文字。

3）利用格式工具栏可以对滚动文字的相关属性进行设置，如“字体”、“颜色”、“边框颜色”、“边框宽度”和“特殊效果”等，如图 7-25 所示。

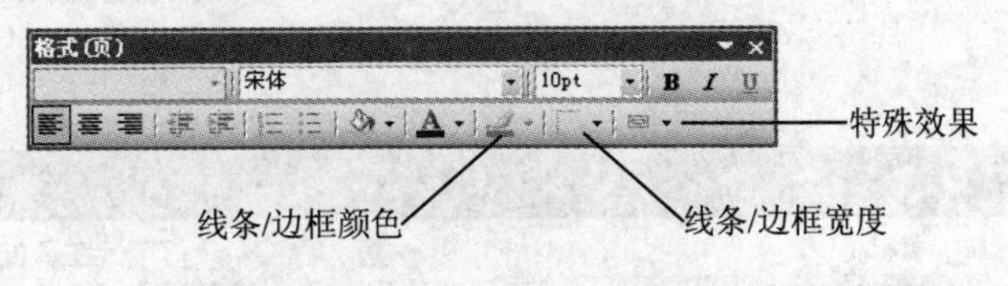

图 7-25　格式工具栏

4）用鼠标右键单击该控件框，在弹出的快捷菜单中选择“元素属性”命令，可对滚动文字的属性进行进一步的设置，如图 7-26 所示。

4. 添加图像

1）单击工具箱中的“图像”按钮，如图 7-27 所示。

图 7-26 “元素属性”对话框

图 7-27　工具箱

2）移动鼠标到设计区，按下鼠标左键不放，拖动鼠标，绘制一个矩形图像区，如图 7-28 所示。

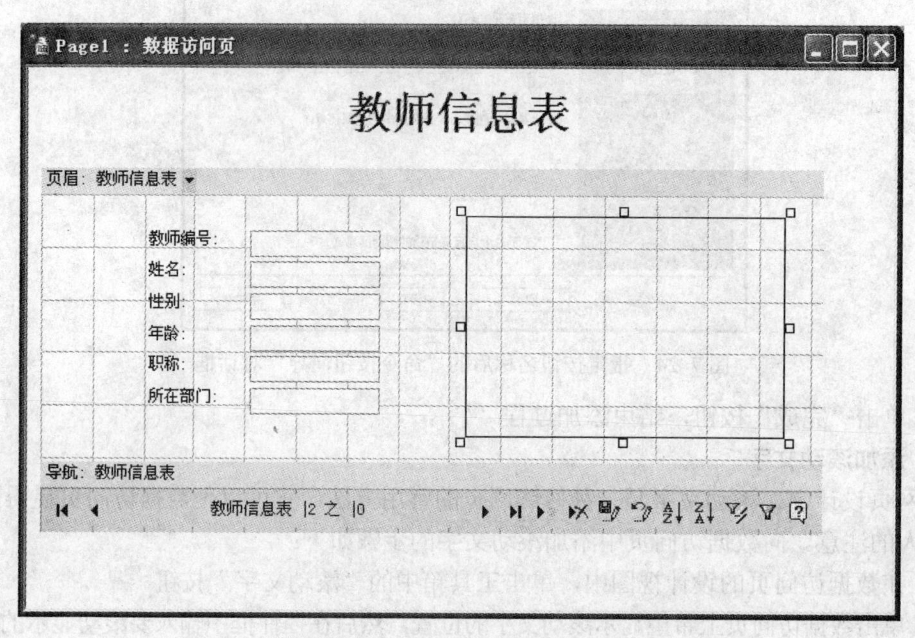

图 7-28　绘制矩形图像区后的“数据访问页”设计视图

3）释放鼠标后，系统会自动打开“插入图片”对话框，指定希望插入图片的位置，如图 7-29 所示。

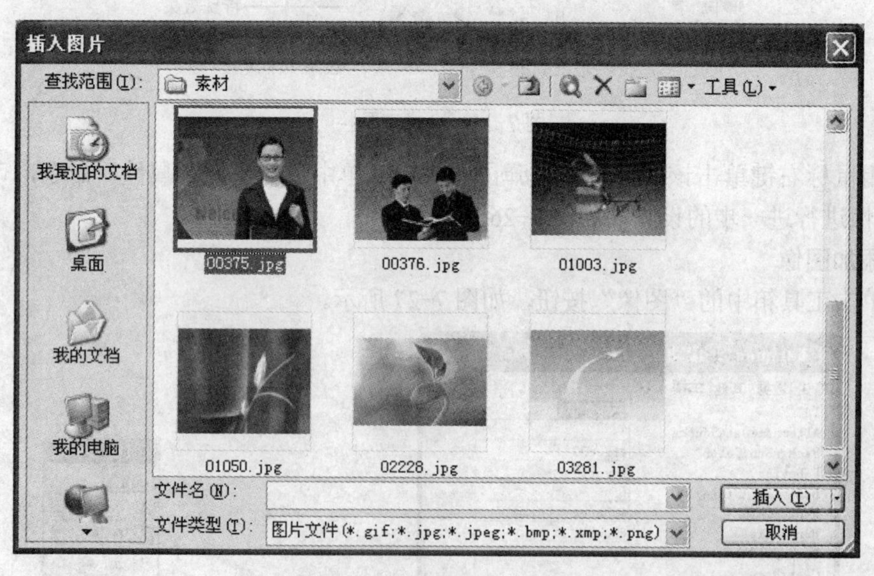

图 7-29　“插入图片”对话框

4）单击“插入”按钮，将图片插入数据页面中，调整位置与大小，如图 7-30 所示。

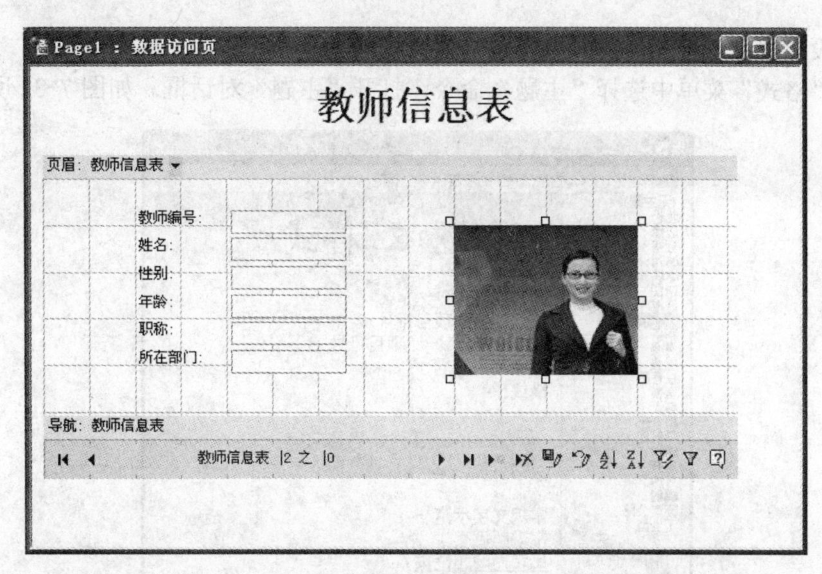

图 7-30　插入图片后的“数据访问页”设计视图

5．设置背景

设置背景可以美化数据访问页的外观，其中包含了背景颜色、背景图片和背景声音的设置。设置背景的基本步骤如下：

1）在设计视图中打开数据访问页。

2）单击“格式”→“背景”→“图片”命令，打开“插入图片”对话框，找到要插入的图片后，单击“插入”按钮即可在背景中插入图片文件，如图 7-31 所示。

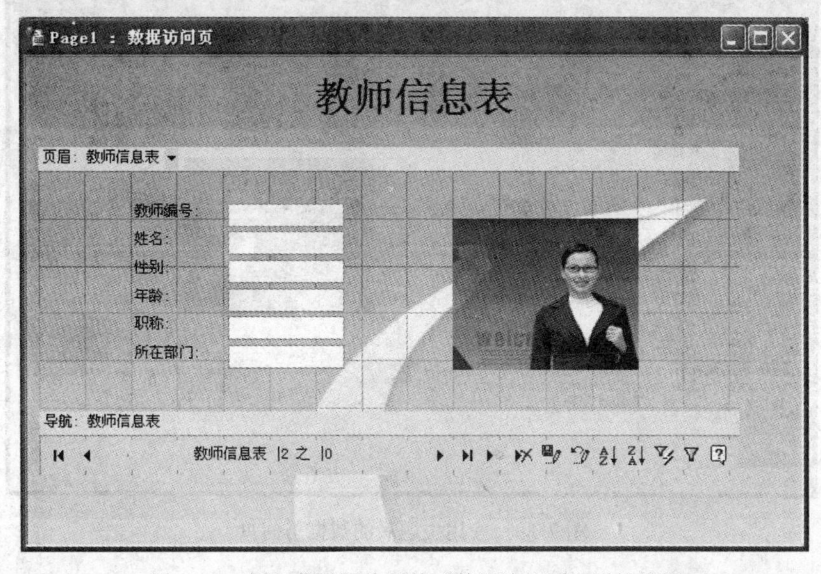

图 7-31　插入背景图片后的“数据访问页”设计视图

6．使用主题

主题是项目符号、字体、水平线、背景图像和其他 Web 元素组成的统一的样式和配色方案的集合。在数据访问页中设置主题的步骤如下：

1）在设计视图中打开需要应用主题的数据访问页。

2）在“格式”菜单中选择“主题”命令，打开“主题”对话框。如图 7-32 所示。

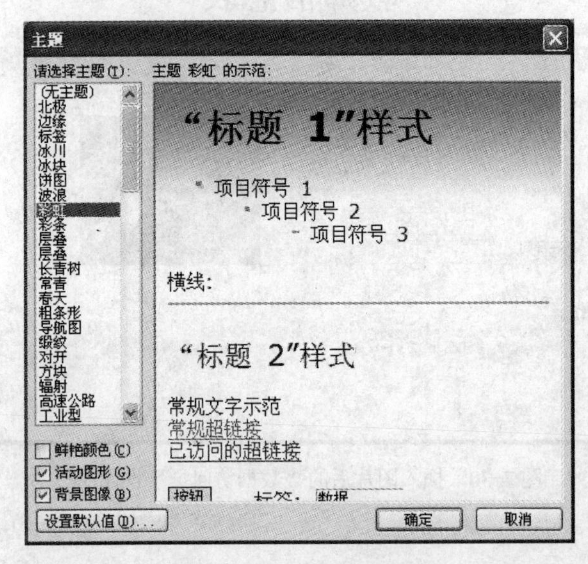

图 7-32 “主题”对话框

3）选择所需的主题和左下角的复选框，单击“确定”按钮即可应用该主题，效果如图 7-33 所示。

图 7-33 应用主题后的数据访问页

技巧

“主题”比“背景”优先，也就是说已经设置了“主题”，再设置“背景”，“背景”就不起作用了。

7．使用超链接

超链接是 Web 的基础，是指用户可以在一个对象（如文档、表格、窗体、数据访问页等）中插入某种标志（文本或图像），通过单击这个标志来启动 URL（统一资源定位）或 UNC（全球网络连接），下载并打开 Internet 中其他文件。在数据访问页中也可以使用超链接，在数据访问页中插入超链接的步骤如下：

1）在设计视图中打开数据访问页，单击工具箱上的“超链接”按钮 。

2）单击数据访问页上的合适位置将弹出“插入超链接”对话框，如图 7-34 所示。

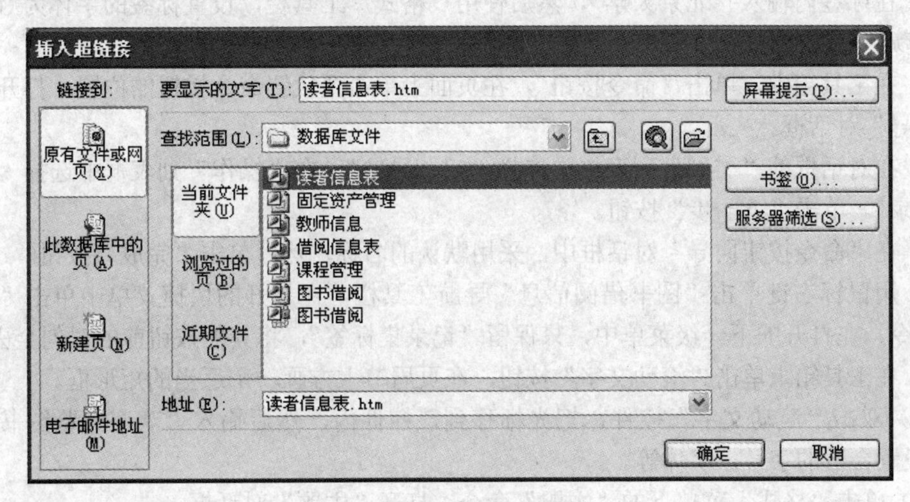

图 7-34 “插入超链接”对话框 1

3）在左边“链接到”列表中选择超链接的类型，在中间的列表中选取链接的目标，选中后，在上面的“要显示的文字”框中指定希望显示的文字，在下面的“地址”中指定需要链接的地址（也可以手动输入地址以及要显示的文字）。如图 7-35 所示。

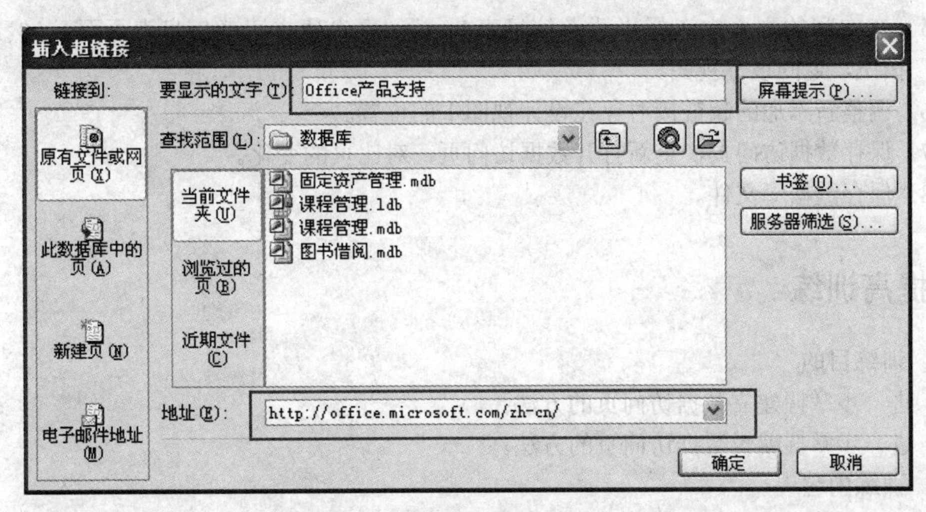

图 7-35 “插入超链接”对话框 2

4）单击“确定”按钮，关闭“插入超链接”对话框。

5）调整新添加的超链接在设计视图中的位置即可。

7.2.3 任务实现

1）打开“图书借阅”数据库。

2）在数据库窗口中单击“页”对象，双击右栏中的“编辑现有的网页”选项，打开“定位网页”对话框，在“查找范围”列表框中找到页“图书借阅表”。单击“打开”按钮。

3）在“图书借阅表”设计视图中的工具箱中，单击“标签”按钮，在页标题“图书借阅情况表”下单击鼠标，添加一个标签。

4）在标签内输入“北京大学”，然后使用“格式”工具栏，设置标签的字体为 14 号，楷体，颜色为深蓝色。

5）在工具箱中，单击“命令按钮”，在页面上单击要放置命令按钮的位置，打开“命令按钮向导”对话框。

6）在对话框的“类别”列表框中选择“记录导航”，在“操作”列表框中选择“转至下一项记录”。单击“下一步”按钮。

7）在“命令按钮向导”对话框中，采用默认的名称，然后单击“完成”按钮。

8）用鼠标右键单击“图书借阅信息”导航工具栏，在打开的快捷菜单中单击“导航按钮”命令，在打开的下一级菜单中，只保留“记录集标签”，将其他按钮前的对勾全去掉。

9）在工具箱上单击“滚动文字”按钮，在页眉节上方画一个适当的矩形框。

10）双击“滚动文字”控件，把光标移到该控件内，然后输入“欢迎浏览图书借阅信息”。设置合适的字号，字体等。

11）单击“格式”菜单下的“主题”命令，打开“主题”对话框。

12）在该对话框的“请选择主题”列表中，选择“春天”。

13）单击“确定”按钮，完成设置。

14）单击工具箱上的“超链接”按钮，在页面上单击要放置超链接的位置，将弹出“插入超链接”对话框。

15）在中间的列表中选择“读者信息表.htm”（事先建立读者信息表页面），然后单击“确定”按钮，返回设计视图。

16）调整新添加的超链接对象在设计视图中的位置。

17）保存数据访问页，重新打开数据访问页，对比页的变化。

18）保存数据库文件。

技能提高训练

1．训练目的

- 进一步掌握建立数据访问页的方法；
- 进一步掌握编辑数据访问页的方法。

2．训练内容

以“固定资产管理”数据库中的职工信息表为数据源，创建职工信息数据访问页。要求如下：

1）显示“职工信息表”的全部字段。

2）采用一级分组，使用“职工编号”字段作为分组依据。

3）以“职工姓名”为依据进行升序排序。

4）数据访问页标题为“职工信息”。

5）在页中添加滚动文字，内容为：“欢迎浏览职工信息”，显示方面从右向左。

6）使用自己喜欢的主题样式修饰数据访问页。

7）设置一个超级链接，将数据访问页链接至学校的网站上。

8）保存数据访问页。

9）保存数据库文件。

习题

一、选择

1．在以下创建数据访问页的方法中，只能针对单个数据源并使用数据源中所有字段的方法是（　　）。

A．设计视图　　B．现有的 Web 页

C．自动创建数据页　　D．数据页向导

2．将 Access 数据库中的数据发布在 Internet 网络上可以通过（　　）。

A．查询　　B．窗体　　C．报表　　D．数据访问页

3．下列数据库对象中，不随数据库一同保存的是（　　）。

A．查询　　B．窗体　　C．报表　　D．数据访问页

4．Access 通过数据访问页可以发布的数据是（　　）。

A．只能是静态数据

B．只能是数据库中保持不变的数据

C．只能是数据库中变化的数据库

D．是数据库中保存的数据

5．在数据访问页的 Office 表格中可以（　　）。

A．输入原始数据　　B．添加公式

C．执行电子表格运算　　D．以上都可以

二、填空题

1．数据访问页有两种视图，它们是________和________。

2．可以从表、查询、________和________导出 HTML 文档。

3．创建数据访问页后，Access 会自动在________中产生与数据访问页同名的 HTML 文件。

4．在设计数据访问页时，如果要添加额外的字段，可以使用________。

5．在数据访问页中，________提供了字体、横线、背景图案等的统一设计。

三、简答题

1．简述数据访问页与窗体的不同之处。

2．简要总结创建数据访问页的方法。

3．如何设置数据访问页的页面属性？

第8章　创建与使用宏

在 Access 中，除了表、查询、窗体和报表之外，还有两个比较重要的对象——宏和模块。这两个对象都是用来扩充数据库的功能的。宏是由一个或多个操作组成的集合，其中的每个操作能够自动地实现特定的功能。通过执行宏，Access 能够有次序地自动执行一连串的操作，以实现程序自动化。Access 2003 还包含了 Visual Basic，利用它可以编写功能更强大的应用程序。

【学习目标】

✧ 理解宏和宏组的概念及作用；

✧ 掌握宏和宏组的创建方法；

✧ 掌握编辑宏和运行宏的方法。

任务 8.1　创建宏

8.1.1　任务目标

- 理解宏和宏组的概念及作用；
- 掌握宏和宏组的创建方法。

8.1.2　相关知识与技能

1．宏

前面学习的数据库对象，它们都具有强大的功能。如果将这些数据库对象的功能组合在一起，基本上可以担负起数据库中的各项数据管理工作。但是由于这些数据库对象都是彼此独立的并且不能相互驱动，因此仅由这些数据库对象构成的数据库将难以形成一体的应用系统。要使 Access 的众多数据库对象成为一个整体，以一个应用程序的面貌展示给用户，就必须要借助于“宏”这个数据库对象。

宏是能够自动执行任务的操作或操作集合，多个宏组织起来就得到了宏组。宏与菜单命令或按钮的最大不同是不用使用者操作，而是利用“宏”命令经过编排以后自动执行。利用宏可以自动打开或关闭窗体和报表、显示或隐藏工具栏、检索更新特定记录、定制用户界面等。例如，可设置某个宏在用户单击某个命令按钮时运行该宏以打印某个报表。

在 Access 中，宏一般用于完成下列任务：

- 打开和关闭窗体；
- 运行报表；
- 处理数据表，如修改或删除表中的记录。

2. 常用的宏操作

宏的操作非常丰富，如果只做一个小型的数据库，用宏就可以实现程序的流程。Access中提供了 50 多种宏操作，但一般只可能用到一部分常用的宏操作来创建自己的宏。表 8-1列出了一些常用的宏操作及其功能。

表 8-1 常用的宏操作

宏 操 作	功 能
AddMenu	给菜单添加一个下拉菜单
Beep	使计算机发出“嘟嘟”声
Close	关闭指定的窗口及其所包含的对象
GoToControl	把焦点移动到打开的窗体空间上或数据表当前记录的特定字段上，但不能用于数据访问页
GoToPage	把光标移到窗体中的指定页
GoToRecord	指定当前记录
Maximize	放大活动窗口
Minimize	最小化活动窗口
MsgBox	显示包含警告信息或其他信息的信息框
OPenform	打开一个窗体
OpenQuery	打开查询。该操作将运行一个操作查询。可以为查询选择数
OpenReport	打开报表，可以限制需要在报表中打印的记录
OpenTable	打开一个表，可以选择表的数据输入模式
PrintOut	打印数据库对象
Quit	退出 Access 系统，可以指定在退出 Access 时是否保存数据库对象
Requery	刷新控件数据
Restore	将处于最大化或最小化的窗口恢复
RunMacro	运行宏
Save	保存任意的表、查询、窗体、报表、宏或模块对象
SetValue	设置对象属性的值
StopMacro	停止当前正在运行的宏

在这些宏操作中，有些是没有参数的，如 Beep，有些则必须指定参数才行，如OpenForm、OpenTable 等，通常按参数排列顺序来设置操作参数，因为选择某一参数将决定该参数后面的参数选择。

3. 了解设计视图

“宏”设计视图窗口分为上下两部分，分别为设计区和操作参数区，它的结构和 Access表“设计视图”的结构相似，使用〈F6〉键可以在两个区中移动光标。在窗口的上半部分即设计区，可以定义宏名、选定操作、确定各条操作执行的条件、填写备注文字。设计区包含4个参数列，分别为“宏名”、“条件”、“操作”和“注释”。如图 8-1 所示。

- 宏名：在“宏名”列中，可以给每个宏指定一个名称。
- 条件：在“条件”列中，可以指定每一条操作的执行条件。一般可以利用“表达式生成器”设定操作的执行条件。
- 操作：在“操作”列中，应该从 52 个 Access 操作中选定一个操作。

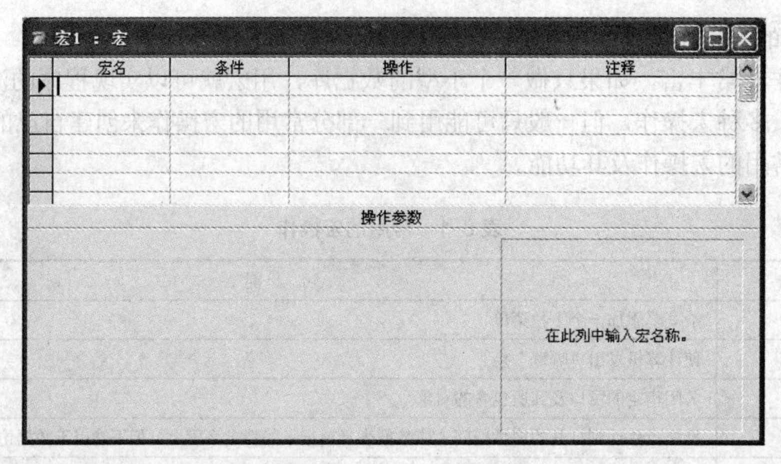

图 8-1 “宏”设计视图

- 注释：在“注释”列中，可以填入文字，这些文字将用来帮助说明每个操作的功能，以便于以后对宏的修改和维护。

此 4 列中的内容，除了“操作”列中必须输入宏所要运行的操作之外，其他 3 列中的内容均可以省略。在新建宏或是设计宏的窗口中，有时只显示“操作”和“注释”列，我们可以在打开宏的设计视图窗口之后，单击工具栏上的“宏名”按钮 和“条件”按钮 来显示“宏名”和“条件”列。

在宏设计视图窗口的下半部即操作参数区，是各个操作的“操作参数”列表框，用来定义各条操作所需的参数。当在设计区指定一个操作后，“操作参数”中将显示该操作所需的各项操作参数。

4．利用设计视图创建宏

利用设计视图创建宏的基本操作步骤如下：

1）在数据库窗口中单击“宏”对象，如图 8-2 所示。

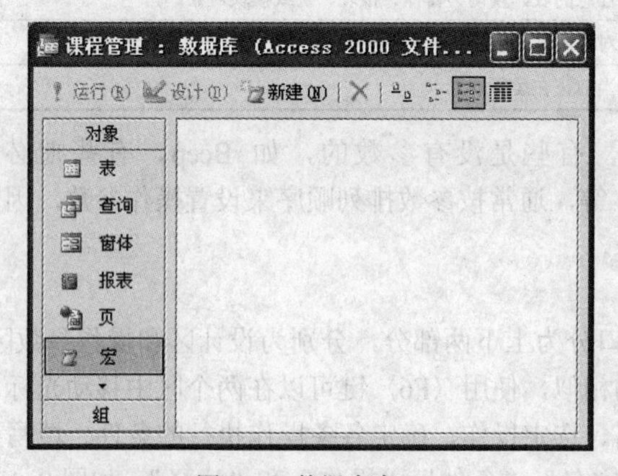

图 8-2 数据库窗口

2）单击工具栏中的“新建”按钮，打开“宏”设计视图，如图 8-3 所示。

3）单击“操作”字段列的第一个单元格，打开单元格右侧的下拉箭头，从宏操作下拉列表中选择一个宏操作，如图 8-4 所示。

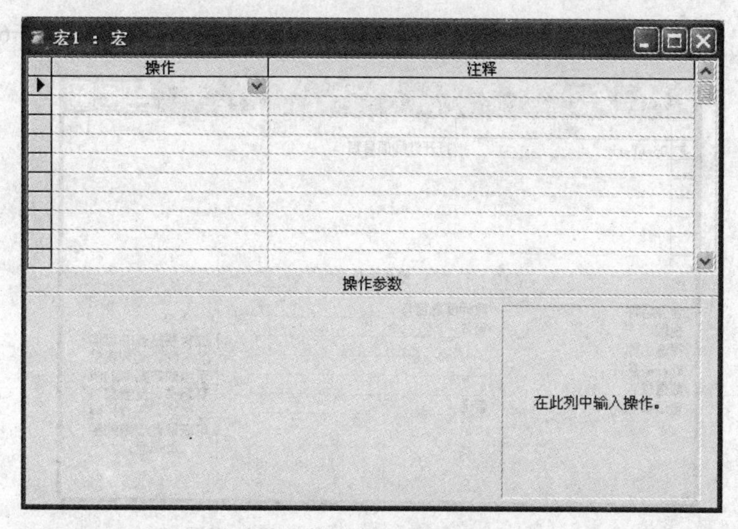

图 8-3 “宏”设计视图

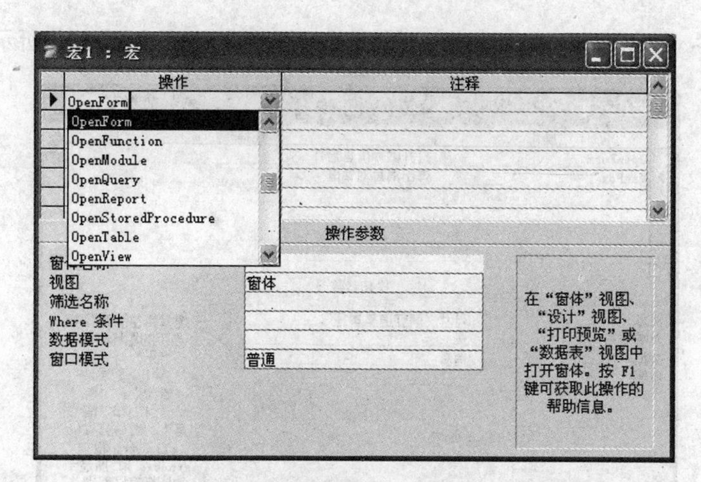

图 8-4 选择宏操作后的“宏”设计视图

4）在“宏”设计视图的右侧单元格中，输入注释信息，如图 8-5 所示。

图 8-5 输入注释信息后的“宏”设计视图

5）在“宏”设计视图的下方，可对所选宏操作的参数进行设置，如图 8-6 所示。

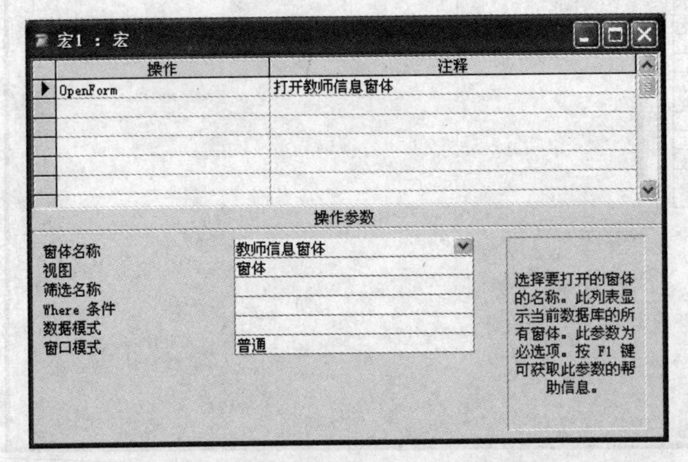

图 8-6　设置参数后的“宏”设计视图

6）重复 3）～5）步的操作，直到输入需要的所有宏操作，如图 8-7 所示。

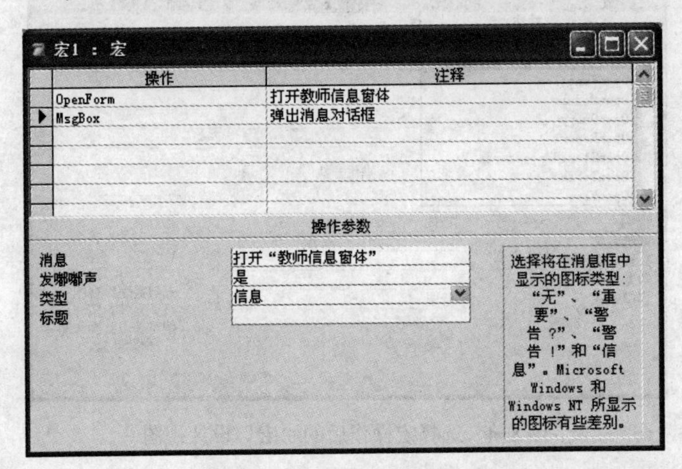

图 8-7　“宏”设计视图

7）单击工具栏中的“保存”按钮，在打开的“另存为”对话框中指定“宏”的名称，保存创建的宏。

8）选择“运行”命令，运行宏，即可浏览运行结果。

提示

在设置操作的参数时，有关设置特定操作参数时的详细内容，可按〈F1〉键查看。

5．拖动数据库对象创建宏

在数据库窗口中，可以通过拖动数据库对象创建宏。通过拖动数据库对象创建宏的基本方法如下：

1）打开要创建宏的数据库窗口，在对象列表中选择“宏”对象，然后单击工具栏上的“新建”按钮，打开“宏”设计视图。

2）单击“窗口”菜单下的“垂直平铺”命令，使窗口都显示在屏幕上，如图 8-8 所示。

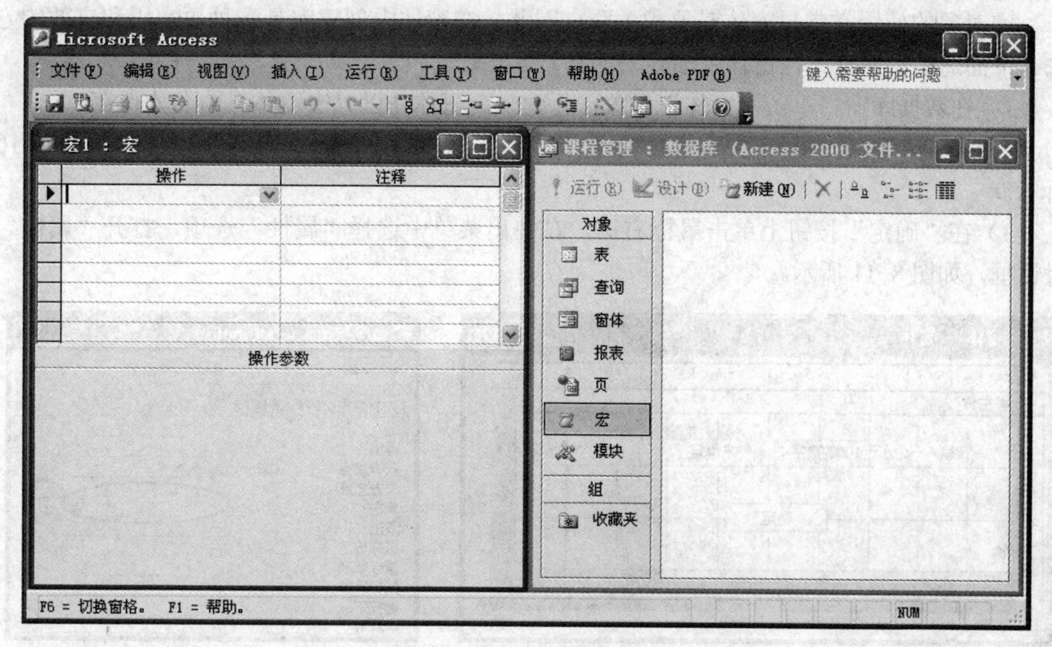

图 8-8 “垂直平铺”窗口

3）在数据库窗口中单击要拖动的对象类型的组件选项卡，从中选取相应的数据库对象并拖动到某个操作行内。如果是宏，则会添加执行此宏的操作，如果是其他对象，则将添加打开相应对象的操作。如图 8-9 所示。

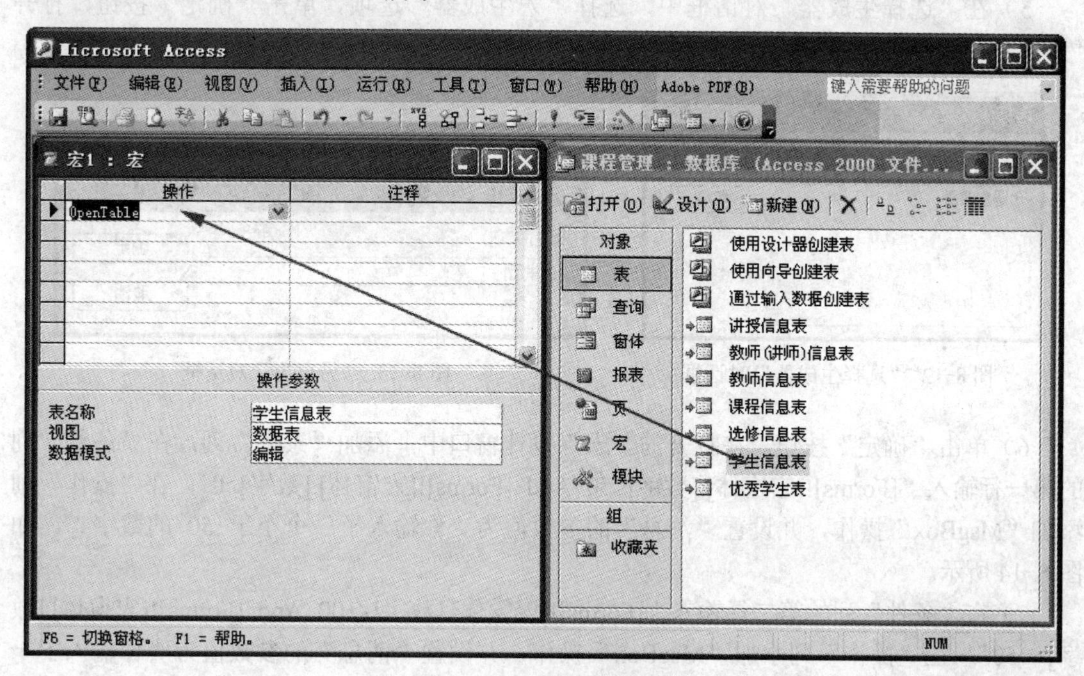

图 8-9 拖动数据库对象创建宏

4）设置相关参数，保存所创建的宏。

6．在窗体中创建宏

宏对象的使用常常与窗体对象相关联，因此，在窗体中创建宏是一种更实用和有效的方法。下面通过实例介绍在窗体中创建宏的基本方法。

1）在数据库窗口单击“窗体”对象，新建一个窗体并以“宏窗体”为名称保存。

2）添加一个文本框，文本框名称为“数字”，再添加一个“确定”按钮，如图 8-10 所示。

3）在“确定”按钮上单击鼠标右键，在弹出菜单中选择“属性”选项，打开“属性”对话框，如图 8-11 所示。

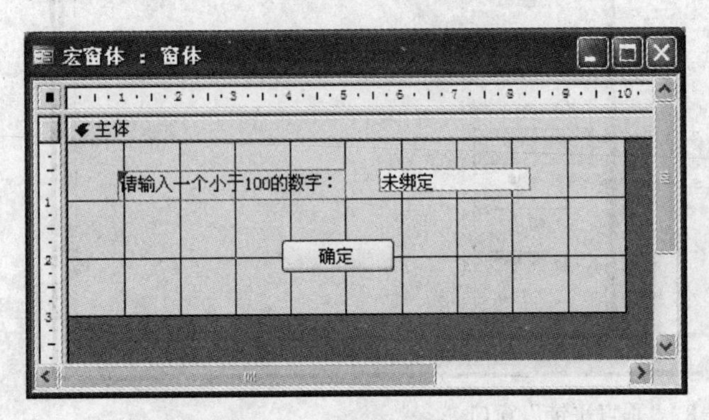

图 8-10　窗体设计器

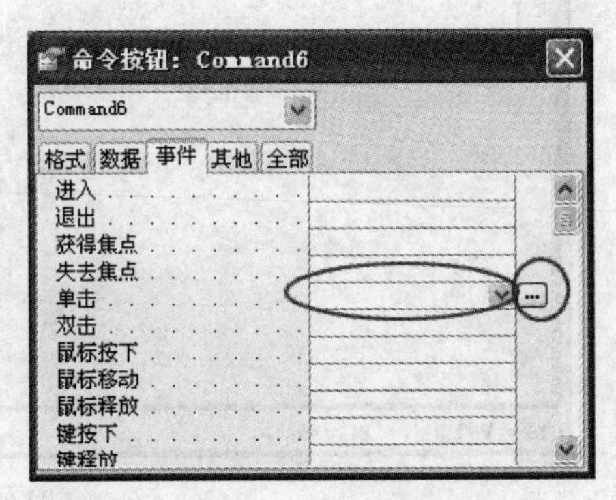

图 8-11 “属性”对话框

4）在“属性”对话框的“事件”选项卡中，选中“单击”事件，单击右侧的“选择生成器”按钮，打开“选择生成器”对话框，如图 8-12 所示。

5）在“选择生成器”对话框中，选择“宏生成器”选项，单击“确定”按钮，打开“另存为”对话框，指定宏的名称为“条件宏”，如图 8-13 所示。

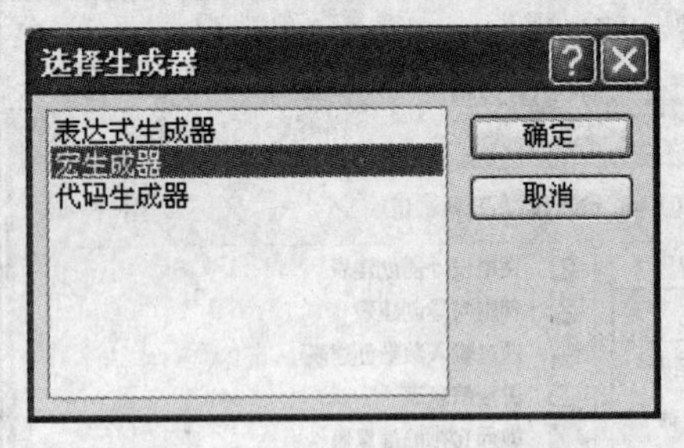

图 8-12 “选择生成器”对话框

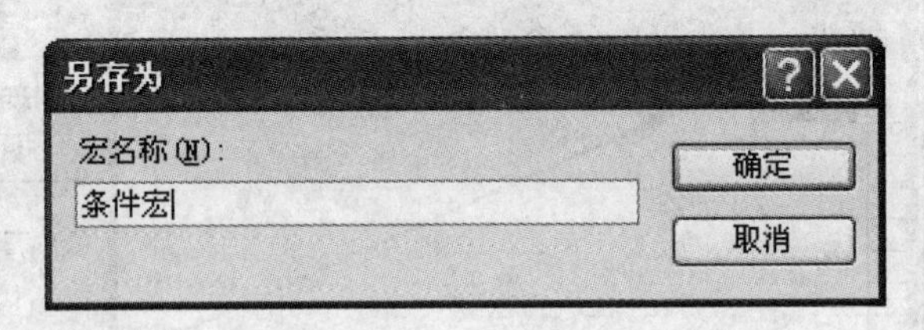

图 8-13 “另存为”对话框

6）单击“确定”按钮，在打开的“宏”设计窗口中，添加“条件”列，在“条件”列的第一行输入“[Forms]![宏窗体].[数字]<50 And [Forms]![宏窗体].[数字]>0”，在“操作”列添加“MsgBox”操作，并设置“消息”的参数值为“你输入了一个小于 50 的数字！”，如图 8-14 所示。

7）在“条件”列的第二行输入“[Forms]![宏窗体].[数字]<100 And [Forms]![宏窗体].[数字]>=50”，在“操作”列添加“MsgBox”操作，并设置“消息”的参数值为“你输入了一个大于 50 的数字！”，如图 8-15 所示。

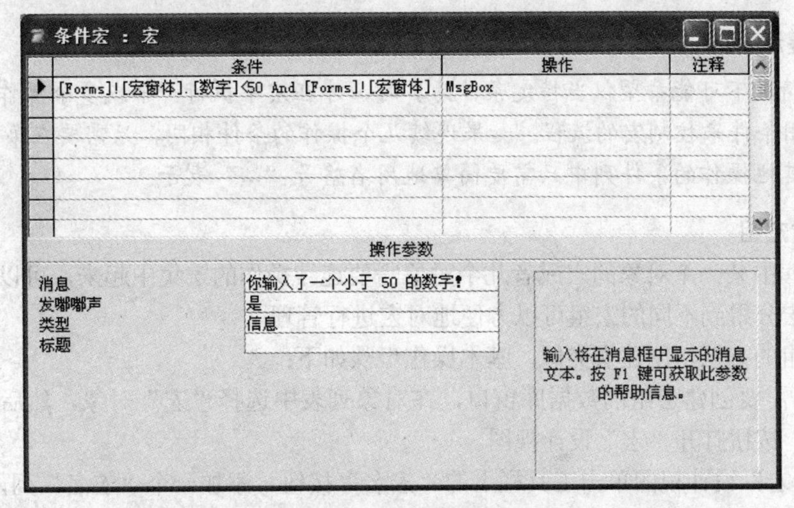

图 8-14 “宏”设计窗口

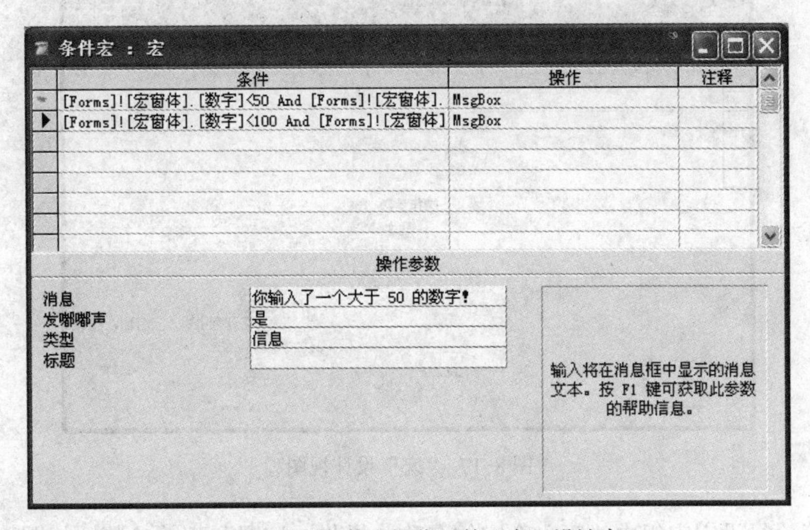

图 8-15 设置条件和操作后的“宏”设计窗口

8）保存宏和窗体，关闭“宏”设计视图和“窗体”设计窗口。

9）运行窗体，效果如图 8-16 所示。

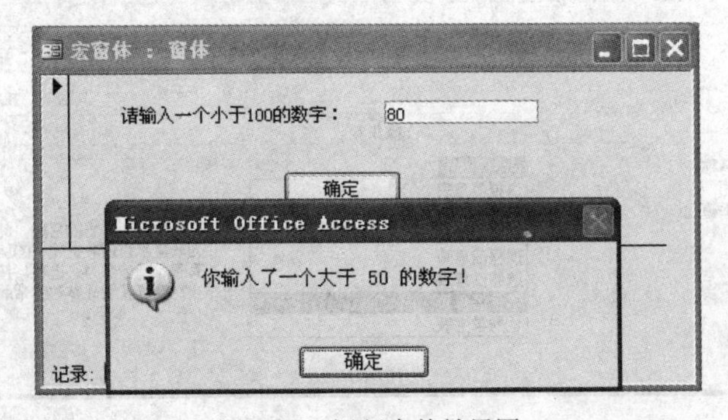

图 8-16 运行窗体效果图

 提示

在某些情况下可能希望仅当特定条件为真时，才在宏中执行一个或多个操作，在这种情况下可以使用条件来控制宏的流程。如果连续几个操作的条件相同，只需要在第 1 个操作前写上条件，其他操作的条件列中只需要简单地用省略号“...”表示。

7. 创建宏组

将数据库中某一个对象的宏或者几个对象需要连续操作的宏集中起来，可以组成一个宏组，这样将宏分组到不同的宏组可以方便地对宏进行管理。

建立宏组的方法与创建宏类似，基本操作步骤如下：

1）打开需要创建宏组的数据库窗口，在对象列表中选择“宏”对象，然后单击工具栏上的“新建”按钮打开“宏”设计视图。

2）在“宏”设计视图单击工具栏上的“宏名”按钮，添加一个“宏名”列，如图 8-17 所示。

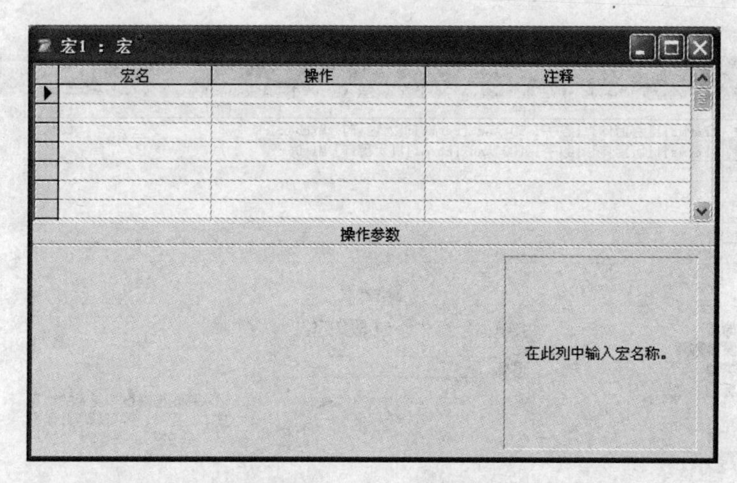

图 8-17 “宏”设计视图

3）在第一行设定宏组中的第一个宏的名称、操作、注释和相关参数，如图 8-18 所示。

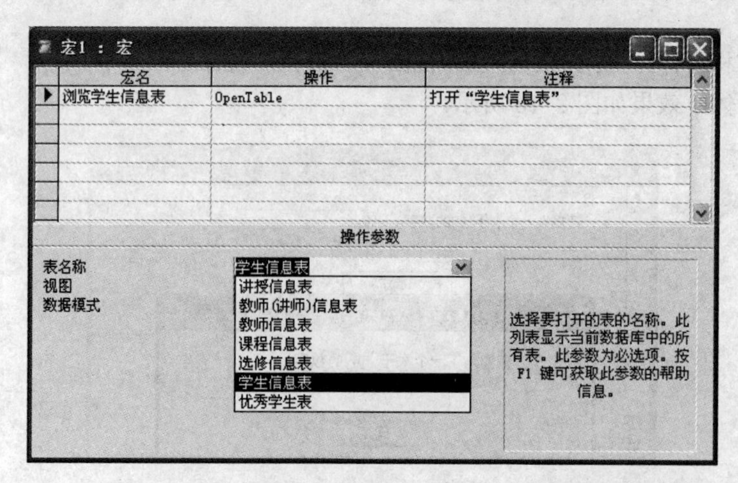

图 8-18 设定宏组中宏名称等参数后的“宏”设计视图

4）在第二行设定宏组中的第二个宏的名称、操作、注释和相关参数，如图 8-19 所示。

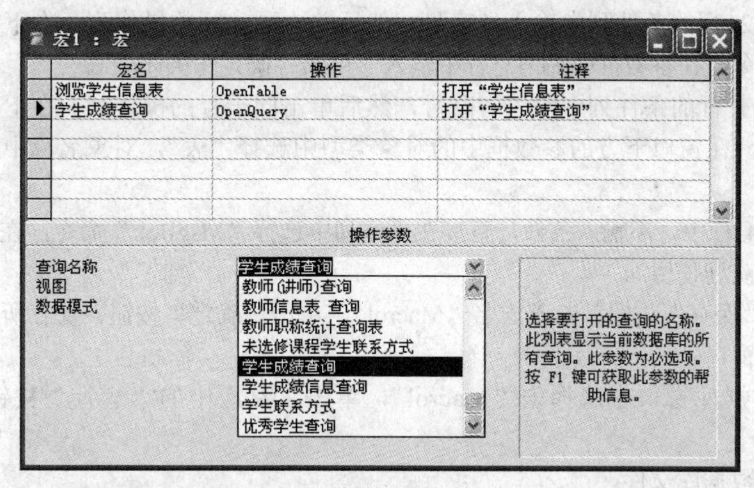

图 8-19　设定宏组中宏名称等参数后的“宏”设计视图 1

5）重复第 3）~4）步，依次创建宏组中的其他宏，如图 8-20 所示。

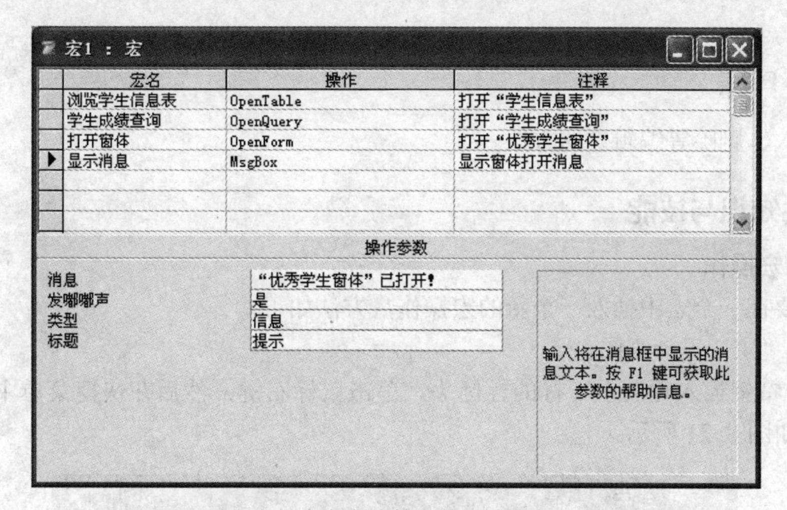

图 8-20　设定宏组中宏名称等参数后的“宏”设计视图 2

6）保存宏组，关闭“宏”设计视图。

8.1.3　任务实现

1）打开“图书借阅”数据库。

2）在“图书借阅”数据库窗口的对象列表中选择“宏”对象，然后单击工具栏上的“新建”按钮。

3）在打开的宏设计窗口的工具栏上单击“条件”按钮，显示的“条件”列。

4）把光标定位在条件列的第 1 行，在工具栏中单击“生成器”按钮，输入条件：“MsgBox("是否显示表？",4,"提示")=6”。

5）在对应行的操作列中，选择“Open Table”命令，在窗口下方的参数框中的表名称里选择“读者信息表”。

6）在第 2 行的条件列中输入省略号，然后单击同一行的操作列，在下拉列表中选择“MsgBox”命令，在参数框中的消息行中输入“单击‘确定’关闭表”。

7）在第 3 行的条件列中输入省略号，然后单击同一行的操作列，在下拉列表中选择“Close”命令，在窗口下方的参数框中的对象类型中选择“表”，对象名称中选择“读者信息表”。

8）在第 4 行中，不输入条件，直接在操作列中选择“MsgBox”命令，在参数框中的消息框里输入“欢迎使用”。

9）单击“保存”按钮，输入宏名“Macrol”，单击“确定”按钮，保存所创建的宏，关闭“宏”设计窗口。

10）在数据库窗口中选择宏“Macrol”，单击工具栏中的“运行”按钮，观察运行效果。

11）保存数据库文件。

任务 8.2 编辑宏

8.2.1 任务目标

掌握插入、删除等编辑宏的方法。

8.2.2 相关知识与技能

1. 插入宏操作

如果需要在一个宏中插入一个新的宏操作，方法如下：

1）打开“宏”设计视图。

2）单击希望插入行的下一行的行标头，单击鼠标右键，然后在快捷菜单中选择“插入行”命令，如图 8-21 所示。

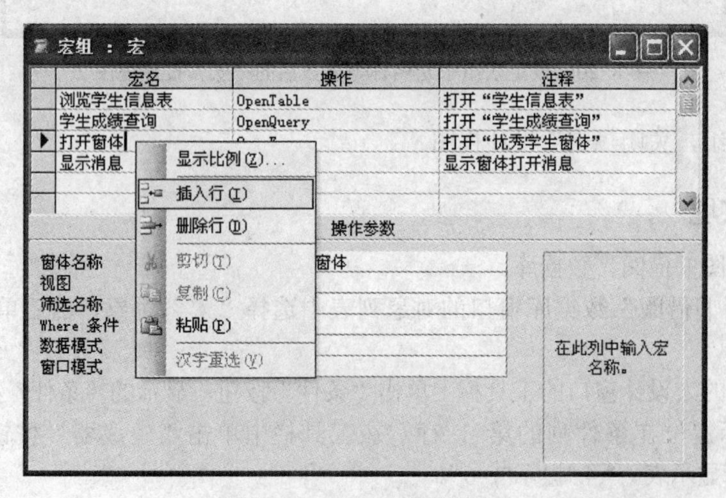

图 8-21 “宏”设计视图

3）在插入的空白行中输入新的宏操作即可。

2．移动宏操作

如果创建了一个宏后，希望对其中的宏操作顺序进行改变，可通过移动宏操作来实现，方法如下：

1）打开“宏”设计视图。

2）单击宏操作所在的行标头，将该行拖曳到新的位置即可。

3．删除宏操作

如果创建了一个宏后，当中的某个宏操作已经不需要了，可以将其删除，方法如下：

1）打开“宏”设计视图。

2）选择要删除的宏操作行。

3）按〈Delete〉键或单击鼠标右键，在快捷菜单中选择“删除”命令。

4．复制宏

如果建立了一个宏，又要建立一个类似的宏，这时一般用复制宏的方法更省时，然后对新宏进行适当的修改即可。复制宏的方法如下：

1）在数据库的宏对象管理窗口中选择要复制的宏。

2）单击右键，在快捷菜单中选择“复制”命令。

3）在窗口空白处单击鼠标右键，选择快捷菜单中的“粘贴”命令。

4）在出现的“粘贴为”对话框中，输入新的宏名。

5）单击“确定”按钮即可。

8.2.3 任务实现

1）打开“图书借阅”数据库，

2）新建一个宏，其中包含操作“OpenTable”，功能是打开“借阅信息表”、 操作“Close”，功能是关闭“借阅信息表”。

3）单击“Close”行的行标头，并单击鼠标右键，在快捷菜单中选择“插入行”命令。

4）在刚插入的空白行的操作列，选择“MsgBox”操作，在相应的参数“消息”中输入“这是新插入的宏操作”。然后保存宏，宏名自定。

5）单击“MsgBox”行的行标头，将该行拖曳到“Close”行的后一行。

6）单击“MsgBox”行的行标头，并单击鼠标右键，在快捷菜单中选择“删除行”命令。

7）保存并关闭宏，将宏另存为“编辑宏”。（注意：在做以上操作的过程中应注意宏操作行的变化。）

8）在数据库窗口的宏对象中，选择宏“编辑宏”，并单击右键，在快捷菜单中选择“复制”命令。

9）在数据库窗口的宏对象中的空白处，单击鼠标右键，选择快捷菜单中的“粘贴”命令。

10）在出现的“粘贴”对话框的宏名称的文本框中，输入新的宏名“复制的宏”。

11）单击“确定”按钮。

12）保存数据库文件。

任务 8.3　运行与应用宏

8.3.1　任务目标

- 掌握宏的运行方法；
- 掌握宏的调试方法。

8.3.2　相关知识与技能

1. 运行宏

在 Access 中运行宏的方式有多种，可以直接运行宏，也可以在宏中运行宏，可以在窗体或报表的事件中应用宏等。

（1）直接运行宏

直接运行宏，可以使用下列操作之一。

- 在“宏”设计视图中，单击工具栏上的“运行”按钮 ！。
- 在数据库窗口中，单击“宏”对象，然后双击相应宏名。
- 在数据库窗口中，单击“宏”对象，单击要运行的宏名，然后单击“运行”按钮。
- 在数据库窗口中，选择“工具”→“宏”→“执行宏”命令，然后在“宏名”列表框中指定相应的宏。单击“确定”按钮。

（2）运行宏组中的宏

直接运行宏组中的宏可以使用以上的 4 种方法，但前 3 种方法只选择了宏组名，并没有指明宏组中的哪一个宏，所以默认执行的是第 1 个宏，第 4 种方法可以在“宏名”下拉列表框中指定要运行的具体宏。运行宏组中的宏可以用下面的格式：

[宏组名].[宏名]

（3）从其他宏运行宏

可以在宏中创建一个带有“RunMacro”操作的宏，将希望运行的宏的名称作为操作参数。

（4）在窗体、报表或控件的事件中应用宏

Access 可以对窗体、报表或控件中的多种类型事件做出响应，包括鼠标单击、数据更改以及窗体或报表的打开或关闭等。如果要在响应的事件中运行宏，只需在设计视图下双击相应的控件，在属性对话框“事件”选项卡中设置相应的宏名即可。

（5）自动执行的宏 AutoExec

在打开数据库时，Access 将查找一个名为 AutoExec 的宏，如果找到就自动运行它。如果把创建的宏命名为“AutoExec”，该宏可在首次打开数据库时执行一个或一系列的操作。

 提示

在打开数据库时临时不想运行宏“AutoExec”，可在打开数据库时按住〈Shift〉键，即可跳过“AutoExec”宏的运行。

2．调试宏

有时宏的执行会得到异常结果，为了保证所创建宏的正确性，Access 提供了方便的测试工具，帮助用户调试宏。具体方法如下：

1）选中要调试的宏，打开“宏”设计视图。

2）在工具栏上单击“单步”按钮。

3）在工具栏上单击“运行”按钮，打开“单步执行宏”对话框，如图 8-22 所示。

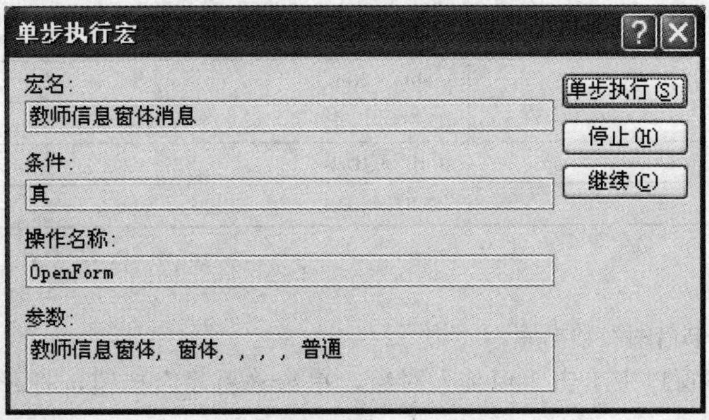

图 8-22 “单步执行宏”对话框

“单步执行宏”对话框中 3 个按钮的含义。

- 单步执行：执行在对话框列出的宏操作，如果没有错误，下一个操作会出现在对话框中。
- 暂停：停止该宏的执行并关闭该对话框。
- 继续：关闭单步执行模式并继续执行该宏的后续部分。

4）单击“单步执行”按钮，以执行显示在对话框中的当前宏操作。

如果宏中存在错误，单步执行宏时将会在窗口显示操作失败对话框，对话框将显示出错的操作名称、参数以及相应的条件，利用该信息在“宏”设计视图中对宏进行修改。

3．使用 AutoKeys 宏组

如果要将一个操作或操作集合赋值给某个特定的按键或组合键，可以创建一个 AutoKeys 宏组，在按下特定的按键或组合键时，Access 就会执行相应的操作。创建 AutoKeys 宏组的方法如下：

1）选择数据库窗口对象列表中的“宏”对象，单击“新建”按钮。

2）单击工具栏上的“宏名”按钮，添加宏名列。

3）在宏名列中键入要使用的按键或组合键。

4）在操作列中添加按键或组合键对应的操作或操作集。

5）重复上述步骤设置其他的赋值键。

6）以“AutoKeys”为名称保存宏组。

表 8-2 列出了能够在 AutoKeys 宏组中用于设置赋值键的组合键。

表 8-2 组合键说明

组 合 键	说 明
^A 或 ^4	〈Ctrl〉+任何字母或数字键
〈F1〉	任何功能键
^〈F1〉	〈Ctrl〉+任何功能键
+〈F1〉	〈Shift〉+任何功能键
〈Insert〉	〈Ins〉
^〈Insert〉	〈Ctrl〉+〈Ins〉
+〈Insert〉	〈Shift〉+〈Ins〉
〈Delete〉或〈Del〉	〈Del〉
^〈Delete〉或^〈Del〉	〈Ctrl〉+〈Del〉
+〈Delete〉或+〈Del〉	〈Shift〉+〈Del〉

8.3.3 任务实现

1）打开“图书借阅”数据库。

2）在数据库窗口中单击“窗体”对象，单击“新建”按钮，打开“新建窗体”对话框。

3）在对话框中选择“自动创建窗体：纵栏式”，选择“读者信息表”为数据源，单击“确定”按钮。

4）单击工具栏中的“保存”按钮，在“另存为”对话框中输入窗体名称“读者信息”。然后单击“确定”按钮。

5）用上面所述方法再创建“读者借阅”窗体。

6）在数据库窗口中单击“宏”对象，单击“新建”按钮，打开“宏设计”窗口。

7）在操作列中选择“OpenForm”，在窗口下方的参数“窗体名称”行中选择“读者借阅”。

8）在“Where 条件”行输入：[学号]=[Forms]![读者信息]![读者编号]。

9）单击工具栏上中“保存”按钮，在“另存为”对话框中输入宏名称“借阅信息查询”。然后单击“确定”按钮。

10）在设计视图中打开窗体“读者信息”。在页脚处添加“命令按钮”，并打开“属性”窗口，在“其他”选项卡的“名称”行中输入“借阅信息查询”。在“事件”选项卡中，在“单击”行右侧单击，在弹出的下拉列表框中选择“借阅信息查询”宏。

11）单击工具栏中的“保存”按钮。

12）打开窗体“读者信息”，单击“查询”按钮，查看运行效果。

13）保存数据库文件。

技能提高训练

1. 训练目的

进一步掌握宏的创建和运行方法。

2．训练内容

1）打开“固定资产管理”数据库，创建名为“资产管理”的宏组，宏组中包括 3 个宏，宏名及参数如表 8-3 所示。

表 8-3　宏组“资产管理”中的宏名及参数

宏　名	宏 命 令	对 象 名 称	数据（窗口）模式
浏览资产信息	OpenTable	资产信息表	只读
	Maximize		
添加资产信息	OpenTable	资产信息表	增加
编辑资产信息	OpenTable	资产信息表	编辑
预览资产报表	OpenReport	资产信息报表	打印预览

2）创建一个如图 8-23 所示的窗体，并命名为“编辑资产信息”。

图 8-23　“编辑资产信息”窗体

3）设置各按钮的响应事件为宏组“资产管理”中对应的宏。

4）编写一个自动运行宏，打开“固定资产管理”数据库时，显示“编辑资产信息”窗体。

5）保存数据库文件。

习题

一、选择

1．关于宏操作，下列说法错误的是（　　）。

A．所有的宏操作都可以转化为相应的模块代码

B．使用宏可以启动其他的应用程序

C．可以使用宏组来管理相关的一系列宏

D．在宏的条件表达式中不能引用窗体或报表的控件值

2．在 Access 中打开一个数据库时，会先查找数据库中是否包含（　　）宏，如果有，就自动执行该宏。

A．On Enter　　　　B．On Exit

C．AutoExec　　　　D．On Click

3．创建一个宏至少要定义一个宏操作命令，并为其设置相应的（　　）。

A．命令按钮　　　　B．条件

C．操作参数　　　　D．备注信息

4．要限制宏命令的操作范围，可以在创建宏时定义（　　）。

A．宏操作对象　　　　B．宏条件表达式

C．窗体或报表控件属性　　　　D．宏操作目标

5．下列关于宏运行的说法中，错误的是（　　）。

A．宏除了可以单独运行外，也可以运行宏组中的宏或另一个宏或事件过程中的宏

B．可以为响应窗体、报表上所发生的事件而运行宏

C．可以为响应窗体、报表中的控件上所发生的事件而运行宏

D．用户不能为宏的运行指定条件

二、填空题

1．引用宏组中的宏，采用的语法是____________。

2．在设计条件宏时，对于连续重复的相同条件，可以在条件列中用_______符号来代替。

3．打开某个数据表的宏操作命令是__________。

4．在一个宏中运行另一个宏使用的宏操作命令是___________。

5．直接运行宏组时，将执行________中的所有宏操作命令。

三、简答题

1．什么是宏？

2．如何引用宏组的宏？

3．如何运行宏？

4．简要总结宏 AutoExec 的作用。

第 9 章　管理和维护数据库

通常我们建立的数据库并不希望所有的人都能使用和修改数据库中的内容。这就要求我们对数据库实行更加安全的管理，即限制一些人的访问，限制修改数据库中的内容，对数据库中的数据进行加密和解密。这样数据库就不能被别人轻易攻破，起到了安全保密的作用。

【学习目标】

✧ 掌握保护数据库安全的基本方法；
✧ 掌握维护数据库的基本方法；
✧ 掌握共享数据库的基本方法。

任务 9.1　数据库安全管理

9.1.1　任务目标

- 了解数据库安全的基本概念；
- 理解数据库的安全级别；
- 掌握数据库安全管理的基本方法。

9.1.2　相关知识与技能

1．数据库的安全性

数据库的安全性指的是数据库具有控制其数据和对象不被非法的用户访问的特性。数据库中的数据通常具有一定的保密性，为了使得合法用户访问到必要的数据，防止用户非法访问而造成的数据泄漏或破坏，数据库必须提供一定的措施保护数据的安全。系统安全保护措施的有效性是衡量数据库系统性能的主要指标之一。常用的安全保护措施包括编码/解码、在“数据库”窗口中显示或隐藏对象，使用启动选项，使用密码，使用用户安全级机制等。

2．编码/解码

为数据库编码是最简单的保护方法。为数据库编码可压缩数据库文件，并帮助防止该文件被文字处理程序读取。但对未实施安全措施的数据库进行编码将是无效的，因为任何人都可打开这种数据库并且对数据库中的对象拥有完全访问权。当用电子方式传输数据库或者将数据库存储在软盘、磁带或光盘中时，进行编码尤为有用。数据库解码是编码的逆过程。

对数据库进行编码或解码的过程如下。

1）在不打开数据库的情况下，启动 Access。如果数据库被多用户共享使用，确保所有用户都关闭了该数据库。

2）选择菜单“工具”→“安全”→“编码/解码数据库”，打开“编码/解码数据库”对话框，如图 9-1 所示。

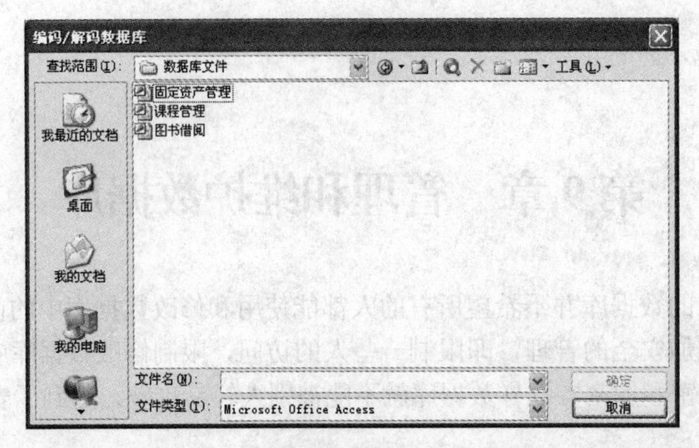

图 9-1 “编码/解码数据库”对话框

3）在文件名文本框中指定要编码或解码的数据库，单击“确定”按钮。如果选择的数据库未被编码过，则出现“数据库编码后另存为”对话框，如图 9-2 所示。如果选择的是已被编码的数据库，则此时一定是进行解码，因此将出现“数据库解码后另存为”对话框，如图 9-3 所示。

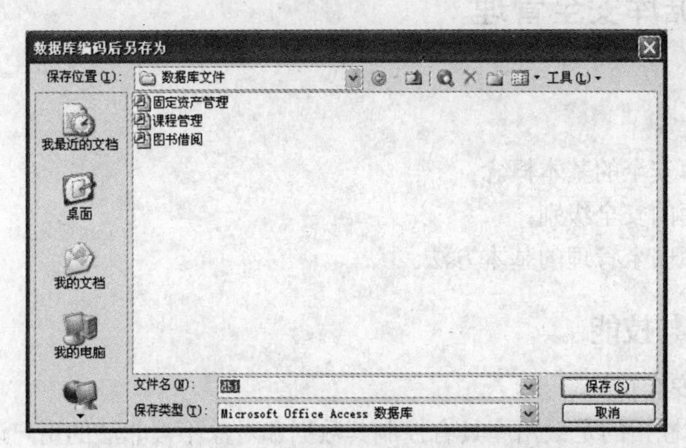

图 9-2 “数据库编码后另存为”对话框

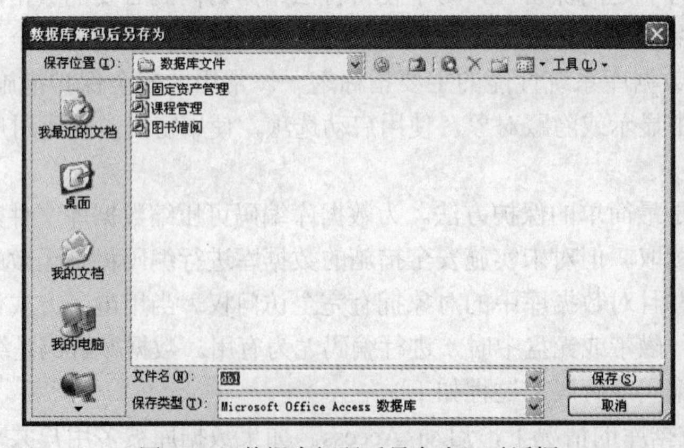

图 9-3 “数据库解码后另存为”对话框

4）输入编码或解码后数据库的文件名，指定保存位置，单击“保存”按钮。如果选择的数据库名为编码或解码前的数据库名，则出现如图 9-4 所示的消息对话框。

图 9-4　消息对话框

5）单击"是"则编码或解码后的数据库将替换原有数据库。

注意

对 Access 数据库进行编码或解码的，必须是该数据库的所有者，如果数据库采取了安全措施，则必须是工作组信息文件的管理员组的成员，还必须能够以独占模式打开数据库，也就是说必须拥有"打开/运行"和"以独占方式打开"的权限。

3. 设置密码

另一种简单的保护方法是为打开 Access 数据库设置密码。设置密码后，每次打开数据库时都将显示要求输入密码的对话框。只有键入正确密码的用户才可以打开数据库。打开数据库之后，数据库中的所有对象对用户都将是可用的（除非已定义了其他类型的安全机制）。对于在小型用户组中共享的数据库或是单机上的数据库，通常只需设置密码就足够了。

注意

如果要复制数据库，尽量不要使用数据库密码，如果设置了密码，复制的数据库将不能同步。

设置密码之前数据库如果打开了，首先关闭它，为其做一个备份。如果是多用户共享数据库，确保其他用户都关闭了该数据库。然后按照如下步骤为其设置密码：

1）在 Access 已经启动的情况下，选择菜单中的"文件"→"打开"命令，或者单击工具栏中的"打开"图标按钮，打开"打开"对话框。

2）选择适当的路径找到设置密码的数据库的文件名，然后单击"打开"按钮右侧的下拉箭头，选择"以独占方式打开"，如图 9-5 所示。

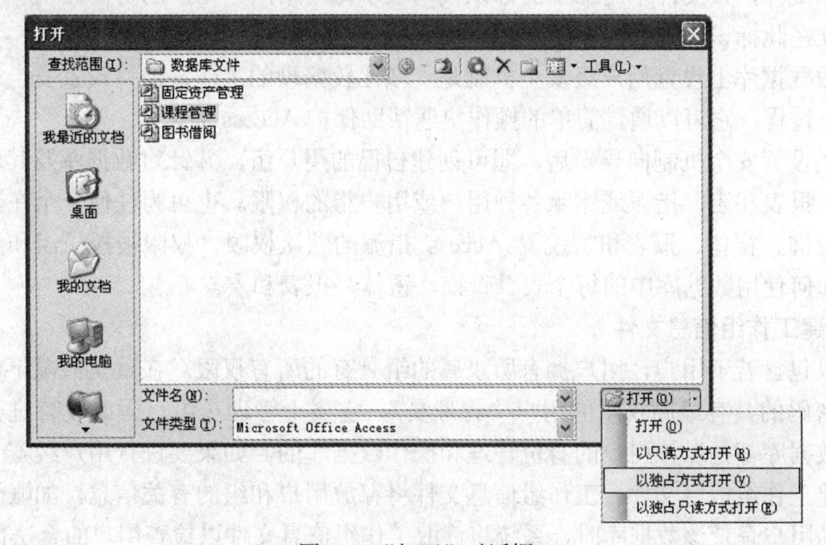

图 9-5　"打开"对话框

3）选择菜单中的“工具”→“安全”→“设置数据库密码”命令，打开“设置数据库密码”对话框，如图 9-6 所示。

4）在“密码”文本框中键入密码。密码是长度不超过 20 个字符的字符串，由字母、数字、空格和一些其他符号，如\、[、]、:、|、<、>、+、=、;、,、?、*等构成。在“验证”文本框中再次输入密码以进行确认，然后单击“确定”按钮，完成密码设置操作。

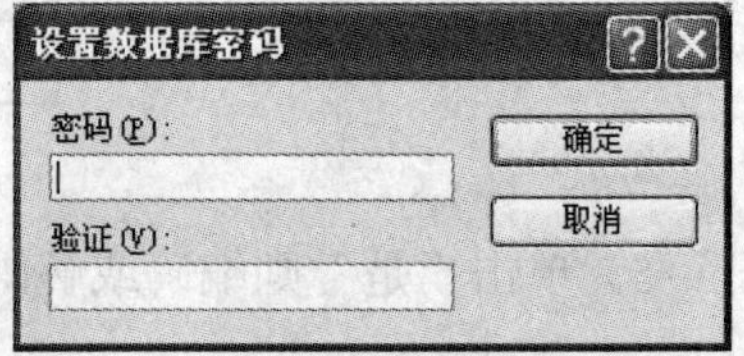

图 9-6 “设置数据库密码”对话框

注意

数据库密码是区分大小写的，以后打开该数据库时，将出现“要求输入密码”的对话框，只有输入了正确的密码，数据库才能被打开。

4．解除密码

解除数据库密码的基本步骤如下：

1）启动 Access 后，以独占方式打开已加密的数据库。

2）选择菜单中的“工具”→“安全”→“撤销数据库密码”命令，打开“撤销数据库密码”对话框，如图 9-7 所示。

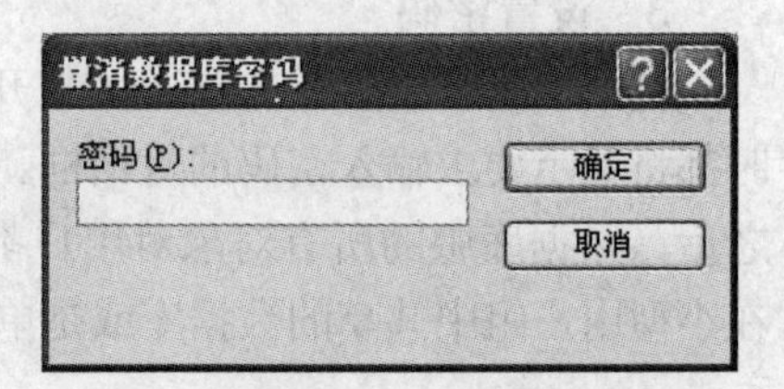

图 9-7 “撤销数据库密码”对话框

3）输入当前正在使用的数据库密码，单击“确定”按钮，数据库密码即被取消。

5．使用用户级安全机制

用户级安全机制是指数据库管理员和对象的所有者可以为各个用户或几组用户授予对表、查询、窗体、报表和宏的特定权限。它是对数据库实施安全措施最灵活、最广泛的方法。可以利用用户级安全机制，建立对数据库敏感数据和对象的不同访问级别。用户要使用以用户级安全机制保护的数据库，则必须在启动 Access 时键入密码。之后，Access 会读取工作组信息文件，该文件中用唯一的标识代码表示每个用户。用户的访问级别和有权访问的对象均建立在此标识代码和密码之上。

在多数数据库上设置用户级安全机制是一项比较繁琐的工作，但“设置安全机制向导”简化了这一过程，它可以通过简单的操作快速帮助保护 Access 数据库。

运行“设置安全机制向导”后，即可创建自己的用户组，并针对数据库及其现有表、查询、窗体、报表和宏，指派或删除各种用户或用户组的权限。也可为任何一个在数据库中创建的表、查询、窗体、报表和宏设置 Access 指派的默认权限。权限被授予组和用户，用来规定他们如何使用数据库中的每个表、查询、窗体、报表和宏。

6．创建工作组信息文件

组可以包含若干用户，用户拥有所隶属的组具有的所有权限。在默认情况下，系统提供没有登录密码的具有最高权限的用户“管理员”，它属于管理员组。因此没有进行用户级安全管理的数据库都是以该用户的身份管理和操作数据库的。如果要进行用户级安全管理，首先应该创建工作组信息文件。工作组信息文件将存放用户和组的有关信息，如账号、密码等信息。每当用户登录该数据库时，系统将读取工作组信息文件以检查用户的合法性。

创建工作组信息文件的基本步骤如下：

1）在不打开数据库的情况下启动 Access，然后执行菜单“工具”→“安全”→“工作组管理员”命令，打开“工作组管理员”对话框，如图 9-8 所示。

2）单击“创建”按钮，打开“工作组所有者信息”对话框，为工作组分别输入名称、组织和工作组 ID（可由 4～20 个字母数字构成），如图 9-9 所示。

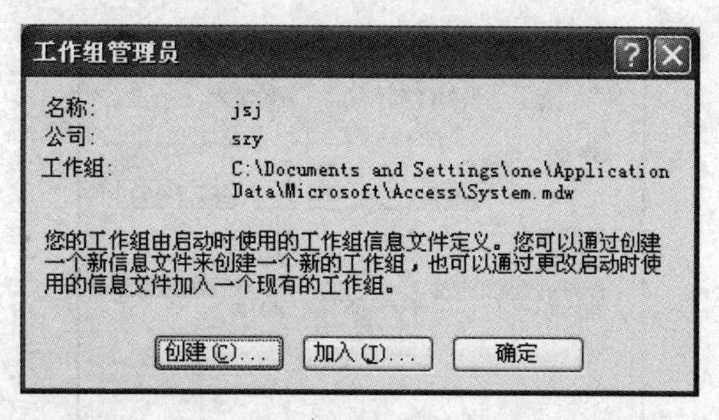

图 9-8 “工作组管理员”对话框

工作组所有者信息

新的工作组信息文件由所指定的名称、组织以及区分大小写的工作组 ID 标识。

您可以使用下面的名称和组织信息，或者输入一个不同的名称或组织。如果想确保您的工作组是唯一的，请输入一个最多 20 个数字或字母组成的唯一工作组 ID。

名称(N): jsj

组织(O): szy

工作组 ID(I): ghy

确定 取消

图 9-9 “工作组所有者信息”对话框

3）单击“确定”按钮，打开“工作组信息文件”对话框，如图 9-10 所示。

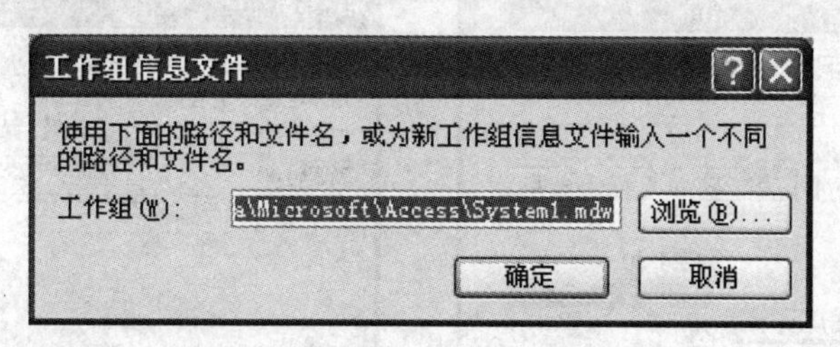

图 9-10 “工作组信息文件”对话框

4）在工作组文本框中为工作组信息文件指定路径和文件名，单击“确定”按钮，弹出“确认工作组信息”对话框，如果确认工作组的信息是正确的，单击“确定”按钮，出现提示对话框。单击“确定”按钮，返回“工作组管理员”对话框。

5）单击“确定”按钮，完成工作组信息文件的创建。

7. 创建管理员账户

创建管理员账户的基本方法如下：

1）打开要进行用户级安全管理的数据库。

2）执行菜单“工具”→“安全”→“用户与组账户”命令，打开“用户与组账户”对话框，如图 9-11 所示。

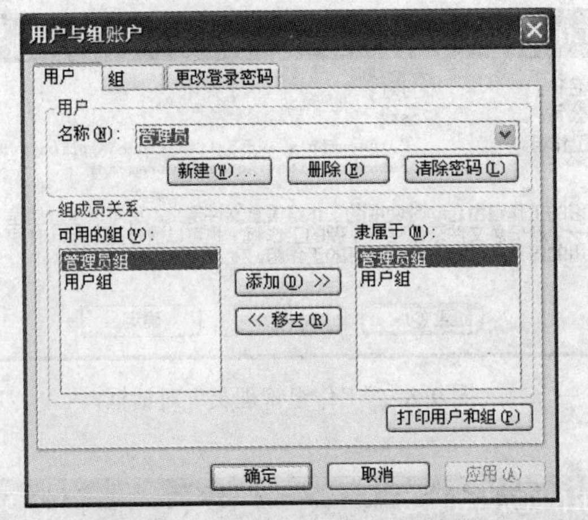

图 9-11 “用户与组账户”对话框 1

3）在“用户”选项卡中单击“新建”按钮，打开“新建用户/组”对话框，为新建的用户输入名称和个人 ID，例如，名称为“系主任”，个人 ID 为“Departmentmanager”，如图 9-12 所示。

图 9-12 “新建用户/组”对话框

4）单击“确定”按钮，回到“用户与组账户”对话框。

5）在“可用的组”列表中选择“管理员组”，单击“添加”按钮，则新建的用户就隶属于管理员组了，具有最高的用户权限，此时“用户与组账户”对话框如图 9-13 所示。

6）如果要激活用户登录界面，单击“更改登录密码”选项卡，其中显示了当前的数据库用户为“管理员”，如图 9-14 所示，该用户的旧密码为空，为其设置一个新的密码并确认。

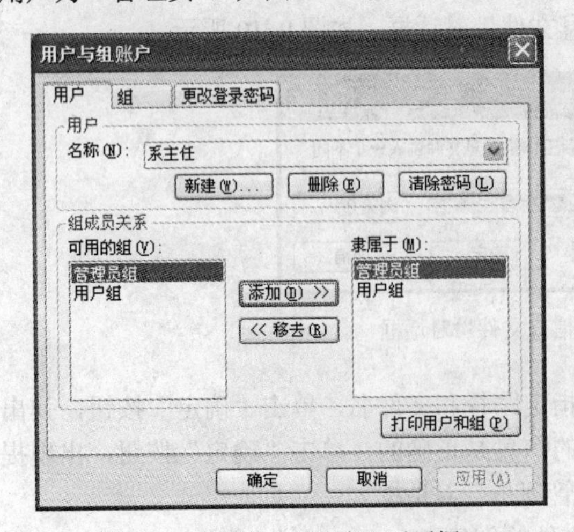

图 9-13 “用户与组账户”对话框 2

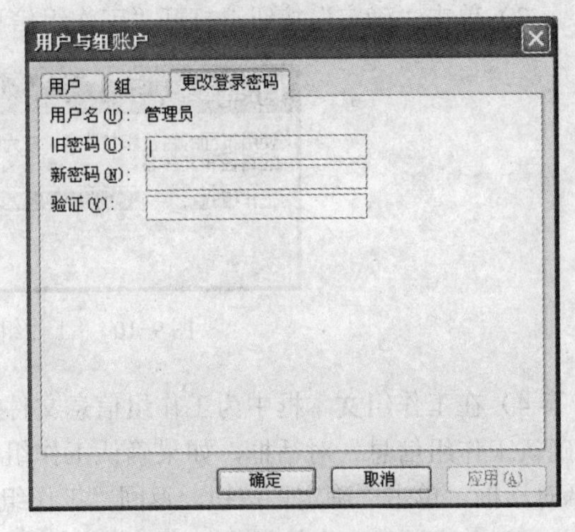

图 9-14 “用户与组账号”对话框 3

7）单击“确定”按钮，关闭“用户与组账户”对话框，完成管理员账户的创建。

8）关闭 Access，并重新启动 Access，打开该数据库时将出现如图 9-15 所示的“登录”对话框，输入名称和密码，单击“确定”按钮，即可打开数据库。

8. 创建组和用户账号

Access 在默认的情况下提供管理员组和用户组两个组。任何一个用户都属于用户组。前面创建了一个新的用户并将其分配到了管理员组，因而该用户也就有了管理员组的所有权限，即对数据库的所有存取权限。要限制用户的存取权限，可以创建其他的组，为组授予相应的权限，然后将用户分配到相应的组中。创建组的方法与用户的创建过程类似。

1）打开数据库，执行菜单 “工具”→“安全”→“用户与组账户”命令，打开“用户与组账户”对话框，单击“组”选项卡，然后单击“新建”按钮，打开“新建用户/组”对话框，为新建的组输入名称和个人 ID，如图 9-16 所示。

图 9-15 “登录”对话框

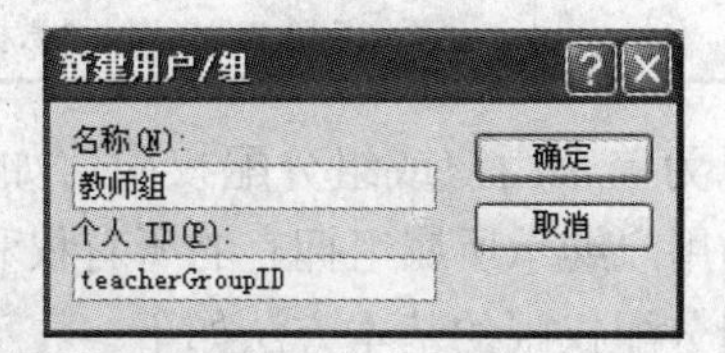

图 9-16 “新建用户/组”对话框

2）单击“确定”按钮，返回到“用户与组账户”对话框，如图 9-17 所示。

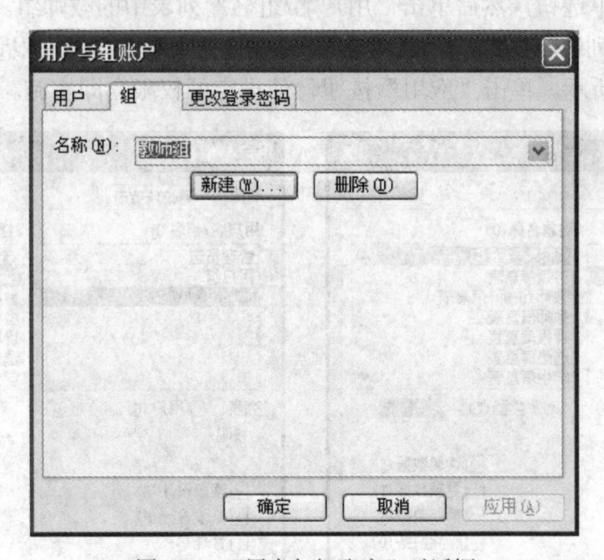

图 9-17 “用户与组账户”对话框

3）单击“确定”按钮，关闭“用户与组账户”对话框。

有了教师组后，可以为每个教师创建一个用户账户，方法同前述，区别仅在于，此时要将新建的这些用户分配到教师组中，而不是管理员组中。

9. 权限管理

权限用于指定用户对数据库中的数据或对象所拥有的访问类型。Access 中支持的权限有 9 种，如表 9-1 所示。

表 9-1　权限

权限名称	权限描述
打开 / 运行	打开数据库、窗体、报表、或者运行数据库中的宏
以独占方式打开	以独占方式打开数据库，其他人无法与之同时共享数据库
读取设计	查看表、查询、窗体、报表或宏等对象的“设计”视图
修改设计	在设计视图中查看，修改表、查询、窗体、报表或宏的设计
管理员	设置数据库密码，复制数据库，更改数据库的启动属性，对表、查询、窗体、报表或宏等对象及其相应的数据具有完全访问权限，以及将权限分配给他人的权利
读取数据	查看表和查询中的数据
更新数据	查看或修改表或查询中的数据，但不能删除或插入数据
插入数据	查看表或查询中的数据，或者向表或查询中插入数据，但不能修改或删除数据
删除数据	查看或删除表或查询中的数据，但不能修改或插入数据

可以为单个用户或组分配权限。如果定义了组，为组分配权限比为用户分配权限更方便。因为用户继承所属组拥有的所有权利。

为组分配权限的基本方法如下：

1）打开数据库，执行菜单 “工具”→“安全”→“用户与组权限”命令，打开“用户与组权限”对话框，如图 9-18 所示。

2）单击“组”单选钮，然后单击“用户名/组名”列表中的教师组。

3）在对象类型列表框中选一个表对象，如讲授信息表，选择权限设置区域中右边的 4 种权限，如图 9-19 所示。单击“应用”按钮，使设定的权限立即实施。

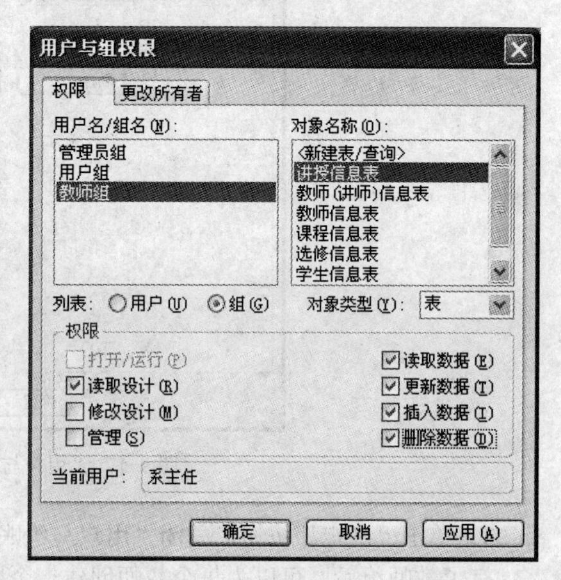

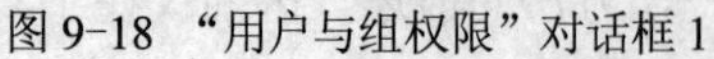
图 9-18 “用户与组权限”对话框 1

图 9-19 “用户与组权限”对话框 2

注意

“读取数据”权限同时隐含着“读取设计”权限。

4）重复步骤 3），按需要设置其他权限，单击“确定”按钮，关闭“用户/组权限”对话框。

由于属于教师组的用户都同时属于用户组，而用户组的用户在默认情况下具有对数据库中所有对象的所有权限，因此必须将这些权限全部或部分地收回，过程同上述过程类似，只需将选中各种权限复选框清除即可。

重启 Access 后，以某个教师组的用户登录该数据库，此时用户只能查看、插入、删除和更改表和查询的数据，但不能修改各种对象的设计。

10．利用向导进行用户级安全管理

“设置安全机制向导”使用户级安全管理变得相对容易。按照前面介绍的方法进行用户管理比较灵活，但同时进行权限的管理比较繁琐，因为一个数据库包含的对象通常很多，逐一进行授权或收回需要花费较多时间，一种比较简便的方法是使用“设置安全机制向导”。其具体步骤如下：

1）以管理员的身份打开要设置安全机制的数据库（如果之前没有进行过用户级安全管理，直接打开数据库即可），然后执行菜单“工具”→“安全”→“设置安全机制向导”命令，打开“设置安全机制向导”对话框，如图 9-20 所示。

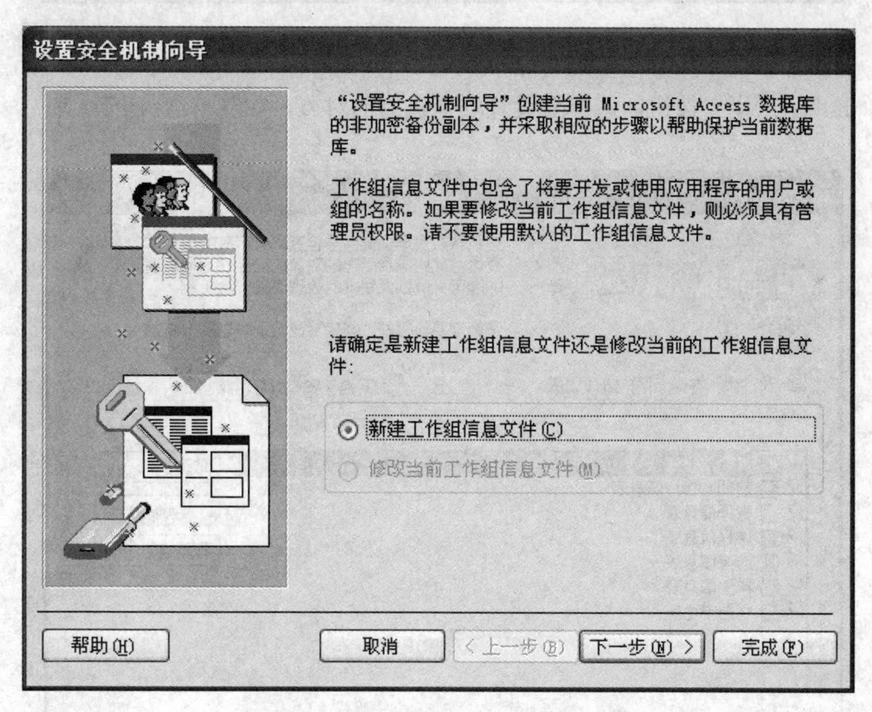

图 9-20 “设置安全机制向导”对话框

2）此时需要在创建和修改工作组信息文件之间做出选择。工作组信息文件中将保存其后创建的用户和组的信息。如果之前没有创建过工作组信息文件，则第二个选项为不可选项。

3）单击“下一步”按钮，指定工作组信息文件的名称和 WID（4～20 个字母，数字组成的字符串）等信息，如图 9-21 所示。

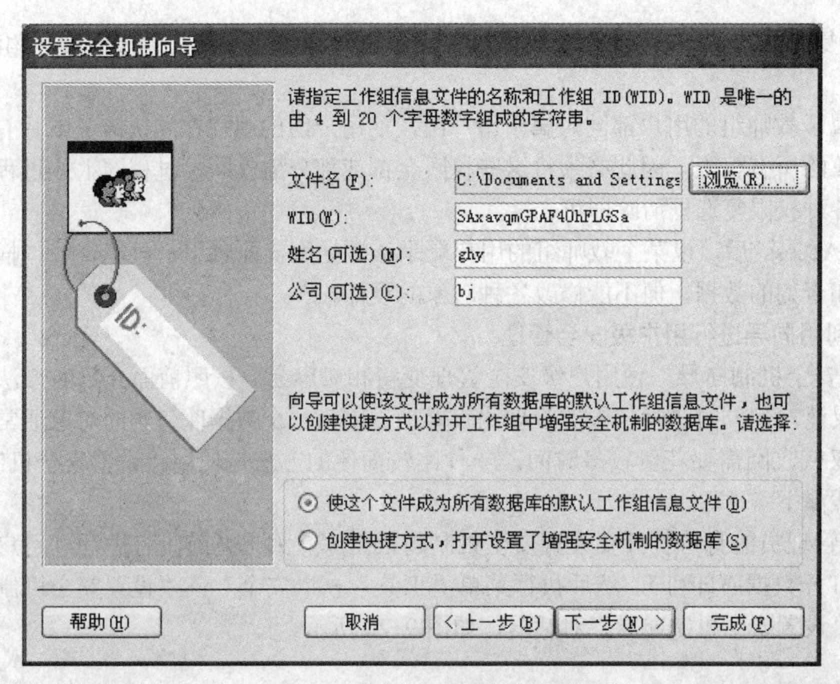

图 9-21　指定工作组信息文件名称

4）单击“下一步”按钮，选择要设置安全机制的对象，如图 9-22 所示。

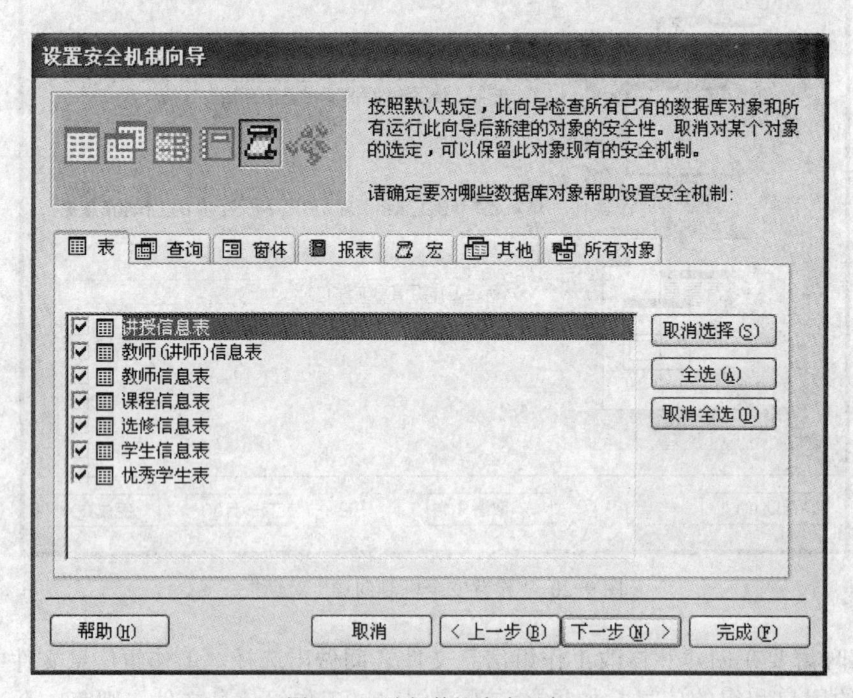

图 9-22　选择数据库中对象

5）单击“下一步”按钮，显示系统提供的组账户，单击每个组，可查看该组的权限描述，如图 9-23 所示。

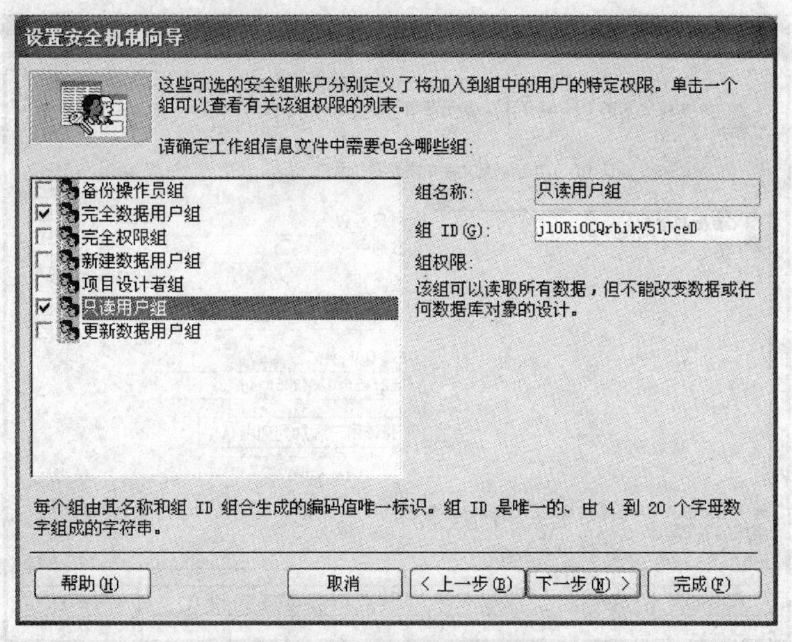

图 9-23　查看组的权限描述

6）单击“下一步”按钮，决定是否为用户组设定权限。由于任何一个用户都属于用户组，因此一定要限制用户组的权限，例如不授予用户组任何权限，如图 9-24 所示。

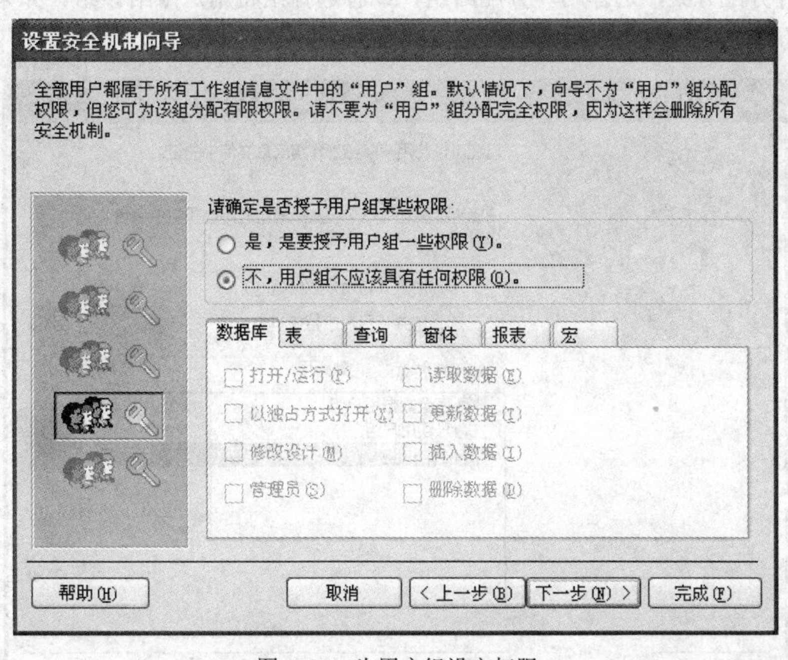

图 9-24　为用户组设定权限

7）单击“下一步”按钮，创建用户，如图 9-25 所示。在用户名，密码中输入合适的名称和密码，也可以修改 PID 中的值，然后单击“将用户添加到列表”按钮，则左边的列表框中将显示新建的用户。按照此方法，可以创建多个用户。

设置安全机制向导

现在，可以向工作组信息文件中添加用户，并赋予每个用户一个密码和唯一的个人 ID(PID)。单击左边的框可以编辑密码或 PID。

请确定工作组信息文件中需要哪些用户：

<添加新用户>
LYH

用户名(U)：教师甲
密码(P)：teacher
PID(I)：kEZfe5fzGeCYW65Rz4j

将该用户添加到列表(A)
从列表中删除用户(D)

每个用户由其用户名和 PID 生成的编码值唯一标识。PID 是唯一的、由 4 到 20 个字母数字组成的字符串。

帮助(H)　取消　< 上一步(B)　下一步(N) >　完成(F)

图 9-25　创建用户

8）用户创建完毕，单击“下一步”按钮，将用户分配到组中，如图 9-26 所示。对话框中显示了两种分配方案，选择用户分配给组，或者选择组将用户赋给该组。如果用户较多可选择第二种方法。

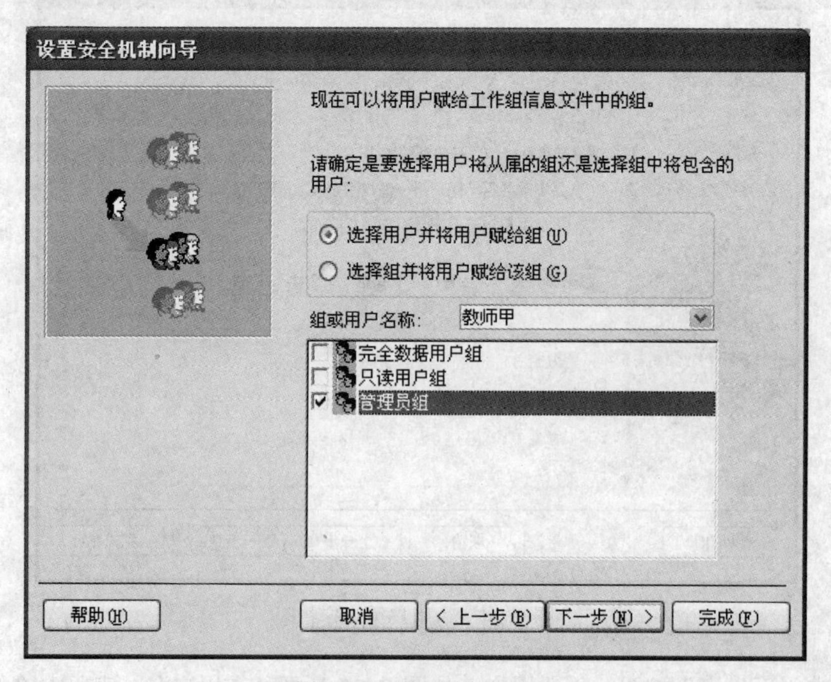

图 9-26　分配用户到组

9）单击“下一步”按钮，指定备份数据库的路径和名称如图 9-27 所示。

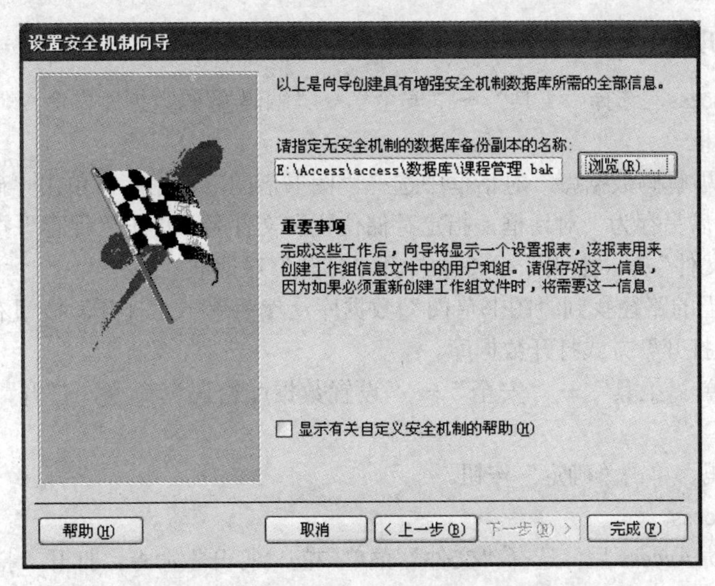

图 9-27　指定备份数据库的路径和名称

10）单击“完成”按钮，显示“设置安全机制向导”报表。该报表包含了所创建的工作组信息文件的内容，应该妥善保管，以备重新创建工作组信息文件使用。

11）关闭该报表，显示提示对话框，单击“是”按钮，将报表保持为可以查看的快照文件。关闭快照文件，可以看到提醒重新启动 Access 的提示对话框，单击“确定”按钮，完成安全机制设置。

重新启动 Access，所创建的工作组文件即可发生作用。

11．防止用户复制数据库，设置密码或设置启动选项

在多用户环境中，可能需要防止用户复制数据库，因为复制数据库使用户得以制作共享数据库的副本、添加字段及对当前数据库做其他的更改。也可能希望防止用户设置数据库密码，因为如果用户设置了数据库密码，那么其他用户不提供密码就无法打开数据库。也许还希望防止用户更改那些指定诸如自定义菜单、自定义工具栏或启动窗体等特性的启动属性。

如果共享数据库没有定义用户安全机制，则不能防止用户进行此类更改。定义了用户级安全机制后，只有对数据库拥有“管理员”权限的用户或组，才可复制数据库、设置数据库密码或更改启动属性。只有当前工作组的管理员组成员才拥有“管理员”权限。

如果某用户或组目前拥有数据库的“管理员”权限，删除其这一权限则可以防止该用户或组进行任何此类更改。如果需要某个用户或组执行此类任务，可为该用户或组指定“管理员”权限。不能独立地控制对此三项任务的访问。

12．保护数据访问页

数据访问页是 HTML页，包含对 Access 文件中数据的引用。但数据访问页实际上并不存储在 Access 文件中，它们以 HTML 文件的形式，或者存储在本地文件系统中、网络共享的文件夹中，或者存储在 HTTP服务器上。因此，Access 并不控制数据访问页文件的安全。若要帮助保护数据访问页，必须利用存储这些文件的计算机的文件系统安全机制，来对数据访问页的链接和 HTML 文件采取安全保护措施。若要帮助保护该页所访问的数据，必须对与该页连接的数据库采取安全措施。

9.1.3 任务实现

1）启动 Access，选择“工具”→“安全”→“编码/解码数据库”命令，打开“编码/解码数据库”对话框。

2）在“编码/解码数据库”对话框中选择“图书借阅”数据库，单击“确定”按钮，打开“数据库编码后另存为”对话框，指定存储位置和文件名，单击“保存”按钮。

3）选择“文件”→“打开”命令，打开“打开”对话框。

4）选择适当的路径找到“图书借阅”数据库，然后单击“打开”按钮右侧的箭头，选择“以独占方式打开”方式打开数据库。

5）选择菜单“工具”→“安全”→“设置数据库密码”命令，打开“设置数据库密码”对话框。

6）输入密码，单击“确定”按钮。

7）关闭 Access。

8）重新启动 Access 后，选择“文件”菜单中的“打开”命令，打开“打开”对话框。

9）选择适当的路径找到“图书借阅”数据库，单击对话框中“打开”按钮右侧的箭头，单击“以独占方式打开”选项，弹出“要求输入密码”对话框。输入数据库密码，单击“确定”按钮，打开数据库。

10）选择“工具”→“安全”→“撤销数据库密码”命令，打开“撤销数据库密码”对话框。

11）输入当前设置的数据库密码，单击“确定”按钮，撤销数据库密码。

12）保存数据库文件。

任务 9.2　维护数据库

9.2.1 任务目标

- 掌握数据库的备份和恢复；
- 掌握压缩和修复数据库。

9.2.2 相关知识与技能

Access 提供了两种保护数据库可靠的途径，一是建立数据库的备份，当数据库损坏时可以用备份的数据库来恢复，另一种是通过自动恢复功能来恢复出错的数据库。为了提高数据库的性能，Access 还提供了性能优化分析器帮助用户设计具有较高整体性的数据库。此外，Access 还提供了数据库的压缩和恢复功能，以降低对存储空间的需求，并修复受损的数据库。

1．备份和还原数据库

实际的信息管理工作中，系统难免会出一些错误。这些错误有的可以通过自动修复功能加以修复，但是当数据库损坏较严重时，就无法用自动修复功能修复了。因此有必要为用户提供建立数据库备份的功能，在需要时可以用备份的数据库对系统进行修复。Access 虽然没有提供专门的功能模块来满足这一要求，但是利用操作系统所提供的文件备份与恢复功能可以使受损的数据库得到恢复。

（1）备份数据库

数据库的备份必须是一个数据库完整的映像，在这个映像的时间点上，没有部分完成的事务存在。备份数据库的具体操作方法如下：

1）打开要备份的数据库，然后选择“工具”→“数据库实用工具”→“备份数据库”命令，打开“备份数据库另存为”对话框。

2）在“备份数据库另存为”对话框中指定保存位置与文件名。

3）单击“保存”按钮，完成保存操作。

 注意

也可以使用 Windows 资源管理器备份数据库，首先要关闭要备份的数据库，在 Windows 资源管理器中选中要备份的数据库，选择“编辑”→“复制”命令，然后在其他盘上建立一个“数据备份”文件夹，双击此文件夹，选择“编辑”→“粘贴”命令，即可把数据库备份到这个文件夹中。

（2）还原数据库

Access 没有提供专门的功能模块还原数据库，如果要还原数据库，可以在 Windows 资源管理器中通过文件的复制与粘贴操作来重建数据库，即可使受损的数据库得到恢复。

2．压缩和修复数据库

通常，在数据库操作过程中可能出现以下情况：

- 有时从表中删除记录，或者从数据库删除对象后，Access 没有在用户每次删除操作之后，立刻减小数据库文件的存储空间。因为要减小数据库文件的大小，就得对数据库的所有对象进行复制。这样既浪费时间，也影响数据库的运行速度。
- 当用户在非正常情况下退出 Access 时（如突然断电），数据库有可能被破坏。数据库一旦被破坏了，将不能被打开。

如果出现上述情况，就需要对数据库进行修复工作。Access 将压缩和修复集成在一个功能中。通过压缩数据库可以备份数据库，重新安排数据库文件在磁盘中保存的位置，并可以释放部分磁盘空间。

（1）压缩和修复当前数据库

对于以管理员的身份打开数据库，选择“工具”→“数据库实用工具”→“压缩和修复数据库”命令，Access 就会自动完成压缩和修复工作。

（2）压缩和修复未打开的数据库

1）启动 Access，选择“工具”→“数据库实用工具”→“压缩和修复数据库”命令，打开“压缩数据库来源”对话框。

2）选中要压缩的数据库，单击“压缩”按钮，弹出“将数据库压缩为”对话框。

3）在“将数据库压缩为”对话框中设置保存的位置和文件名。

4）单击“保存”按钮，就开始压缩和修复数据库，并在指定的位置按照指定的文件名生成数据库。

（3）关闭数据库时自动压缩

设置关闭时自动压缩选项，可以在每次关闭数据库时，自动对当前数据库进行压缩。设置关闭时自动压缩选项的方法如下：

1）选择“工具”→“选项”命令，打开“选项”对话框，并单击“常规”选项卡。

2）选中“关闭时压缩”复选框，如图 9-28 所示。

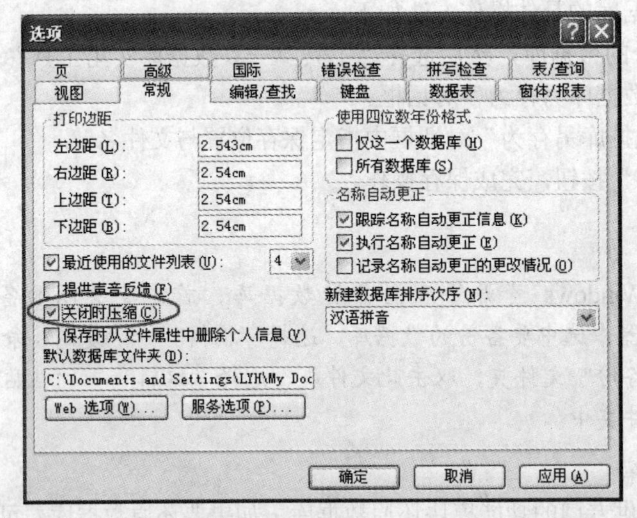

图 9-28 “选项”对话框

3）单击“确定”按钮，完成设置。

完成设置后，在每次关闭数据库时，Access 将自动对当前数据库进行压缩，然后再保存。

3. 优化数据库

Access 提供了许多种方法帮助用户创建一个高效的数据库，分析器是其中之一，它可以检验数据库的组织结构，并建议用户在表之间改善信息的分布，以提升数据库的整体性能。

（1）对数据库中的表进行分析和优化

1）打开需要分析的数据库，选择“工具”→“分析”→“表”命令，打开“表分析器向导”问题查看对话框，如图 9-29 所示。在这里提供了建立表时常见的一些问题。

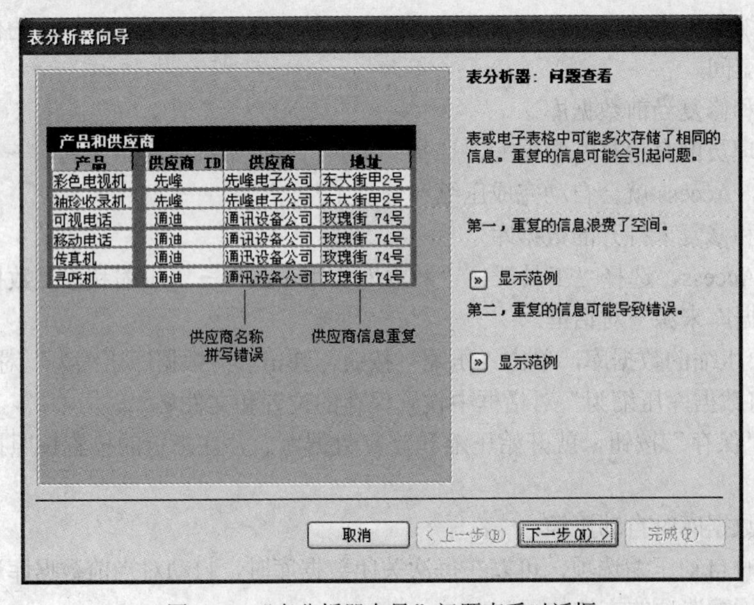

图 9-29 “表分析器向导”问题查看对话框

2）单击“下一步”按钮，打开“表分析器向导”问题解决对话框，在这个对话框中告诉我们怎样解决之前遇到的问题，如图 9-30 所示。

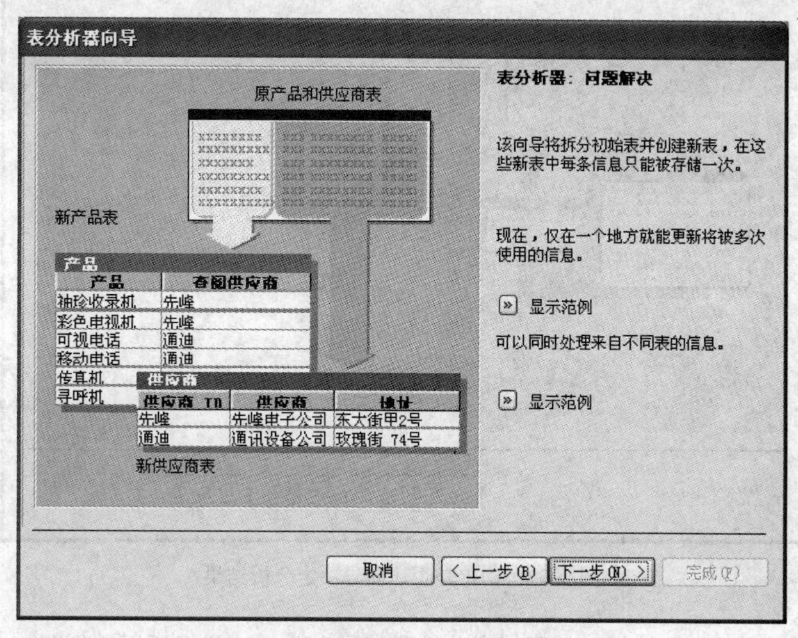

图 9-30 “表分析器向导”问题解决对话框

3）单击“下一步”按钮，在打开的对话框中选择需要进行分析的数据表，如图 9-31 所示。

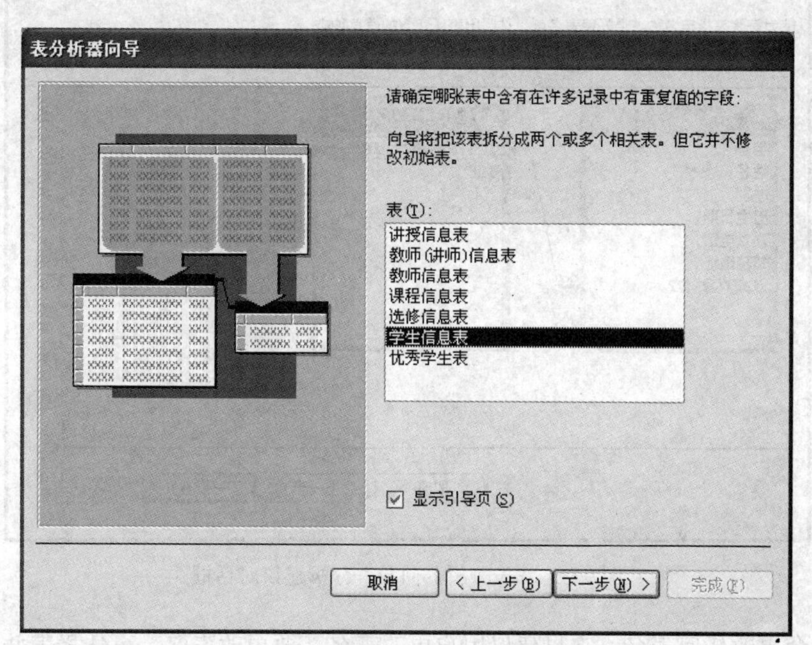

图 9-31 选择需要进行分析的数据表

4）单击“下一步”按钮，确定是否让向导决定分析结果，如图 9-32 所示。

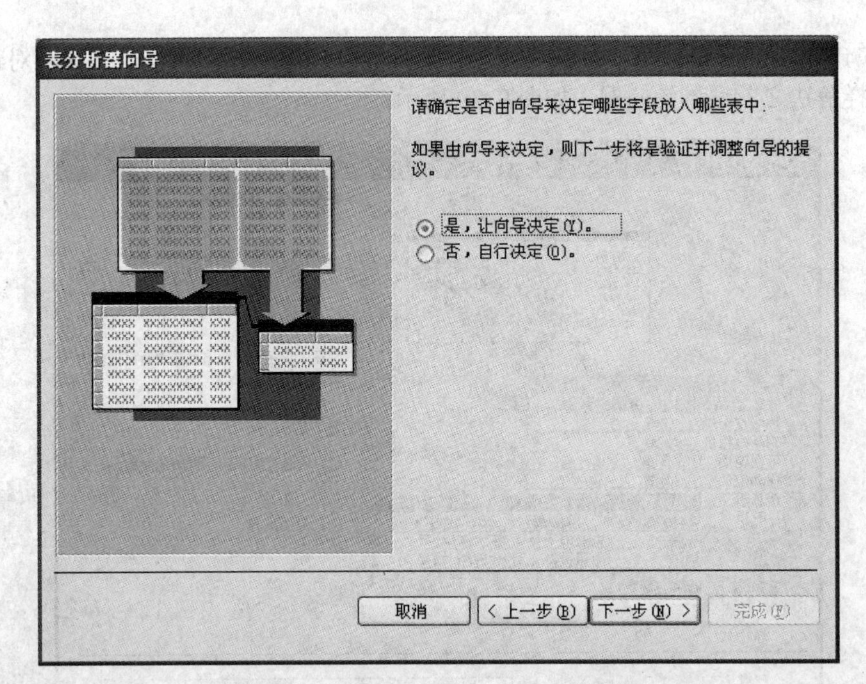

图 9-32　确定是否让向导决定分析结果

5）单击“下一步”按钮，打开“表分析器向导”分析建议对话框，如图 9-33 所示。

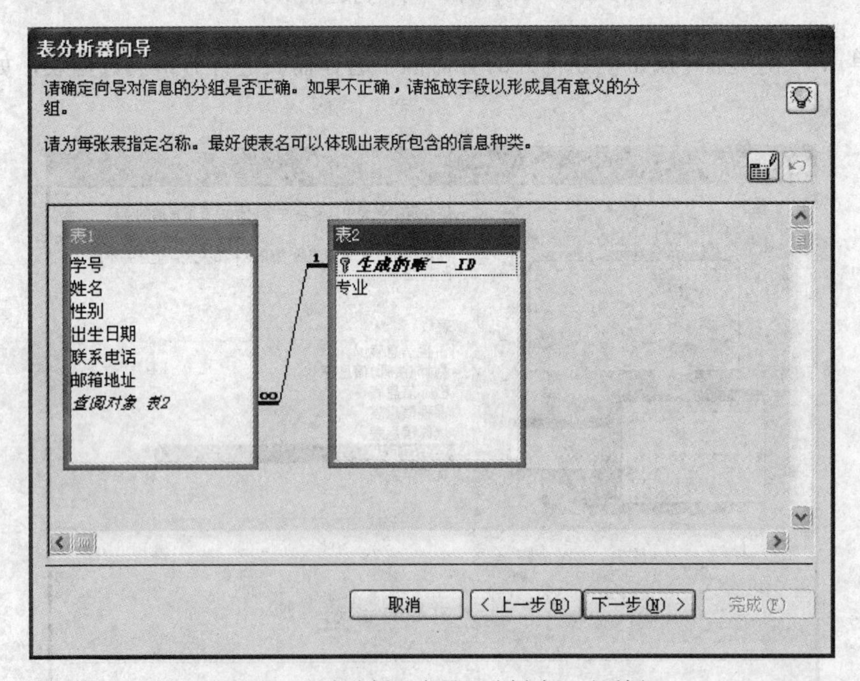

图 9-33　“表分析器向导”分析建议对话框

向导不会更改任何表名，它只建议用户更改表名。要更改表名，可选择表并单击对话框右上角的“重命名表”按钮，在弹出的“表名”文件框中输入新的表名再单击“确定”按钮即可。当用户更改相关表的名称时，为了匹配，向导会自动更改主表链接字段中的名称。单击“重命名表”按钮旁边的“撤销”按钮可恢复更改表名操作。

6）单击“下一步”按钮，“表分析器向导”将根据用户的选择完成重命名或创建新表的操作，并询问用户是否创建基于新表的查询，如图 9-34 所示。

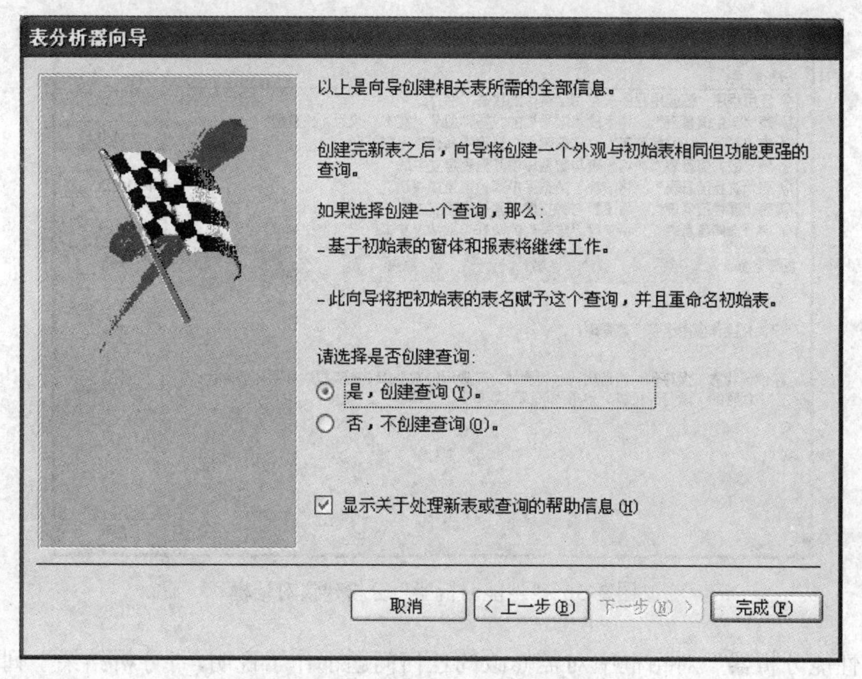

图 9-34 “表分析向导”对话框

7）单击“完成”按钮，完成“表分析器向导”的操作。

（2）对数据库的性能进行分析

在 Access 中对表进行了分析之后，还可以使用其提供的“性能分析器”工具对数据库的性能进行分析，它用于查看数据库中任何一个或全部对象，并提出改善应用性能的建议。当用户结束使用“性能分析器”时，许多建议可自动采用。

1）打开需要分析的数据库，选择“工具”→“分析”→“性能”命令，打开“性能分析器”对话框，如图 9-35 所示。

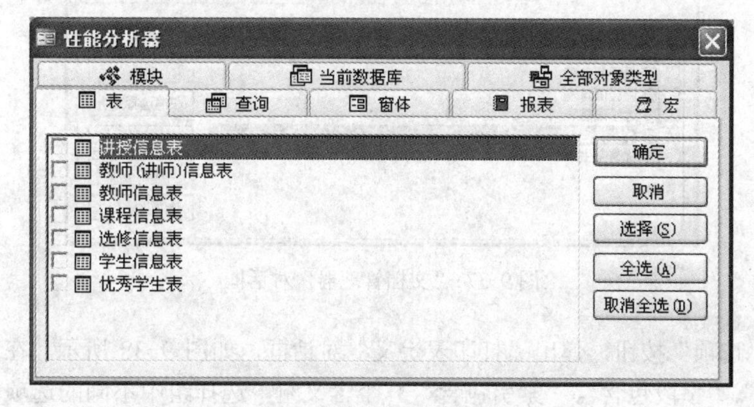

图 9-35 “性能分析器”对话框

2）打开“全部对象类型”选项卡，单击“全选”按钮，再单击“确定”按钮，这样 Access 就对全部对象进行了优化处理，然后会弹出“性能分析器”分析建议对话框，如图 9-36 所示。

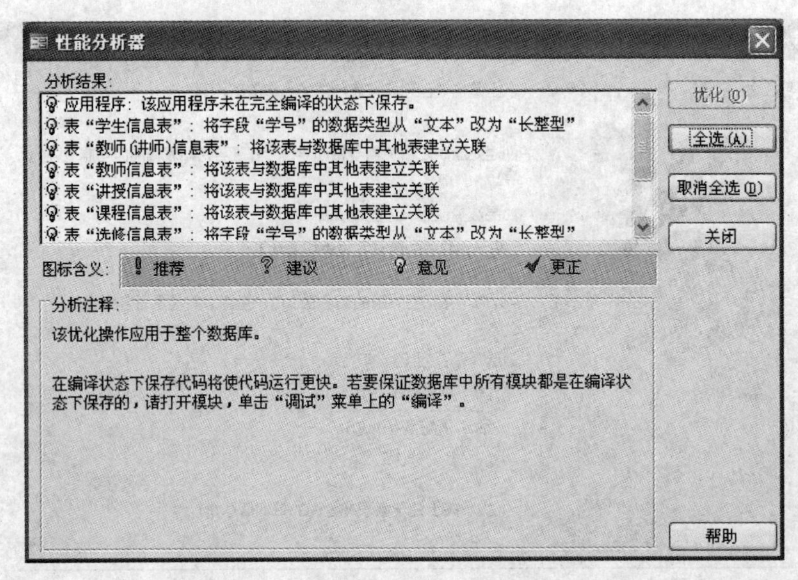

图 9-36 “性能分析器”分析建议对话框

在“性能分析器”对话框中对需修改的任何问题都作了说明，“分析结果”列表框中列出了常见的全部分析结果，当用户选择列表框中的一个选项时，“分析注释”选项区会显示附加解释。选择完成后，单击“优化”按钮完成性能分析和优化。

（3）使用文档管理器

1）选择“工具”→“分析”→“文档管理器”命令，打开“文档管理器”对话框。

2）在“文档管理器”对话框中选择“表”选项卡，选中需要管理的数据表，如图 9-37 所示。

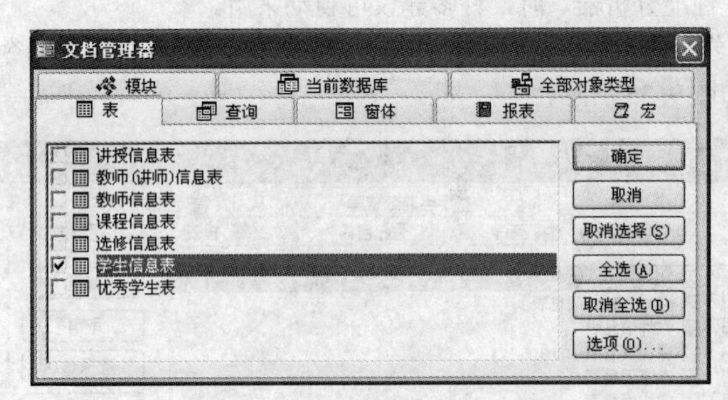

图 9-37 “文档管理器”对话框

3）单击“选项”按钮，弹出“打印表定义”对话框，如图 9-38 所示。在这个对话框中包含“表包含”、“字段包含”、“索引包含”3 个含义组，选择组中不同的选项，会改变打印表，也就是将要显示的信息内容。完成这些工作后，单击“确定”按钮。

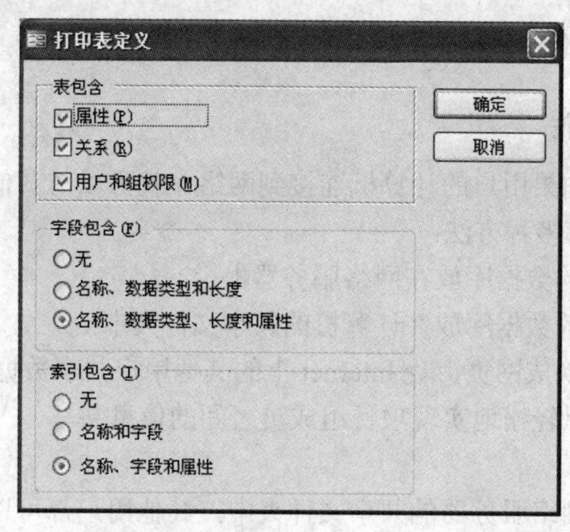

图 9-38 “打印表定义”对话框

4）单击“文档管理器”对话框中的“确定”按钮，可以将这些选项的各种内容显示出来，如果需要还可以将这些内容打印出来。

9.2.3 任务实现

1）打开“图书借阅”数据库，选择“工具”→“数据库实用工具”→“备份数据库”命令。

2）打开“备份数据库另存为”对话框，输入备份数据库名称，在保存位置列表框中指定保存位置，单击“保存”按钮保存。

3）选择“工具”→“数据库实用工具”→“压缩和修复数据库”命令，打开“压缩数据库来源”对话框。

4）选中要压缩的“图书借阅”数据库，单击“压缩”按钮，弹出“将数据库压缩为”对话框。

5）在“将数据库压缩为”对话框的“保存位置”列表框中选择要保存的位置，在“文件名”文本框中输入压缩后的名字“图书管理（副本)”，单击“保存”按钮。

6）选择“工具”→“选项”命令，打开“选项”对话框，选择“常规”选项卡，选中“关闭时压缩”复选框，单击“确定”按钮。

7）选择“工具”→“分析”→“表”命令，打开“表分析器向导”对话框，对“读者信息表”进行分析。

8）选择“工具”→“分析”→“性能”命令，打开“性能分析器”对话框，对“图书借阅”数据库的全部对象进行了优化处理。

9）保存数据库文件。

任务 9.3 共享数据库

9.3.1 任务目标

- 了解共享数据库的基本概念；

● 掌握数据库共享的基本方法。

9.3.2 相关知识与技能

设计好数据库后，如果用户的计算机连接到网络，就可以与其他用户共享一个数据库。与其他用户共享数据库有多种方法：

● 可以将需要共享的数据库放在网络服务器上；

● 可以将需要共享的数据库放在计算机的共享文件夹中；

● 可以将数据库转换成网页，让 Internet 上的其他用户共享数据库。

利用上述方法，可以轻松地实现项目组成员之间的信息共享。

1．共享整个数据库

将整个数据库放在网络服务器的共享文件夹中，其他用户都可以通过网络访问服务器上的这个共享文件夹，实现整个数据库的共享。

1）在 Windows 资源管理器中，右键单击放置数据库的文件夹，在弹出菜单中选择“共享和安全”命令，如图 9-39 所示。

2）在打开的“属性”对话框中，选中“在网络上共享这个文件夹”和“允许网络用户更改我的文件”复选框，然后在“共享名”文本框中输入要共享的名称，如图 9-40 所示。

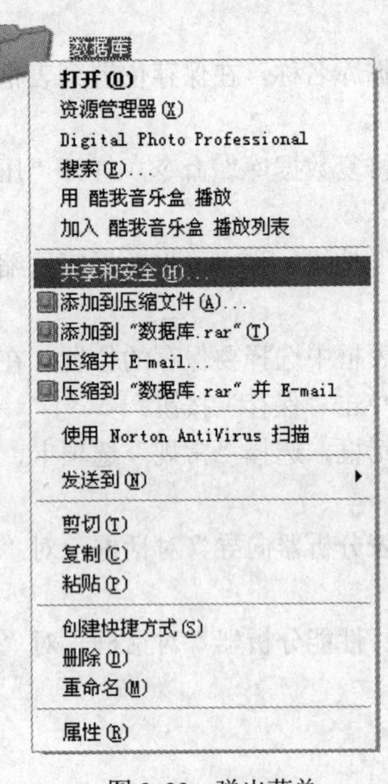

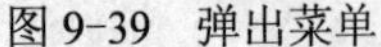

图 9-39 弹出菜单

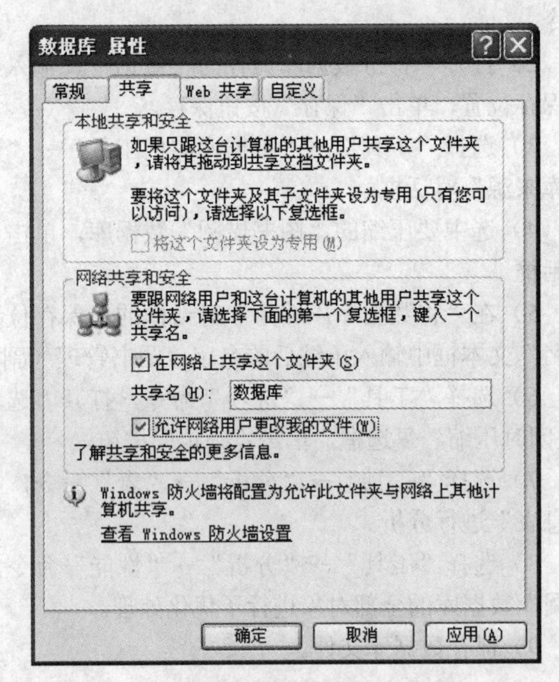

图 9-40 “属性”对话框

3）单击“确定”按钮，打开要共享的数据库，选择“工具”→“选项”命令，打开“选项”对话框，单击“高级”选项卡，如图 9-41 所示。

4）在“默认打开模式”选项区选择“共享”单选按钮，然后单击“确定”按钮完成设置，即实现了数据库共享。

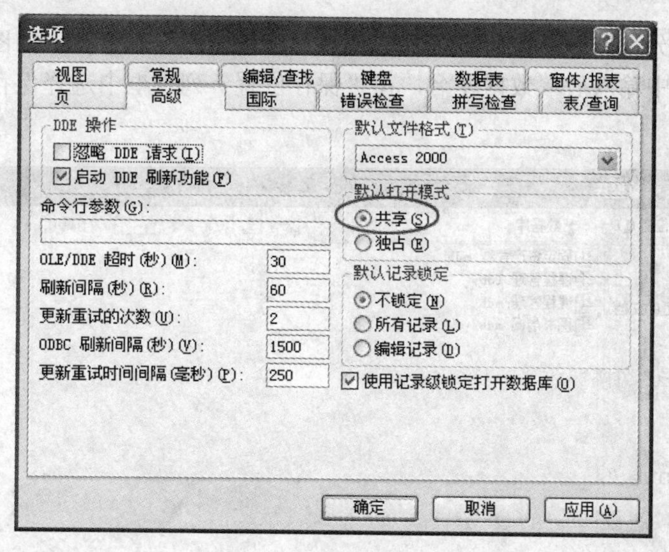

图 9-41 “选项”对话框

2．共享数据库中的表

如果数据库的使用者仅希望共享数据库中的数据，而不包含数据库中的其他对象，如自己创建的窗体、查询、报表或模块等。此时，通常只是将数据库中的表（数据）放在网络服务器上，而将其他数据库对象保留在本地计算机上。要实现这种方式的共享，就需要通过“数据库拆分器”将表从其他数据库对象中拆分出来。

利用“数据库拆分向导”可以将数据库拆分成两个文件，一个文件只包含数据库的表，另一个文件包含查询、窗体、报表、数据访问页、宏和模块等。通过拆分既可以实现数据库的共享，又可以让需要访问数据库的用户自定义自己的窗体、报表及其他对象，同时保持网络上数据来源的唯一性。利用“数据库拆分器”分离数据表对象的基本方法如下：

1）打开需要拆分的数据库，选择“工具”→“数据库实用工具”→“拆分数据库”命令，打开“数据库拆分器”对话框，如图 9-42 所示。

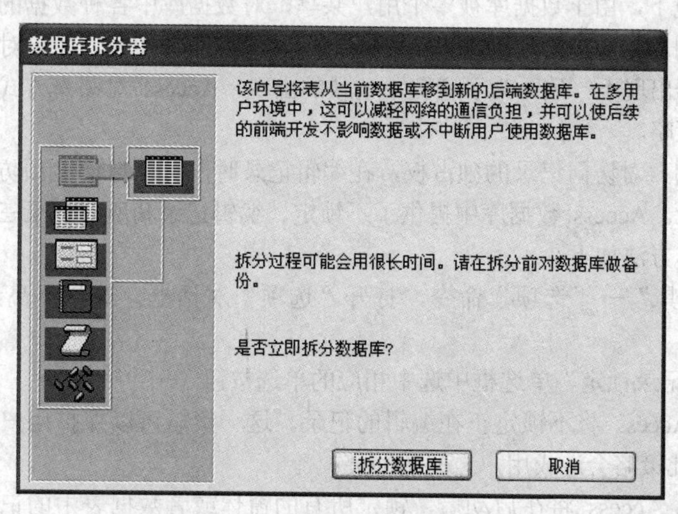

图 9-42 “数据库拆分器”对话框

2）单击“拆分数据库”按钮，打开“创建后端数据库”对话框，如图 9-43 所示。在“文件名”列表框中输入后端数据库名，在“保存位置”列表框中选择保存位置，单击“拆分”按钮。

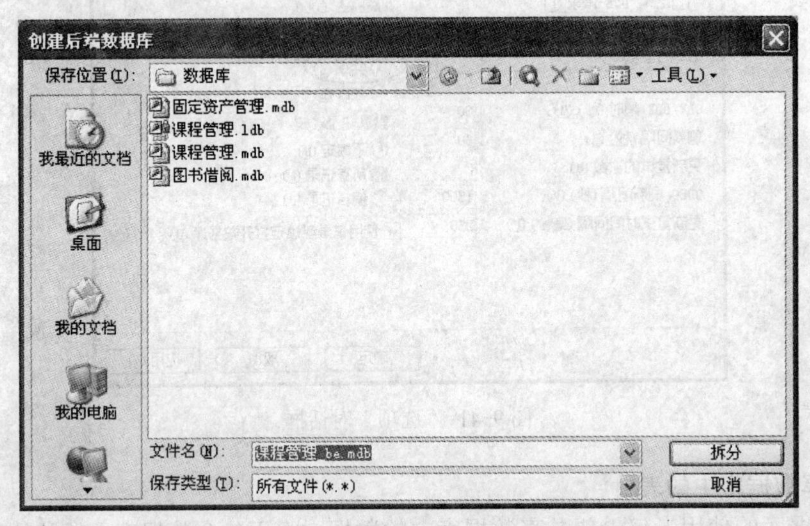

图 9-43 “创建后端数据库”对话框

3）单击“拆分”按钮后，Access 即开始进行拆分。拆分成功后，就可以生成另一个数据库。

3. 共享 Internet 上的数据库

如果要共享数据库的用户在地理上位于不同的城市甚至不同的国家，就可以通过 Internet 来共享数据库。要通过 Internet 共享 Access 中的数据库，就需要把数据库设计成网页，让需要共享的用户访问。使用此种方法实现数据库共享时，首先要将一个或者多个数据库对象导出为 HTML 格式或者 ASP 格式，或者建立数据库访问页，然后利用 Web 发布向导在 Web 上发布，使要共享的用户可以在网络浏览器中显示这些文件。

4. 设置多用户环境下的锁定策略

在多用户环境下，由于数据库被多个用户共享，对数据库中各种数据的访问与单用户环境下有明显的区别。当多个用户同时修改同一记录时，将引起冲突，如果对这种冲突不加任何限制将导致数据出现不一致。为了避免不一致的出现，Access 对共享方式打开的数据库应设置适当的锁定策略。

锁定是赋予用户对访问记录的独占权，在编辑记录时，可以自动地预防其他用户在完成编辑之前更改记录。Access 数据库中提供了不锁定、编辑记录和所有记录三种锁定策略。设置锁定策略的基本方法如下：

1）选择“工具”→“选项”命令，打开“选项”对话框，选择“高级”选项卡，如图 9-44 所示。

2）在“默认记录锁定”单选框中选中相应的单选按钮。

- 不锁定：Access 将不锁定正在编辑的记录。这一策略可以保护用户总是可以编辑记录，但是此策略会造成用户之间的冲突；
- 所有记录：Access 将在启动后，锁定所有的窗体或者数据表中的记录，这样其他人就不能编辑或者锁定这些记录。这个策略有很强的限制性，因此只有在需要唯一的用户编辑记录，而其他用户只能查看记录时，才选用这个策略；

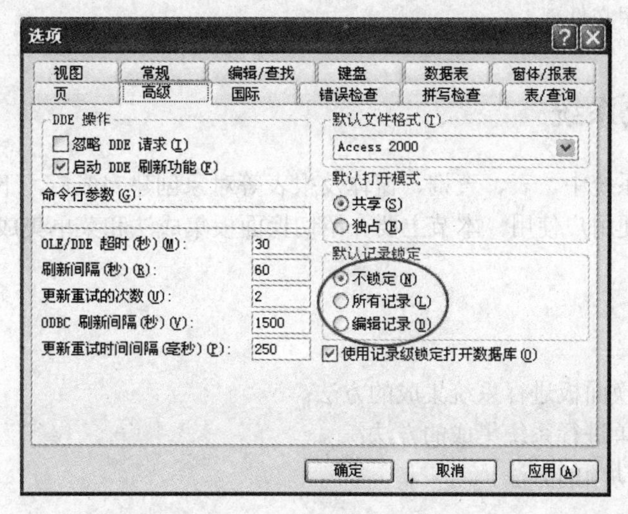

图 9-44 “选项”对话框

- 编辑记录：Access 将锁定正在编辑的记录，因此其他用户不能更改此记录。如果不经常出现编辑上的冲突，这种策略是很好的选择。

3）单击“确定”按钮，完成锁定设置。

9.3.3 任务实现

1）新建一个文件夹并重命名为“database”，右键单击文件夹，在弹出菜单中选择“属性”选项，打开“属性”对话框。

2）在打开的“属性”对话框中，选择“共享”选项卡。启用“在网络上共享这个文件夹”和“允许网络用户更改我的文件”复选框，然后在“共享名”文本框中输入要共享的名称再单击“确定”按钮。

3）将“图书借阅”数据库复制到该文件夹中，打开“图书借阅”数据库，选择“工具”→“选项”命令，弹出“选项”对话框，单击“高级”选项卡，在“默认打开模式”选项区选择“共享”单选按钮，然后单击“确定”按钮完成设置，实现该数据库的共享。

4）选择“工具”→“数据库实用工具”→“拆分数据库”命令，弹出“数据库拆分器”对话框。

5）单击“拆分数据库”按钮，弹出“创建后端数据库”对话框，在“文件名”列表框中输入数据库名为“图书借阅（拆分）”，在“保存位置”列表框中选择保存位置，单击“拆分”按钮。

6）拆分成功后，弹出“数据库拆分器”对话框，单击“确定”按钮，生成另一个数据库。

7）打开“图书借阅（拆分）”数据库，查看数据库的对象组成。

8）打开“图书借阅”数据库，选中“读者信息表”选项，选择“文件”→“导出”命令，打开“将表‘读者信息表’导出为”对话框。

9）在“保存位置”列表框中输入保存位置，可以是本机路径也可以使网络地址。在“保存类型”列表框中选择保存类型为 HTML 文档格式，最后单击“导出”按钮即可。

10）打开并查看导出的文件。

11）保存数据库文件。

任务 9.4　集成系统

在数据库应用系统中，表、查询、窗体及报表等对象创建完成后，下一步工作是将这些对象整合起来，方便用户使用。本节主要介绍切换面板集成法和菜单集成法以及数据库应用系统的启动设置。

9.4.1　任务目标

- 掌握使用切换面板进行系统集成的方法；
- 掌握使用菜单进行系统集成的方法；
- 掌握修改启动项的方法。

9.4.2　相关知识与技能

1．数据集成

根据应用系统分析和设计要求，在数据库中会创建大量的表、查询、窗体、报表对象。这些对象虽然能够直接运行，但是它们都是零散的。用户需要在数据库窗口中直接打开单个对象，系统应用的逻辑性不强。对于内容比较多的数据库，终端用户使用起来非常不方便。另外终端用户直接接触这些对象，很有可能因为误操作导致数据的丢失或破坏，所以数据的安全性不高。通过系统集成可有效地解决上述问题。

系统集成就是将众多的数据库对象集中在一起，按照一定的逻辑顺序形成最终的数据库应用系统，并隐藏 Access 数据库窗口，提高数据库使用的直观性、便捷性、安全性。

在系统集成中除了可使用 4 种基本数据对象外，还可以使用宏与模块等数据对象。利用宏与模块代码可以控制应用系统的运行逻辑，保证系统集成的最佳效果。

2．切换面板集成法

切换面板是一种应用界面，用于将数据库对象的使用集成为一个整体。切换面板本身是一个窗体，一般作为数据库应用系统的启动界面。在数据库启动时可以直接打开切换面板，方便用户使用。切换面板由系统根据用户的需要创建。

在切换面板中，有两个要素非常重要，它们是切换面板页和切换面板项。

（1）切换面板页

切换面板页是一个“面”，存放着供编辑的所有“切换面板页”。切换面板只有一个，它由多个页组成。切换面板页的个数由系统模块结构图中有输出引脚（即有扇出）的模块个数决定。例如，如图 9-45 所示的模块结构图中，共有 11 个有输出引脚的模块，它们是：

- 一级模块“课程管理系统”；
- 二级模块“教师管理”、“学生管理”和“选课及成绩管理”；
- 三级模块“教师信息查询”、“教师信息统计”、“教师信息打印”、“学生信息查询”、“学生信息统计”、“学生信息打印”和“选课及成绩查询”。

可见，在课程管理系统中，一共需要 11 个切换面板页与这些有输出引脚的模块对应。

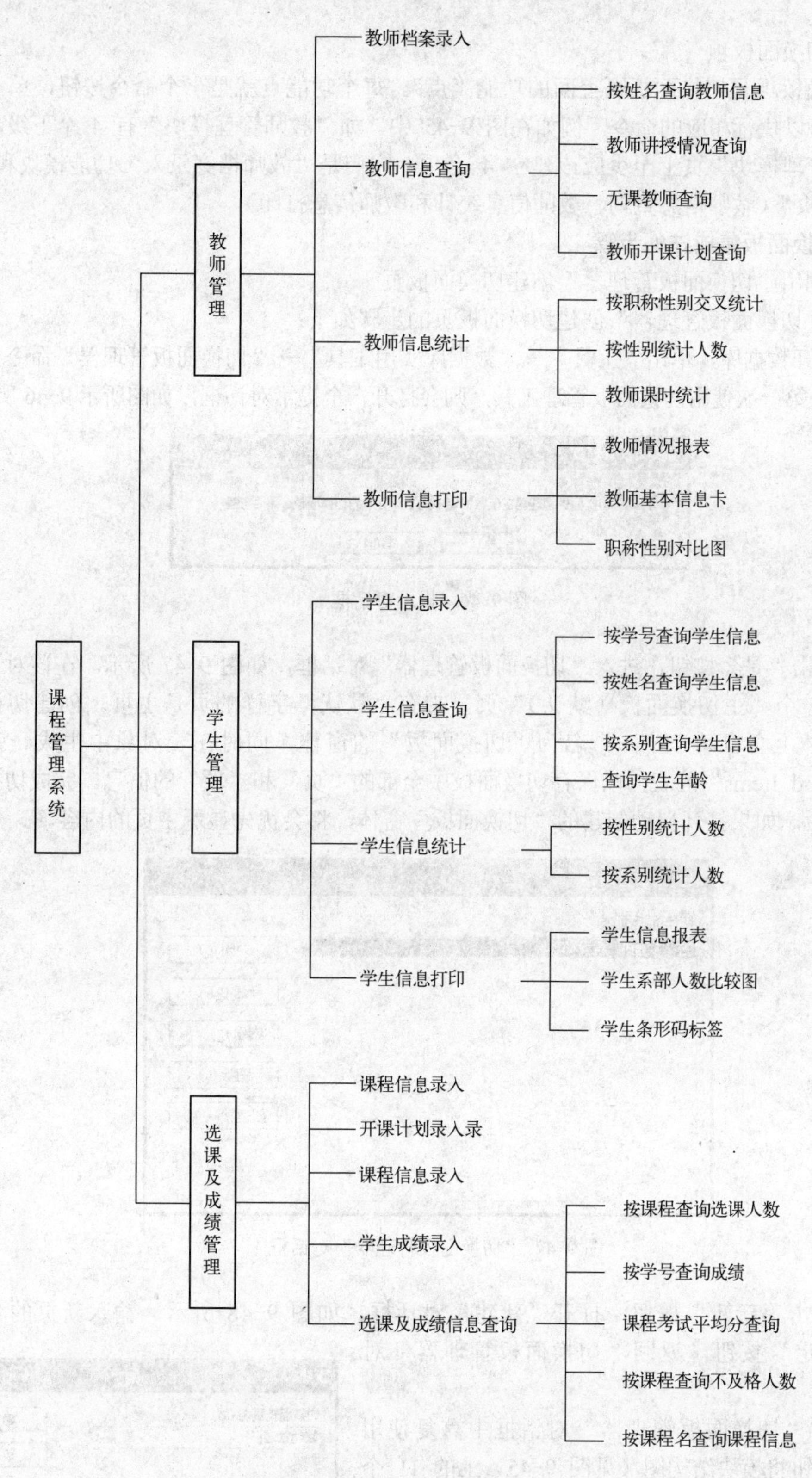
课程管理系统
教师管理
教师档案录入
教师信息查询
按姓名查询教师信息
教师讲授情况查询
无课教师查询
教师开课计划查询
教师信息统计
按职称性别交叉统计
按性别统计人数
教师课时统计
教师信息打印
教师情况报表
教师基本信息卡
职称性别对比图
学生管理
学生信息录入
学生信息查询
按学号查询学生信息
按姓名查询学生信息
按系别查询学生信息
查询学生年龄
学生信息统计
按性别统计人数
按系别统计人数
学生信息打印
学生信息报表
学生系部人数比较图
学生条形码标签
选课及成绩管理
课程信息录入
开课计划录入录
课程信息录入
学生成绩录入
选课及成绩信息查询
按课程查询选课人数
按学号查询成绩
课程考试平均分查询
按课程查询不及格人数
按课程名查询课程信息
图 9-45　模块结构图

（2）切换面板项

切换面板项是切换面板页上面的功能“点”。每个功能点就是一个命令按钮，单击这些“点”，就可以执行相应的命令。例如在图 9-45 中，如“教师管理模块”有 4 个下级，所以在“教师管理模块”页上至少应该建立 4 个项，它们是“教师档案录入”功能模块和 3 个“切换面板页”（教师信息查询、教师信息统计和教师信息打印）。

3．切换面板集成法的步骤

（1）利用“切换面板管理器”创建切换面板页

利用“切换面板管理器”创建切换面板页的步骤如下：

1）打开数据库，单击“工具”→“数据库实用工具”→“切换面板管理器”命令，如果该数据库是第一次使用切换面板管理工具，则会打开一个提示对话框，如图所示 9-46 所示。

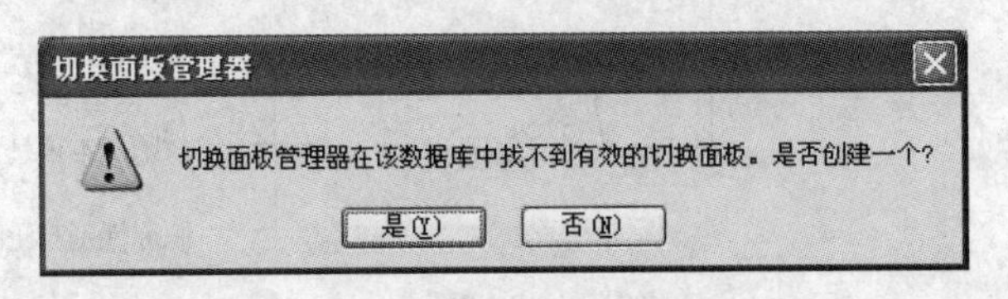

图 9-46　提示对话框

2）单击“是”按钮，进入“切换面板管理器”对话框，如图 9-47 所示。在该对话框中自动产生一个“主切换面板（默认）”页，带有“默认”字样的页是主页。创建切换面板后，在窗体上会自动产生一个名为“切换面板”的窗体，同时在表对象中生成一张名为“Switchboard Items”的表，以保存切换面板中全部的“页”和“项”的信息。完成切换面板的创建以后，如果打开自动创建的“切换面板”窗体，将会优先显示主页的内容。

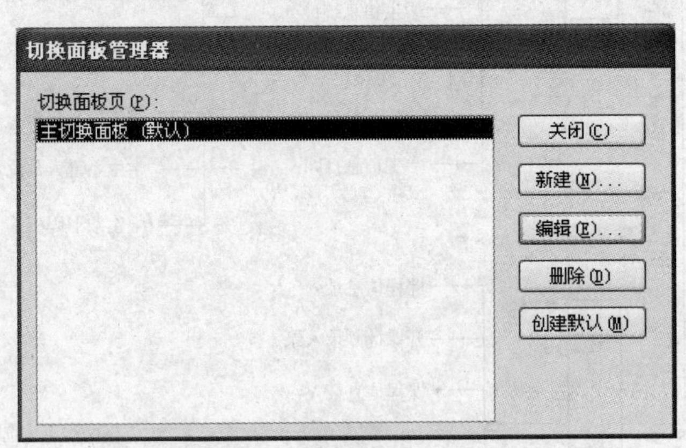

图 9-47　“切换面板管理器”对话框 1

3）单击“新建”按钮，打开“新建”对话框，如图 9-48 所示。输入新页的名称，单击“确定”按钮，返回“切换面板管理器”对话框。

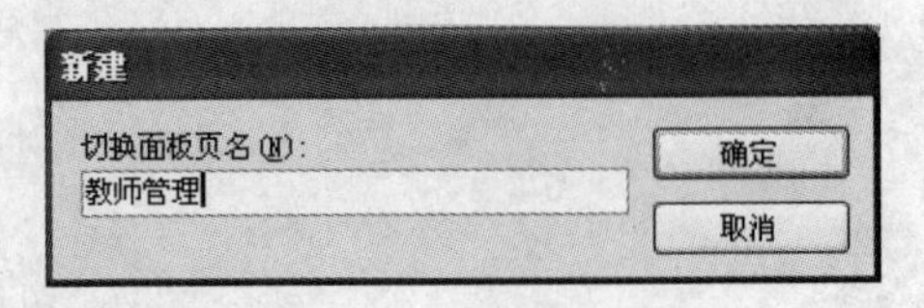

图 9-48　“新建”对话框

4）在“切换面板管理器”对话框中重复使用“新建”按钮将模块结构图（见图 9-45）上的 11 个有输出的模块创建为切换面板页。如图 9-49 所示。

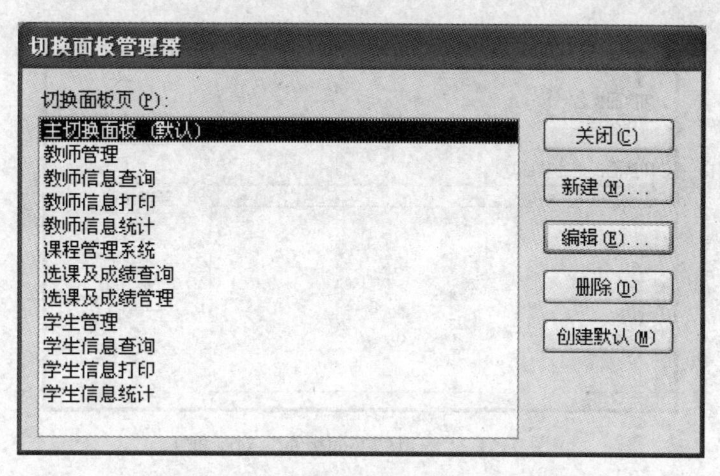

图 9-49 “切换面板管理器”对话框 2

5)“课程管理系统”模块的级别最高，对应的页可以作为“主页”。选中“课程管理系统”页后，单击“创建默认”按钮将它设为默认的主页。最后删除原有“主切换面板”页，得到结果如图 9-50 所示。

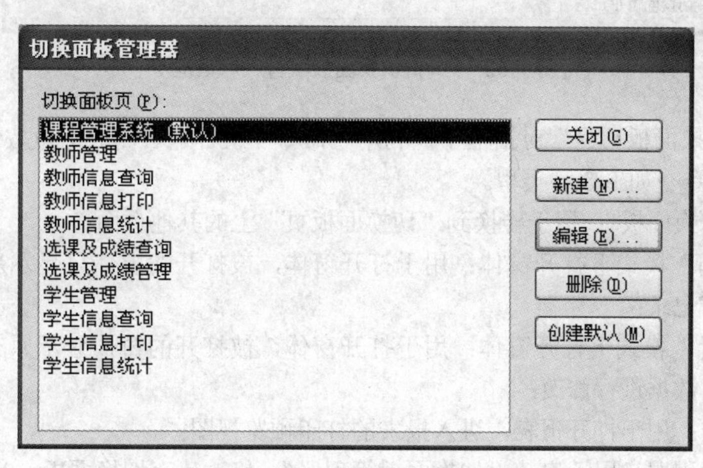

图 9-50 设置默认主页后的“切换面板管理器”对话框

(2) 编辑切换面板页

按照模块结构图依次编辑每个切换面板页上的项目。切换面板页上的项目由它所对应的模块的下级决定。凡是下级有输出的模块，就创建“转换页面”的项目命令；凡是下级功能模块（只有输入无输出的模块），就创建相应的“打开窗体”或“打开报表”等项目命令。

1) 创建主页上的项。“课程管理系统”主页下接有 3 个有输出的模块，即“教师管理”、“学生管理”和“选课及成绩管理”，应该创建 3 个“转换页面”的项，分别转至 3 个下级切换面板页。

① 在如图 9-50 所示对话框中，选中“课程管理系统（默认）”，然后单击“编辑”按钮，进入“编辑切换面板页”对话框，如图 9-51 所示。

② 单击“新建”按钮，打开“编辑切换面板项目”对话框，如图 9-52 所示。

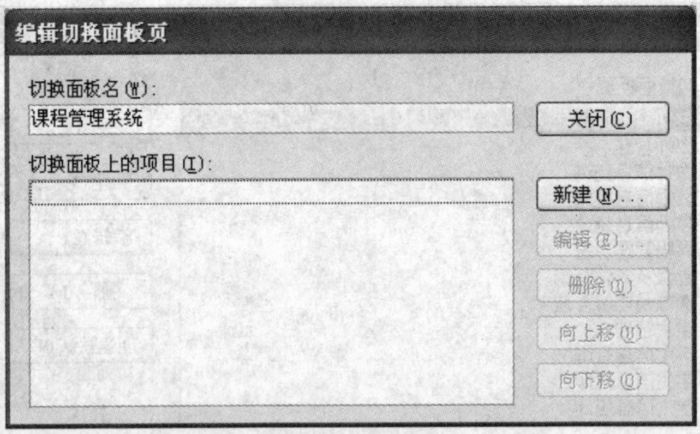

图 9-51 “编辑切换面板页”对话框 1

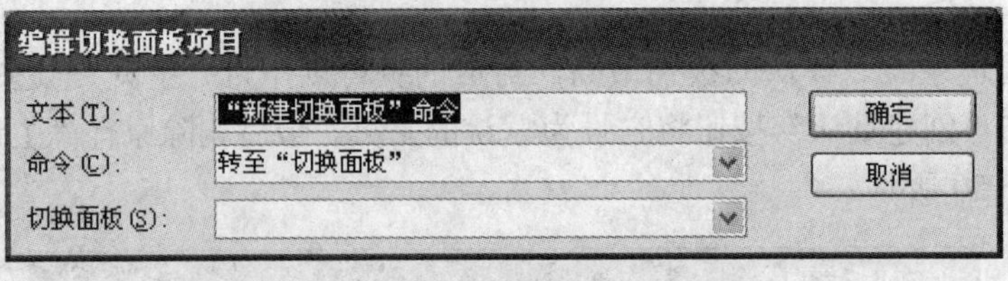

图 9-52 “编辑切换面板项目”对话框 1

在“编辑切换面板项目”对话框中，利用“命令”组合框右侧的下拉按钮选择适当的项目命令。项目命令有如下 8 种类型。

- 转至“切换面板”：用于转换到“切换面板页”上的其他页面；
- 在“添加”模式下打开窗体：用于打开窗体，被打开的窗体只显示新记录，不显示原有数据记录；
- 在“编辑”模式下打开窗体：用于打开窗体，被打开的窗体显示原有数据记录，可以对原有数据进行修改；
- 打开报表：用于打开报表，进入报表的打印预览视图；
- 设计应用程序：用于启动“切换面板管理器”，修改已有切换面板；
- 退出应用程序：用于关闭数据库，退出 Access 系统；
- 运行宏：用于执行宏对象，完成某些操作任务；
- 运行代码：用于执行 VBA 代码，调用某些函数过程。

③ 创建切换面板项的关键在于根据模块实现的手段选择恰当的项目命令类型。在对话框的“切换面板”中，通过下拉按钮选中第一个下级页面“教师管理”，在“文本”输入框中为新建的项目设置标题，如图 9-53 所示。

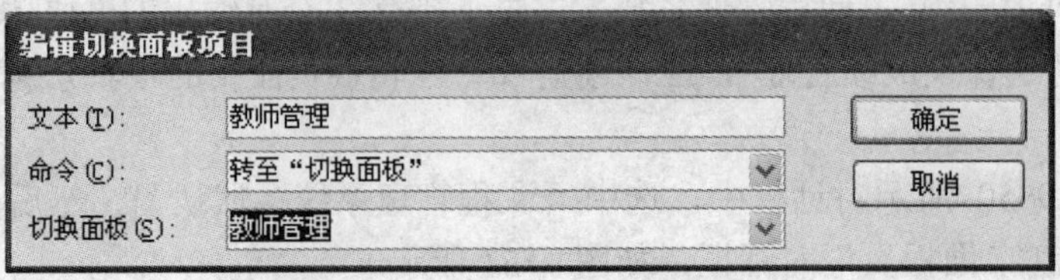

图 9-53 “编辑切换面板项目”对话框 2

④ 单击“编辑切换面板项目”对话框中的“确定”按钮，完成该项目的创建。

⑤ 采用类似的方法，创建“课程管理系统”页上的“学生管理”和“选课及成绩管理”项。

⑥ 一般在主页上还会创建一个“退出系统”项，用于从切换面板直接退出数据库和Access退出。“退出系统”项使用“退出应用程序”命令来创建，如图9-54所示。

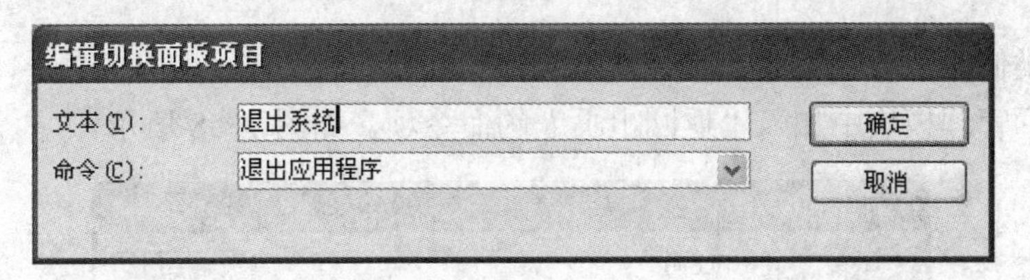

图9-54 “编辑切换面板项目”对话框3

⑦ 主页上的项创建完成后，结果如图9-55所示。

图9-55 “编辑切换面板页”对话框2

2）创建二级页上的项。

① 关闭“编辑切换面板页”，返回“切换面板管理器”对话框，对教师管理模块、学生管理模块、选课及成绩管理模块分别进行编辑。

② 在“切换面板管理器”对话框中选择教师管理模块并进行编辑。该模块下接一个功能模块，三个有输出的模块。教师档案录入是功能模块，应该使用“打开窗体”命令类型，建立如图9-56所示的功能调用项。

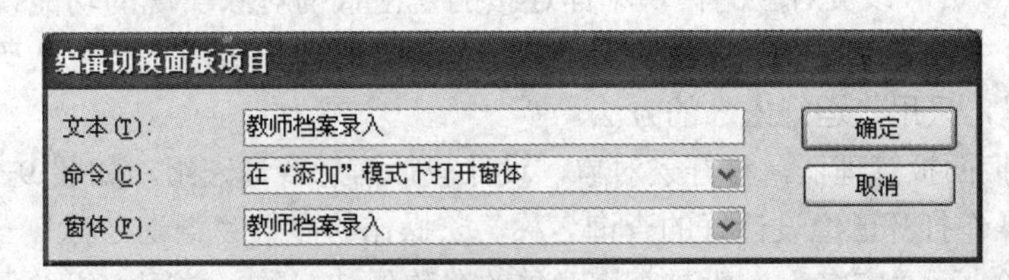

图9-56 “编辑切换面板项目”对话框1

③ 接着新建“教师信息查询”项，由于“教师信息查询”是有输出的模块，因此执行“转至‘切换面板’”命令，项目的提示文本与切换面板页同名，如图9-57所示。

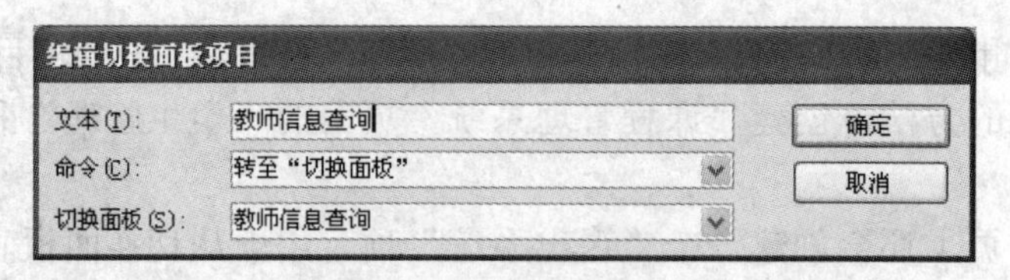

图 9-57 “编辑切换面板项目”对话框 2

④ 使用类似方法方法创建“教师信息统计”项和“教师信息打印”项。

⑤ 在教师管理模块中加入“返回上页”的命令项，如图 9-58 所示。

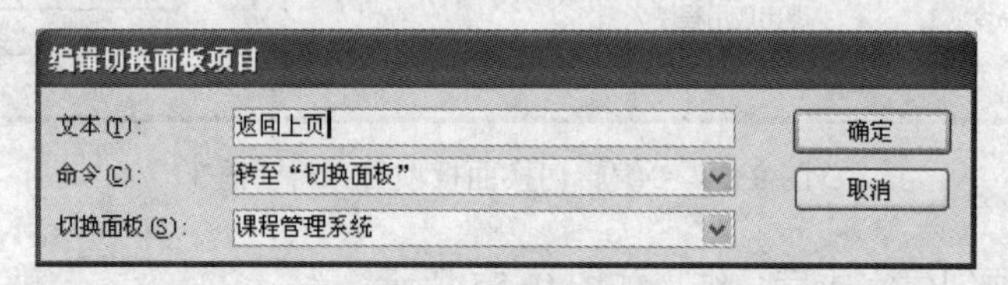

图 9-58 “编辑切换面板项目”对话框 3

⑥ 完成“教师管理模块”页的编辑后，该页共添加了 5 个项目，如图 9-59 所示。关闭并返回“切换面板管理器”对话框。

编辑切换面板页
切换面板名(W):
教师管理
关闭(C)
切换面板上的项目(I):
教师档案录入
教师信息查询
教师管理统计
教师信息打印
返回上页
新建(N)...
编辑(E)...
删除(D)
向上移(U)
向下移(O)

图 9-59 “编辑切换面板页”对话框

⑦ 按同样方法对“学生管理模块”页和“选课及成绩管理模块”页进行编辑。

3）创建三级页上的项。

① 关闭“编辑切换面板页”窗口，返回“切换面板管理器”对话框。第一个三级页是“教师信息查询”页，该页对应的模块下面连接的是由查询对象实现的功能模块，由于切换面板的项目命令中没有直接执行查询的命令，只能“执行宏”或者“运行代码”来间接调用查询对象。这里，采用“运行宏”的方法。

② 关闭切换面板管理器，打开宏对象，设计教师信息查询宏组，如图 9-60 所示。使用 OpenQuery 宏操作打开已经设计好的查询名称。宏操作的参数“查询名称”一定要从已经设计的查询中选择，而“宏名”一般与查询对象的名称保持一致。关闭宏组并保存为上级模块的名称“教师信息查询”。

③ 打开“切换面板管理器”，进入“教师信息查询”页的编辑对话框，在里面新建项目，如图 9-61 所示。命令选择为“运行宏”，打开的宏对象选择为“教师信息查询.按姓名查

询教师信息”。“文本”标题设置为相应模块的名称。

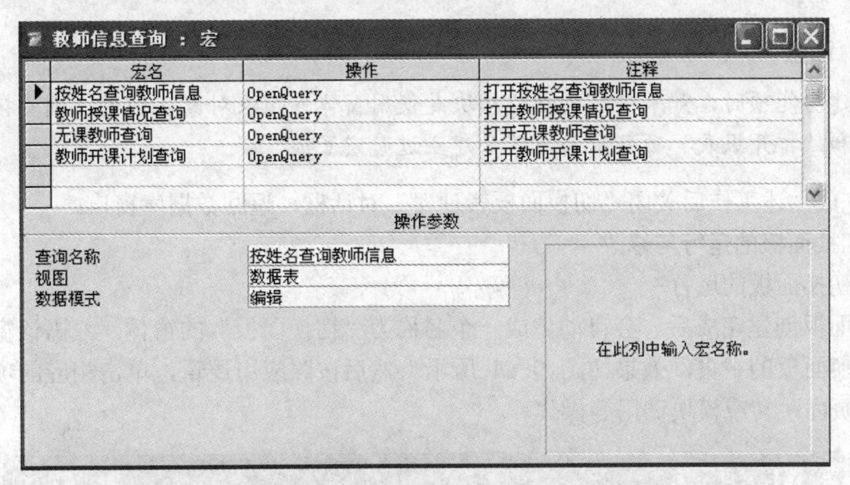

图 9-60　宏组

编辑切换面板项目
文本(T): 按姓名查询教师信息
命令(C): 运行宏
宏(M): 教师信息查询.按姓名查询教师信息
确定
取消

图 9-61 “编辑切换面板项目”对话框 1

④ 按同样方法“新建”其余几个查询项目。最后添加一个“返回上页”项目，使当前页面切换到“教师信息查询”页的上级页“教师管理”模块上，如图 9-62 所示。

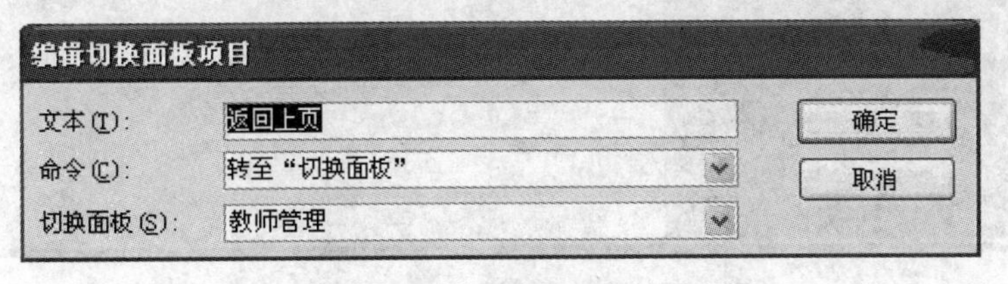

图 9-62 “编辑切换面板项目”对话框 2

⑤ 至此，“教师信息查询”页上的项创建完成，最后的内容如图 9-63 所示。

编辑切换面板页
切换面板名(W): 教师信息查询
切换面板上的项目(I):
按姓名查询教师信息
教师授课情况查询
无课教师查询
教师开课计划查询
返回上页
关闭(C)
新建(N)...
编辑(E)...
删除(D)
向上移(U)
向下移(O)

图 9-63 “编辑切换面板页”对话框

⑥ 按照类似的方法创建其余三级页，在此不再赘述。

注意

在创建功能项时，如果对应的功能模块是使用窗体或报表对象实现的，则直接使用“打开窗体”和“打开报表”项目命令，不必建立过渡宏了。

⑦ 完成上述工作后关闭“切换面板管理器”对话框，返回数据库窗口。

4．切换面板的运行与修改

（1）切换面板的运行

切换面板创建完成后，会自动生成一个名称为“切换面板”的窗体。双击该窗体，就可以启动切换面板的主页，效果如图 9-64 所示。然后按照应用逻辑，单击相应的项目命令按钮，执行页面跳转或模块调用等操作。

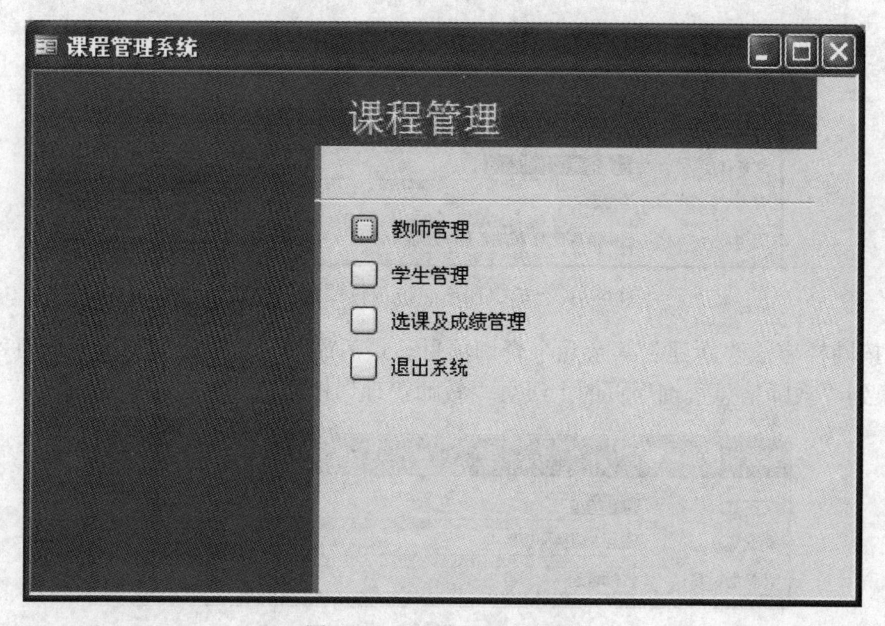

图 9-64 “切换面板”窗体

（2）切换面板的修改

切换面板创建完成后，除了会自动生成“切换面板”窗体外，还会自动产生一个名为“Swichboard Items”的表对象。该表保存了切换面板的页面信息、项目信息以及它们的从属关系，它是“切换面板”窗体的数据源。一般不要修改“Swichboard Items”表的内容和结构，否则很容易导致切换面板无法正常打开。

如果需要修改切换面板的内容，可以选择“工具”→“数据库实用信息”→“切换面板管理器”命令，重新启动“切换面板管理器”对话框，在该对话框中完成“页”与“项”修改，其方法与切换面板的创建过程类似。

如果需要修改“切换面板”窗体的外观，可以进入其设计视图，在窗体上加入图片或线条等控件对象以美化切换面板，也可以修改已有控件的格式外观。具体操作方法与普通窗体的修改一致。注意不要删除切换面板上的命令按钮。修改后“切换面板”窗体的设计视图如

图 9-65 所示。

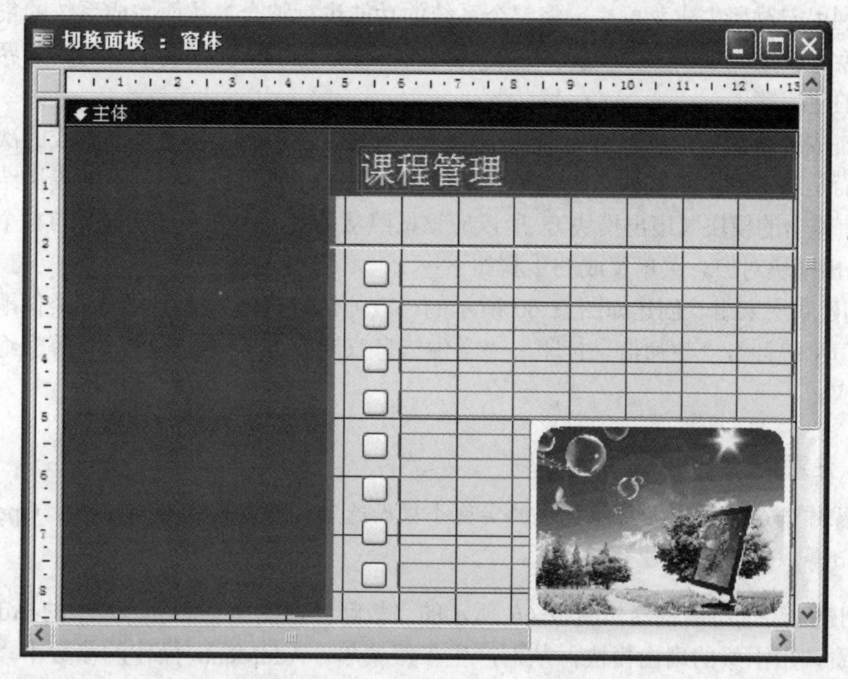

图 9-65 修改“切换面板”后的窗体

5．切换面板的窗体恢复方法

在数据库使用过程中，如果不小心删除或者意外丢失了名为“切换面板”的窗体，这时已经集成好的系统将无法运行。如前所述，切换面板的所有页和项信息均存放在一个名为“Swichboard Items”的表中，“切换面板”窗体与“Swichboard Items”表是相互联系的，“Swichboard Items”表是“切换面板”窗体的数据源，丢失了窗体，只要数据源还在，就可以较容易地恢复“切换面板”窗体，而不需要重新创建切换面板页面和项目。具体步骤如下：

1）进入数据库窗口的表对象栏目，将原有的“Swichboard Items”表重命名为“Switchboard Items Bak”。

2）选择“工具”→“数据库实用工具”→“切换面板管理器”命令，重新启动“切换面板管理器”对话框，出现如图 9-46 所示的提示信息时，单击“是”按钮，进入“切换面板管理器”的对话框，此时不需要创建任何页面或项目，直接关闭切换面板管理器。

3）在数据库窗口的“表”对象栏目下新增了一个“Switchboard Items”表，删除该表。

4）将第 1 步备份的“Switchboard Items Bak”表重命名为“Switchboard Items”。

5）在数据库窗口的窗体对象栏目下，将会新增“切换面板”窗体，该窗体里已恢复所有原来创建的页面和项目信息。

注意

切换面板的格式外观无法恢复，需要在它的设计视图中重新设置。

6．菜单集成的方法

可以利用宏对象生成菜单栏，将整个系统的功能进行整合，从而完成系统的集成。菜单集成与切换面板集成可以并行开展，它们共同的目标是为用户提供更丰富的集成界面，提高软件使用的便捷性。

菜单集成的行动指南仍然是如图 9-45 所示的模块结构图，只是菜单集成的次序不是从上到下，而是从下到上。菜单集成的关键是创建宏对象。如图 9-45 所示的模块结构图中共有 11 个有输出的模块（扇出模块），所以应该按照从下到上的顺序依次建立 11 个宏对象与这 11 个扇出模块对应。菜单集成的步骤如下：

1）创建底层宏组。创建如图 9-60 所示的“教师信息查询”宏组对象。类似地，依次建立“教师信息统计”，“教师信息打印”，“学生信息查询”，“学生信息统计”等宏组对象与扇出模块对应。

注意

宏的操作命令应该依据功能模块的实现手段而选定，可以是 OpenQuery、OpenForm 或 OpenReport 等。

2）创建中层宏组。创建如图 9-66 所示的“教师管理模块”宏组。其中的 AddMenu 操作命令负责调用下级的扇出模块，从而产生多级菜单。AddMenu 操作的参数中“菜单宏名称”是通过下拉按钮选择输入的。另外，宏操作的“菜单名称”参数应该与“菜单宏名称”一致，不能为空。否则，生成的菜单栏会没有标志名称。

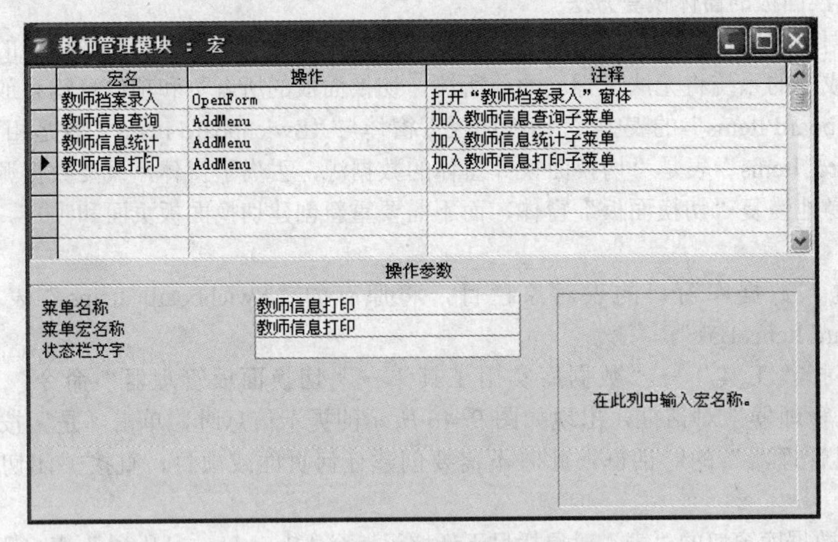

图 9-66　宏组

类似地可以创建“学生管理模块”与“选课及成绩管理模块”宏组。

3）创建顶层宏组。创建如图 9-67 所示的主菜单宏组，将宏组命名为“主菜单宏”。

4）生成应用系统的菜单栏。利用“主菜单宏”生成数据库应用系统的菜单栏。在宏对象栏目下，选中“主菜单宏”对象，然后选择“工具”→“宏”→“用宏创建菜单”命令，将会生成数据库应用系统的菜单栏，完成系统集成工作。菜单栏的效果如图 9-68 所示。

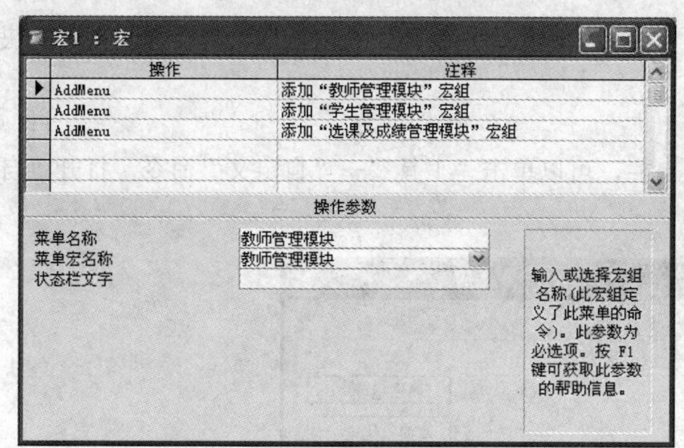

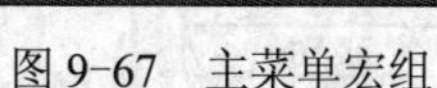
图 9-67　主菜单宏组

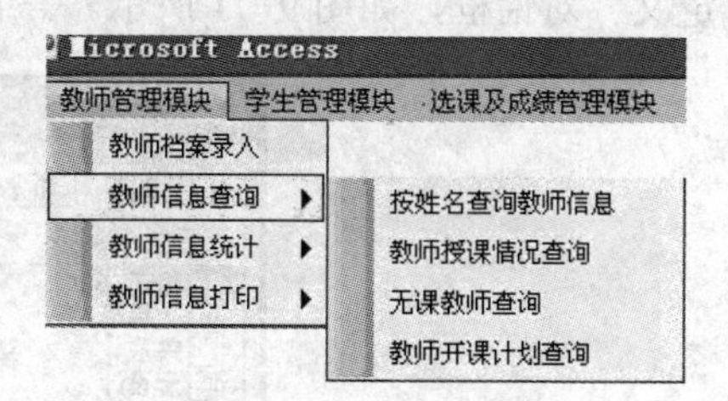

图 9-68　菜单栏效果图

7. 菜单集成的其他应用

（1）快捷菜单的创建

除了可以利用宏生成菜单外，还可以利用宏生成快捷菜单。快捷菜单就是在某个对象上右击鼠标时弹出的菜单。它的创建与菜单栏的创建相似，步骤如下：

1）先创建一个快捷菜单宏组，在里面加入需要的功能操作，命名为“快捷菜单宏组”，如图 9-69 所示。

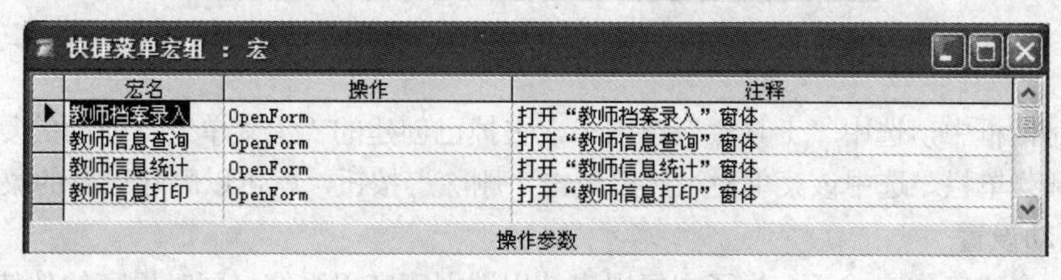

图 9-69　快捷菜单宏组

2）在宏对象栏目下，选中“快捷菜单宏组”对象，选择“工具”→“宏”→“用宏创建快捷菜单”命令，将会生成一个快捷菜单。

3）将快捷菜单附加到某个窗体上，打开窗体的“属性”对话框，选中“其他”选项卡，将“快捷菜单”属性值改为“是”，同时将“快捷菜单栏”属性修改为前面创建的快捷菜单，如图 9-70 所示。

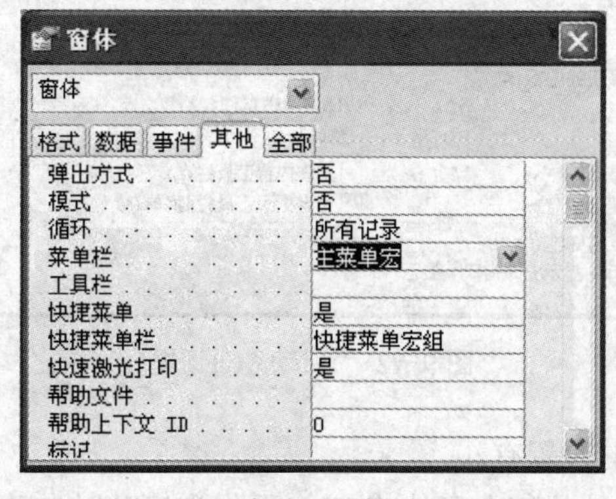

图 9-70　窗体“属性”对话框

完成窗体的属性修改后，返回到它的窗体视图，在窗体上右击鼠标，将会显示创建的快捷菜单。

（2）菜单栏的隐藏与删除

如果需要隐藏或删除创建好的菜单栏，可以单击“工具”→“自定义”命令，打开“自定义”对话框，如图 9-71 所示。

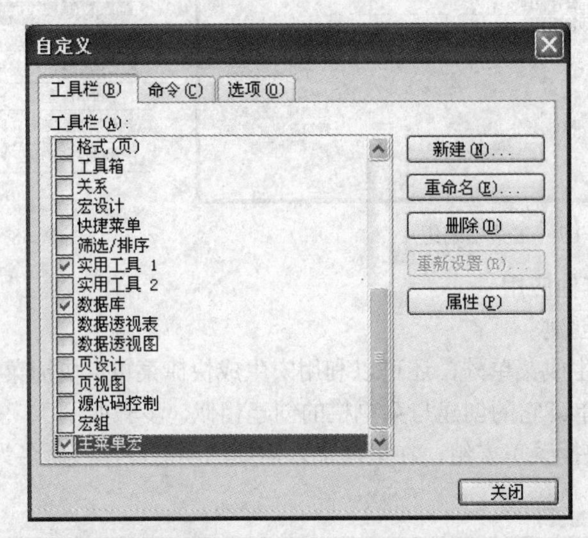

图 9-71 “自定义”对话框

在该对话框中，选中“工具栏”选项卡，去掉已创建的“主菜单宏”前面的复选标志，就可以隐藏菜单栏。选中该菜单栏，然后单击“删除”按钮，就可以删除已有的菜单栏。

8．启动设置

系统的集成工作完成后，为了方便用户使用数据库应用系统，同时提高软件使用的直观性与安全性，可以对应用系统的启动项进行修改。

启动项修改的方法是选择“工具”→“启动”命令，屏幕显示“启动”对话框，如图 9-72 所示。

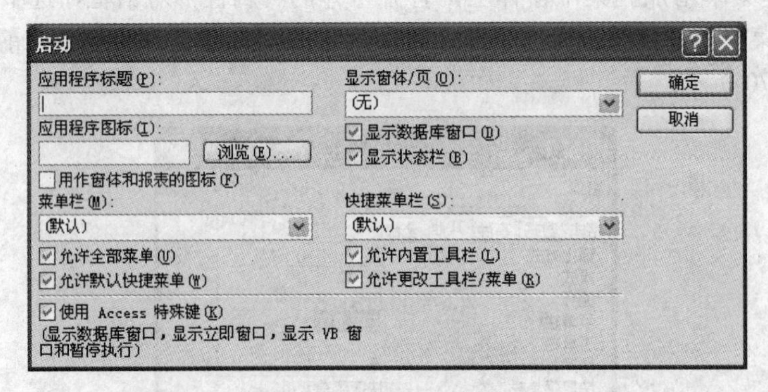

图 9-72 “启动”对话框

该对话框中比较重要的设置有。

● 显示窗体/页：用于选择某个窗体或 Web 页作为启动时自动打开的对象。

- 应用程序图标：用于设置软件标题栏最左侧的程序标题，应该选择图标文件（*.ico）或位图文件（*.bmp）。可以选中“用作窗体和报表的图标”，将选定的图标作为所有窗体和报表的图标。
- 显示数据库窗口：决定启动数据库时是否显示数据库窗口。
- 菜单栏：决定启动数据库时显示的自定义菜单栏名称，该值通过下拉按钮选项选择输入。
- 快捷菜单栏：决定启动数据库时自定义快捷菜单栏名称，该值也是通过下拉按钮选择输入。
- 允许全部菜单：决定启动数据库时是否显示 Access 系统默认菜单。
- 允许默认快捷菜单：决定启动数据库时 Access 系统默认快捷菜单是否有效。
- 使用 Access 特殊键：选择该项将允许使用特殊键。

启动项修改完成后，重新启动数据库，应用系统显示的外观将会改变。如果需要重新回到数据库的设计界面，可以先关闭数据库，然后按住键盘〈Shift〉键，双击数据库文件名打开数据库，可以跳过启动设置，进入数据库的设计状态。

9.4.3 任务实现

1）打开“图书借阅”数据库。

2）自选方法创建名称为“读者信息录入”、“图书信息录入”和“图书借阅登记”的窗体。

3）自选方法创建名称为“读者信息查询”、“图书信息查询”和“图书借阅查询”的查询。

4）自选方法创建名称为“运行读者信息查询”、“运行图书信息查询”和“运行图书借阅查询”的宏。

5）单击“工具”→“数据库实用工具”→“切换面板管理器”命令，进入“切换面板管理器”对话框。

6）单击“新建”按钮，打开“新建”对话框，输入新页的名称为“图书借阅系统”，单击“确定”按钮，返回“切换面板管理器”对话框。

7）重复使用“新建”按钮创建“读者管理”、“图书管理”和“图书借阅管理”切换面板页。

8）选中“图书借阅系统”页，单击“创建默认”按钮将它设为默认主页。

9）选中“主切换面板”页，单击“删除”按钮。

10）选中“图书借阅系统（默认）”，单击“编辑”按钮，进入“编辑切换面板页”对话框。

11）单击“新建”按钮，打开“编辑切换面板项目”对话框，在对话框的“切换面板”，通过下拉按钮选中“读者管理”，在“文本”输入框中为新建的项目设置标题为“读者管理”。

12）单击“编辑项目对话框”中的“确定”按钮，返回“切换面板管理器”对话框。

13）采用类似的方法，创建“图书管理”和“图书借阅管理”项。

14）单击“新建”按钮，再次打开“编辑切换面板项目”对话框，在对话框的“切换面板”，通过下拉按钮选中“退出应用程序”，在“文本”输入框中为新建的项目设置标题为“退出系统”。

15）单击“确定”按钮，返回“编辑切换面板项目”对话框。

16）关闭“编辑切换面板页”，返回“切换面板管理器”对话框。

17）在“切换面板管理器”对话框中选择“读者管理”选项，单击“编辑”按钮，进入“编辑切换面板页”对话框。

18）单击“新建”按钮，打开“编辑切换面板项目”对话框，在“文本”输入框中输入“读者信息录入”。在“命令”下拉列表中选中“在“添加”模式下打开窗体”，在“窗体”下拉列表中选中“读者信息录入”。

19）关闭“编辑切换面板项目”对话框，返回“编辑切换面板项目”对话框。

20）单击“新建”按钮，打开“编辑切换面板项目”对话框，在“文本”输入框中输入“读者信息查询”。在“命令”下拉列表中选中“运行宏”，在“宏”拉列表中选中“运行读者信息查询”。

21）关闭“编辑切换面板项目”对话框，返回“编辑切换面板页”对话框。

22）关闭“编辑切换面板页”，返回“切换面板管理器”对话框。

23）重复步骤16）～21），编辑“图书管理”和“图书借阅管理”切换面板页。

24）完成上述工作后关闭“切换面板管理器”对话框，返回数据库窗口。

25）在数据库窗口中，进入“切换面板”窗体的设计视图，自行修改“切换面板”窗体的外观。

26）选择“工具”→“启动”命令，打开“启动”对话框，设置应用系统标题为“图书借阅系统”，“显示窗体/页”选择为“切换面板”窗体。

27）保存数据库文件。

技能提高训练

1．训练目的

- 进一步掌握使用密码对数据库进行安全管理的基本方法；
- 进一步掌握数据库的维护与共享方法。

2．训练内容

1）打开“固定资产管理”数据库，为其设置密码。

2）为“固定资产管理”数据库备份。

3）将“固定资产管理”数据库压缩。

4）拆分“固定资产管理”数据库。

5）优化“固定资产管理”数据库。

6）使用“切换面板集成法”创建“固定资产管理”数据库应用系统的启动界面。

7）保存数据库文件。

习题

一、选择题

1．Access 中支持的权限有（　　）种。

A．11　　　　B．3

C．8　　D．9

2．为了保护数据库的安全，最好给数据库设置（　　）。

A．用户与组的账户　　B．数据库密码

C．用户与组的权限　　D．数据库别名

3．Access 数据库中提供了（　　）三种锁定策略。

A．不锁定，编辑记录和所有记录

B．不锁定，编辑记录和只读记录

C．不锁定，只读记录和所有记录

D．只读锁定，编辑记录和所有记录

4．有时候建立的数据库用起来很慢，那是因为数据库在建立的时候，没有对它进行过（　　）。

A．备份　　B．压缩

C．修复　　D．优化分析

5．对 Access 中的数据库进行加密和解密时，必须以（　　）的方式打开数据库。

A．共享　　B．独占

C．只读　　D．任何

二、填空题

1．在网络环境下，共享数据库可以避免为用户提供同一数据库的多个副本，这样可以保持__________，节约存储空间。

2．对 Access 数据库加密，必须以_______________方式打开数据库。

3．在 Access 中可以使用数据库密码，安全账户密码以及_____________________三种类型的密码。

4．压缩数据库可以备份数据库，重新安排数据库文件在磁盘中保存的位置，并可以释放部分__________。

5．在实际使用中，Access 提供了数据库_________________，备份，修复，优化等特别有用的工具，保持了应用数据库的高效率和高可靠性，提高了信息管理效率。

三、简答题

1．常用的数据库安全保护措施有哪些？

2．怎样定义用户级安全？

3．能否尽量地修复一个损坏了的 Access 数据库？

4．怎样打开忘记了密码但已设置了密码的数据库？

参 考 文 献

[1] 赵增敏.数据库应用基础——Access 2003[M]. 北京：电子工业出版社，2011.

[2] 文龙，等. Access 2003 数据库程序设计基础教程[M]. 北京：清华大学出版社，2006.

[3] 刘海波. Access 2003 中文版基础教程[M]. 北京：人民邮电出版社，2011.

[4] 周察金，等. Access 数据库应用技术[M]. 北京：高等教育出版社，2009.